"十四五"时期国家重点出版物出版专项规划项目

现代土木工程精品系列图书

光伏技术在干打垒建筑保护利用和节能改造中的应用

刘桂德　姜　伟　刘功良　唐晓英　著

哈尔滨工业大学出版社

内 容 简 介

本书阐明了大庆干打垒建筑遗产的活态开发、干打垒精神传承、利用保护性节能改造技术实现低能耗建筑、非遗产干打垒建筑利用光伏技术和节能改造实现零能耗的模拟与应用研究。全书共 7 章，包括绪论、干打垒建筑遗产的保护与活态开发、干打垒建筑遗产价值挖掘与精神传承、干打垒建筑遗产保护性节能改造、基于被动保温和 BAPV 技术的近零能耗干打垒农宅改造、PCM 阳光间在干打垒农宅节能改造中的应用、严寒地区轻钢建筑能耗参数的权重分析。全书配有相应的数值模拟结果，可供参考。

本书适合土木工程、建筑学、建筑环境与能源应用工程、动力工程及工程热物理等专业从事建筑遗产保护、建筑节能技术和太阳能利用研究的科研工作者，以及相关专业院所的研究生阅读。本书可作为干打垒建筑保护利用与低碳节能改造理论学习的工具，也可为未来严寒地区建筑遗产保护利用与改造、非遗产建筑零能耗节能改造和设计研究提供参考。

图书在版编目(CIP)数据

光伏技术在干打垒建筑保护利用和节能改造中的应用/刘桂德等著. —哈尔滨:哈尔滨工业大学出版社，2023.8

（现代土木工程精品系列图书）

ISBN 978-7-5767-0954-4

Ⅰ.①光… Ⅱ.①刘… Ⅲ.①太阳能发电-应用-古建筑-保护-研究 Ⅳ.①TU-87

中国国家版本馆 CIP 数据核字(2023)第 129905 号

策划编辑　王桂芝
责任编辑　丁桂焱　刘　威
出版发行　哈尔滨工业大学出版社
社　　址　哈尔滨市南岗区复华四道街 10 号　邮编 150006
传　　真　0451-86414749
网　　址　http://hitpress.hit.edu.cn
印　　刷　哈尔滨市工大节能印刷厂
开　　本　787 mm×1 092 mm　1/16　印张 15.5　字数 368 千字
版　　次　2023 年 8 月第 1 版　2023 年 8 月第 1 次印刷
书　　号　ISBN 978-7-5767-0954-4
定　　价　107.00 元

前　言

　　干打垒为我国北方夯土式生土建筑,在大庆油田开发初期被广泛建造,解决了几万石油工人居住、办公及部分生产用房问题。经过后续多年的扩建,干打垒建筑已成规模,满足了大庆油田生产发展和职工生活的需要。建造过程中凝练出的"干打垒精神"成为大庆油田艰苦创业的"六个传家宝"之一,当时也被全国广泛传颂和学习。随着城市的发展和变迁,干打垒逐渐退出历史舞台,成为石油工业遗产。最具特色的红旗村干打垒建筑群被列为黑龙江省级文物保护单位,但其仍有破损问题。本书从工业遗产保护和利用角度入手,分析干打垒建筑遗产保护现状,提出红旗村干打垒建筑遗产保护与再利用策略;引入遗产活化理念,提出保护性开发利用方针,打造红旗村干打垒文化创意产业园;根据干打垒文化与精神二重性特征,评价干打垒建筑遗产价值;探究干打垒精神产生的历史根源、现实价值及精神传承,倡导用干打垒精神教育、培养、服务龙江大学生。

　　随着"双碳"目标的提出,对建筑总能耗中占比达三分之一的严寒地区农宅进行节能改造成为实现碳减排的途径之一。对干打垒遗产建筑和非遗产农宅进行围护结构改造及阳光间优化,具有高效、经济、简便的特点,改造中常采用主被动式节能改造技术。在碳中和愿景下,本书提出干打垒遗产建筑保护性能源改造策略,区分干打垒建筑遗产价值等级,提出不同的保护性节能改造措施,减少建筑碳排放。基于 BIM 技术对干打垒工业遗产建筑开展保护性绿色节能改造,构建干打垒工业遗产建筑保护性绿色节能改造的内容及评价体系,总结干打垒工业遗产保护性绿色节能改造示范性技术方法。再综合利用高性能现浇发泡水泥被动保温技术和建筑光伏一体化技术,改造干打垒农宅,使其实现近零能耗。为进一步降低建筑能耗,在严寒地区干打垒农宅附加 SiO_2-PCM 阳光间,通过 EnergyPlus 软件模拟不同规格 SiO_2-PCM 附加阳光间,优化阳光间设计,并将 SiO_2 气凝胶加入阳光间玻璃中,评价 SiO_2-PCM 农宅经济及环保效益。研究并分析严寒地区轻钢建筑能耗参数的权重,对建筑的方位角、长宽比、窗墙比、围护结构及屋顶坡度角等参数影响能耗程度进行研究,得出对应的权重值,为后续的节能保温改造提供参考依据。

　　作者从事多年建筑节能研究,将多年的科研成果和一些见解撰写成此书。本书可为干打垒遗产建筑保护利用、严寒地区干打垒遗产及非遗产农宅利用太阳能改善室内热环境、相变材料、降低建筑能耗的研究提供一定的理论和数据支持,并可作为相关研究人员、研究生及工程设计人员的参考书目。

　　本书的出版得到了住房和城乡建设部项目"基于 BIM 的干打垒工业遗产建筑保护性绿色节能改造技术"(2020-K-162)、黑龙江省哲学社会科学研究规划项目"干打垒建筑遗产的活态利用及精神传承研究"(21SHE337)、大庆市指导性科技计划项目"压型钢板-活性粉末混凝土组合楼板抗火性能分析"(zd-2021-86)、大庆市哲学社会科学规划研究项目"城市更新背景下石油工业遗产活态旅游研究"(DSGB2022076)及大庆市新能源领域"揭榜挂帅"科技攻关项目"高纬度低海拔复杂环境下光伏电站的设计及结构基础形式的研究"(HGS-KJ/KJGLB-〔2021〕第30号)的支持,在此深表谢意。

　　本书由黑龙江八一农垦大学刘桂德、姜伟、刘功良及东北石油大学唐晓英合著。第1、2章及第6章第1节由刘桂德负责,合计约11.7万字;第3、4章及参考文献由刘功良负责,合计约12.2万字;第5章及第6章第2~5节由姜伟负责,合计约10万字;第7章及文前页等辅文部分由唐晓英负责,合计约2.9万字。研究生张宽、金杨、李博和刘星磊四名同学参与了本书的部分工作。

　　限于作者水平,本书难免存在疏漏或不足之处,恳请广大读者提出宝贵意见。

作　者

2023 年 4 月

目　　录

第1章 绪 论

干打垒建筑最早是我国东北松嫩平原特有的夯土式生土建筑,具有就地取材、施工简便、可循环利用及造价低等优点。大庆油田开发初期大量建造干打垒建筑,解决了石油会战用房需求。建造过程中总结出的因陋就简、艰苦创业的"干打垒精神"成为大庆油田的"六个传家宝"之一。近些年,随着城市更新节奏越来越快,大庆这种独有的特色民居建筑已经逐渐退出历史舞台,但仍承载着共和国石油工业发展的记忆,是龙江地区独具地域特色的乡村文化景观和重要的爱国主义教育基地。现在,仅有少数较完整、有代表性的干打垒建筑群成为大庆石油工业遗产,其中最具特色的大庆红旗村干打垒建筑群成为中国唯一被列为省级文物保护单位的干打垒建筑群,这也是美丽乡村的有机组成部分,其所承载的文化意蕴是乡风文明建设的题中之意。但由于缺少合理保护,荒废多年,因此其现状堪忧。干打垒建筑遗产只有被合理开发利用,使其保护性活化,才能焕发青春、生机。当务之急是如何在《中华人民共和国国民经济和社会发展第十四个五年规划和2023年远景目标纲要》(以下简称我国"十四五"规划)提出的"加强世界文化遗产、文物保护单位、考古遗址公园、历史文化名城名镇名村保护""推进红色旅游、文化遗产旅游"和"双碳"目标下,实现干打垒建筑遗产保护性改造和利用。

国内外一些遗产保护的法规和优秀的改造利用方法值得借鉴。联合国教科文组织的《保护世界文化和自然遗产公约》(简称《世界遗产公约》)和相关立法提出建筑遗产具有巨大的价值,要受到法律保护条件的约束,因此增加了其改造的难度。此外,建筑遗产改造与普通建筑不同,是一个复杂的平衡行为,既要不影响其文化和历史价值,又要达到低碳、低能耗和可持续发展,因此保护性节能改造成为一个新的挑战。一些学者提出了解决方法,如基于内保温的综合数值模拟、多目标优化改造方法,基于保护性节能改造思想获得节能和遗产保护的最佳平衡方案的估算方法,考虑保护和可持续利用方面的现场检测和模拟分析。为达到低碳和节能目的,部分学者进一步提出被动式节能改造策略,如模拟被动式改造方法来减少能耗和碳排放,基于不破坏历史价值目标,模拟和实验分析其节能效果。经济性也是一个根本问题。生命周期成本分析是许多建筑改造中非常流行的方法,如生命周期框架和不同的干预策略下围护结构的节能改造,节能改造成本最优解决方案的评估研究。另外一部分学者提出了主动节能改造,如引入光伏发电技术。

1.1 工业遗产国内外研究现状

自工业革命以来,工业化生产在各个国家迅速发展,然而由于科学技术的发展和生产力进步的客观规律,因此城市自身建设及能源供应的缺乏等因素导致工业逐渐衰退。在这个过程中,大量的生产场所、工业设施、工人宿舍及交通系统被遗留下来,产生了许多工业遗产。工业遗产是一种新型的人类文化遗产,对于提高城市品位、保持城市地域特色及维护城市历史风貌具有重大意义。

工业遗产研究保护工作起源于英国。2003年7月中旬,国际工业遗产保护委员会(The International Committee for the Conservation of the Industrial Heritage, TICCIH)在俄罗斯发表的《下塔吉尔宪章》中指出,工业遗产具有历史、技术、社会、建筑或科学价值。工业遗产包括建筑,机械,车间,工厂,选矿和冶炼的矿场和矿区,货栈仓库,能源生产、输送和利用的场所,运输及基础设施,以及与工业相关的社会活动场所,如住宅和教育设施等。

工业遗产是当代城市进程中的特殊遗存,是工业城市历史及发展文明的真实写照。随着城市化进程的迅速发展,我国许多地区的工业遗产被废弃。因此,加强工业遗产保护,制定遗产保护再利用策略,加入新的科学保护理念,促进城市经济发展,已经迫在眉睫。

1.1.1　工业遗产国外研究现状

1. 国际工业遗产保护发展状况

随着科学技术的进步和社会经济水平的提高,西方社会对工业遗产保护观念意识逐渐增强,工业遗产保护研究热潮在欧洲主要的工业国持续盛行。1978年,TICCIH成立,该保护委员会是首个探讨工业遗产保护的世界性组织,为促进世界工业遗产保护研究做出了巨大的贡献。2003年7月,TICCIH在俄罗斯通过了《下塔吉尔宪章》,该宪章系统阐述了工业遗产的内涵、价值、保护及改造利用研究的重要性,并针对工业遗产保护研究提出了相关建议。

2. 国际工业遗产保护的起源和发展

英国是工业革命的发源地,随着工业的衰落,英国掀起了工业遗产保护的热潮。1955年,英国伯明翰大学学者米切尔·里克斯(Michael Rix)发表了一篇与"产业考古学"相关的论文,将英国工业革命遗留的旧工业建筑、纪念物等研究称为"工业考古",号召相关部门对工业遗产采取保护措施,提高公众对工业遗产保护的认识。1963年,Kenneth Hudson的《工业考古学导论》对工业考古学进行了研究,明确了工业考古研究的目标,阐述了一系列的工业考古研究方法,该书极大地促进了工业遗产保护和利用的研究与发展。1968年,英国伦敦工业考古学会(GLIAS)成立,该学会记录了伦敦工业历史遗产,呼吁有关政府部门提高对工业遗产保护与再利用研究的重视。1991年,该考古学会通过收集工业考古信息,建立了国家层面上的工业遗产保护标准,并且在1993年出版了《工业场址记录索引:工业遗产记录手册》(*Index Record for Industrial Sites*, *Recording the Industrial Heritage*, *A Handbook*, IRIS),提出了与工业考古相关的术语并制定了相关标准。1973年,英国建立了工业考古协会(Association for Industrial Archaeology, AIA),该协会的作用是促进工业考古的研究发展,提出保护标准,具体如工业考古的记录、研究、保护以及出版。该协会的成立引起了世界各国对工业遗产的广泛重视。1986年,联合国教科文组织将铁桥峡谷收录到"世界遗产名录"中,体现了工业遗产保护的重要意义。

3. 科研文献方面对工业遗产保护发展的探究

对于工业遗产的保护,国外学者进行了详细的研究。在教育方面,欧美地区国家如美国、德国、英国、法国等设立了工业考古及工业遗产保护课程,建立了相关的科研中心。在科研文献专著方面,主要集中在欧洲地区,如法国、德国、英国等,英国是工业遗产的发源地,其研究成果比较先进和突出。

在美洲以美国为主。1972 年,美国学者 Symonds 撰写了题为《工业考古保护和视角》的文章,对美国工业历史文化遗产提供了新的保护办法和全新的研究视角。1978 年,美国学者 Theodore 撰写了《工业考古:一种美国遗产的新视角》,通过对一系列工业遗产保护案例的分析,提出了工业遗产保护的关键性,并且归纳总结了遗产保护与利用的可行性方法。2008 年,美国学者 Douglaz 编著了《美国工业考古:野外工业指南》一书,该书针对工业遗产保护与利用措施展开了深入探讨。

在亚洲,日本对工业遗产保护的研究较为深入。日本学者主要致力于遗产保护发展多方向、多角度的研究。黑岩俊朗和玉置正美两位学者共同编著的《工业考古学入门》讲述了工业考古入门方法和策略,以及探讨分析了日本工业遗产考古的研究方向。西村幸夫出版了《故乡魅力俱乐部》,在书中对一个运河案例进行了分析,对工业遗产保护的可行性进行了研究,在保护运河遗产方面,用"保护性主义"的方式,通过讲座、相声小品来说明工业遗产的重要性。山崎俊雄和前田清志合著的《日本的工业遗产——工业考古学研究》将博物馆与工业遗产保护联系起来,从方法论的角度总结了工业遗产保护方法。2004 年,井上敏对日本工业遗产保护研究进行了详细的归纳总结,阐述了日本工业考古学存在的问题和解决办法。

在欧洲,1998 年,英国学者 Marilyn Palmer 等编著了《工业考古等:原理与实践》,通过收集实际案例进行探究分析并结合作者多年工业遗产保护和利用的经验探讨了工业遗产保护研究方法。2007 年,Eleanor 和 Symonds 主编的《工业考古:未来的方向》收集了英国工业遗产保护和利用的研究方法,通过对工业遗产保护实际案例的详细研究,对资源工业遗产和制造业遗产保护进行了可行性分析。

4. 国际上对工业遗产保护与利用的研究方法

在国际上,多数学者利用案例分析来探讨遗产保护策略。例如,在工业遗产保护探究理论研究方面,由于其工业遗址原有功能不再使用,因此国际上许多建筑师会为原有工业建筑探索一种新的因地制宜的用途,通过这种在原有场所寻找新功能的方式来对工业遗产进行保护和利用。澳大利亚通过《巴拉宪章》为工业建筑遗产进行"改造性再利用"的方式引起人们的广泛关注。所谓"改造性再利用",就是在原有场所的基础上为其寻找一个新的适宜的用途,将此场地最大限度地保存和再现,从而达到工业遗产保护目的。与此同时,应推进资源型城市转型发展。美国的棉纺城市罗威尔(Lowell)将博物馆与工业建筑遗产保护结合起来,形成了最早的"遗产公园型"的工业城市。通过遗产公园这一方式来尽可能地保证工业建筑遗产的完整和再现。结合工业遗产旅游理念,在原有工业建筑中植入新的功能,同时通过博物馆形式从各方面来阐述工业革命时期棉纺产业存在的意义及其产业对罗威尔城市发展的影响,从而推动城市的发展。建筑师 Richard Haag 将西雅图煤气厂改造成煤气公园,他将煤气厂中具有美学历史意义的设备保存下来,形成"现成品艺术",通过这一实践提出了"工业景观"的理念,同时也为内部空间不可用的工业建筑保护再利用提供了可行性的建议。美国纽约"高线公园"通过对原有铁路的改造,既保持了铁路结构的形式,同时又本着对城市环境改善的理念,将"高线"改造成颇具吸引力的公园。该实践在城市产业更替过程中,将工业遗产的历史文化价值发挥得淋漓尽致。

5. 工业遗产研究方向和角度

从工业遗产研究方向和角度看,国际上许多研究人员的研究主要集中在以下两方面。

(1)工业遗产旅游的研究。将工业遗产保护与城市旅游产业相结合是增强城市竞争力、提高城市经济水平的主要措施。1993 年欧洲联盟(欧盟)成立之后,为致力于区域合作的需求和发展,其建立了 ERIH 网站,该网站收集记录了大量的欧洲工业遗产资料,将欧洲主要的工业遗产与工业景观,荒废的矿区工厂及博物馆结合起来推动欧洲工业遗产旅游的发展。旅游开发模式对工业遗产的保护和利用存在许多潜在价值,因此备受人们关注。荷兰 Hopers 和 Gert-Jan 倡议对"工业遗产旅游"的发展。英国两位学者 Alfrey 和 Putnam 著有《工业遗产:管理资源及利用》一书,该书通过分析工业遗产旅游案例,对工业资源的管理进行了深层次的探究。1991 年,Pat Yale 撰写的《从旅游吸引物到遗产旅游》系统地对工业遗产旅游资源进行了分类,是研究工业遗产旅游的代表性作品。

(2)工业遗产保护与当地经济、社会、文化之间的关系。Shackel 分析了哈珀斯费里国家历史公园的弗吉尼亚斯岛,认为政府在工业遗产保护过程中没有将工人生活和社会发展的历史考虑进来。韩国学者 Mihue 和 Sunghee 在工业遗产保护研究方面的观点是:工业遗产保护研究应考虑其内在文化价值,政府有关部门应该在遗产文化层面上思考工业遗产保护的理论和方法。

6. 国外相关工业遗产保护再利用实践分析——以鲁尔工业区工业遗产保护更新为例

德国鲁尔工业区(简称鲁尔区)占德国总面积的 1.3%,人口占全国人口的 9%,是德国重要的工业区。20 世纪中期之后,鲁尔区的经济状况逐渐步入衰落。在第二次工业革命之后,鲁尔区的煤炭资源经过长时间开采,开采难度愈发增大,开采的成本也逐渐增加。鲁尔区开始陷入工厂大量倒闭、工人集体失业的窘境,昔日的辉煌也逐渐暗淡。美国作家 Roy Kift 用"瓶盖子"来形容鲁尔区。该名作家对于"瓶盖子"的理解在于:一方面,鲁尔区与德国的其他城市形象有很大的不同,它的城市街道比较混乱,随处可见工业设施;另一方面,即使鲁尔区的环境质量差,但是当地人并不愿意离开故土,该区域就好似"瓶盖子"难以被打开。这是鲁尔区衰退之后给人的城市印象。随后在鲁尔区寻求发展的路上,英国的铁桥峡谷的成功经验给了衰退的鲁尔区转型的灵感。

(1)基本情况。

鲁尔区是世界上重要的工业区之一,以煤炭和钢铁为基础形成了化学、机械等一系列的产业链,拥有"德国工业的心脏"的美誉,在德国甚至整个欧洲的工业发展过程中具有极其重要的地位。

20 世纪中叶,伴随着世界能源结构形式的变化,廉价的石油资源给煤炭产业带来了巨大的冲击,再加上随着资源减少和开采成本增加,鲁尔区的煤炭钢铁产业逐渐衰落,产生了大量工人失业、经济危机及环境污染严重等一系列问题,鲁尔区的经济地位在德国逐年下降。

面对鲁尔区的衰退,联邦德国政府采取措施重新振兴鲁尔区,其策略是通过传统工业遗产旅游实现鲁尔区的复兴,以保护工业遗产为前提,对其进行转型,进而显示独具特色的工业文化,最终使鲁尔区实现了从衰落的重工业区向现代城市的成功转型。

(2)德国鲁尔区工业遗产保护再利用模式。

①工业遗产保护的内容。

a.厂区整体结构保护。对厂区的整体布局、建筑的结构框架、空间节点及结构进行整体保护。例如,杜伊斯堡蒂森钢铁厂、多特蒙德市的"卓伦"Ⅱ号等都采取了厂区整体保护措施,保留了原有的建筑及厂区。

b.工业设施的保护。在生产过程中,鲁尔区有许多诸如生产工艺设施、储运设施、管理服务设施等工业设施,以及厂房、库房、建筑物、构造物等。当工业生产衰退时,这些设施和建筑也随之废弃,将废弃的工业设施作为工业遗产改造再使用,可以使地域工业历史特色得到更好的彰显。例如,利用废弃工业设施改造成瞭望塔,利用废弃的储气罐改造成潜水俱乐部的训练池。

②工业遗产保护再利用模式。

模式一:工业历史博物馆。利用厂区建筑内部空间,保留建筑本身的工业设施,向游客展示当时的工艺生产流程、工业技术和工业精神文化,提高人民对科技的了解,增强科学技术意识,强化鲁尔区的历史感。例如,鲁尔博物馆是由原来的洗煤车间改造而成的,陈列厅展示了鲁尔区的人文自然及技术历史。"卓伦"Ⅳ号内部结构和压缩机、变压器等直接作为工业历史博物馆内部展厅的一部分。措伦煤矿工业建筑改建成博物馆,以展览为主向游客提供观光游览。亨利钢铁厂在保护的基础上改造成露天博物馆,增加游客对历史的认同感;同时在改造更新的过程中,保留厂区原有的工业设施,利用废弃工业设施改造成游客可以亲自参与其中的游戏场所,增加游客的参与感。

模式二:公共休闲娱乐场所。公共休闲娱乐场所模式主要是将废弃的工业厂区改造成公园、广场等公共场所。例如,鲁尔区的北杜伊斯堡景观公园的前身是一个钢铁公司,钢铁厂停产之后,通过系统的规划设计,废弃的工业场地和建筑空间结构被作为景观元素,部分工业厂房及仓库被改造成音乐厅,进而引入高雅的艺术,形成文化休闲娱乐场所,这一改造使居民及游客可以在景观公园内开展多种活动。

模式三:多功能综合活动一体化。将传统的工业区改造成科学园区、创业艺术园区、服务产业园区等来改善鲁尔区的功能和城市形象。将废弃的厂区改造更新为购物、旅游、娱乐一体化的综合场所。例如,鲁尔区的奥伯豪森锌铁铸造厂将部分厂房建造成工业博物馆,为进一步吸引游客,提高区域经济水平,在废弃的场地上新建了大型商场。利用废弃的厂区建筑改建成餐饮、游乐和休闲娱乐一体化的服务场所,将购物旅游与工业遗产旅游完美地结合起来。

模式四:区域一体化保护及开发。鲁尔区将点状的工业遗产连成"面"式的区域体系,在振兴鲁尔区的设计规划中,制定了一条贯穿整个鲁尔区工业遗产景点的游览路线,即著名的"工业遗产旅游之路"(RI)。在主要景点处设置了交通服务设施及完善的旅游信息,将工业遗产的历史片段整合起来。该路线是由19个重要的工业遗产旅游景点、6

个国家级的社会历史博物馆、12个著名的工业聚落及9个利用废弃的工业设施改造形成的瞭望塔组成。此外,鲁尔区政府还设计了25条旅游专题路线贯穿鲁尔区500个旅游点。设置RI的独特符号标志将其统一分布在整个鲁尔区,同时设计了鲁尔区工业旅游景点宣传手册,方便游客对景区特点及相关工业遗产资料的全面了解,随后建立RI网站对"工业遗产旅游之路"进行宣传。整个规划设计过程不断细化完善,对推动鲁尔区工业遗产旅游的开展起到了重要作用。

模式五:遗产廊道开发。遗产廊道的理念起源于美国,并在美国逐渐发展和成熟。遗产廊道理念的基础原型是"绿道"理论,这一概念是由美国环境学家威廉·怀特提出的,该理论提出要扩大对遗产的保护范围。随后,查理斯·利特尔对"绿道"理论进行了深化,他提出"绿道"是一条可以改善环境、提供户外活动的线性廊道。"绿道"可以是自然走廊,如河流、溪谷、山脊等;也可以是由人工制造而建立的线性空间,如风景道路、废旧铁路等。鲁尔区利用遗产廊道的理念,对区内的自然环境和废旧铁路等进行了重新规划和利用。

(3)鲁尔区成功转型案例分析。

德国鲁尔区工业遗产保护再利用之所以如此成功,可以总结为以下几方面原因。

①加强政府主导作用,明确工业遗产保护开发再利用的发展目标。在鲁尔区转型发展的过程中,政府充分发挥了组织协调作用,制定严格的法律法规,建立了比较完善的政策体系,通过法律规范促进鲁尔区城市结构转型的可持续发展,对城市进行系统的定位和规划,在对城市进行全面改造的同时综合考虑环境污染的治理。在城市第三产业发展方面,给予企业财政补贴、减少税收。在促进居民就业方面,建立有针对性的培训机构,支持个人创业、给予投资援助等政策,为鲁尔区的成功转型夯实的基础。

②重塑城市形象,发展区域产业的新功能。城市改造中呈现诸如博物馆、购物中心、产业创业园等多种开发模式。在转型过程中大力发展工业文化产业和旅游产业,把鲁尔区塑造成具有"工业文化"的城市形象。鲁尔区工业遗产旅游与文化产业的兴起促进了城市结构和环境的转变,完善了区域功能,提高了城市文化品位。

③城市之间的合作为鲁尔区工业遗产整体保护开发再利用提供基础。区域内城市之间的协作与宣传对鲁尔区综合开发起了极其重要的作用。对区域工业遗产资源开发利用进行了认真思考,完善了区域城市之间的交通运输网和工业旅游的开发,极大地振兴了鲁尔区区域经济复兴。将零星分散的景点发展成区域性统一开发的模式,工业旅游已成为鲁尔区新的城市品牌。

④发展高科技是鲁尔区成功转型的关键。在多特蒙德、埃森等地逐渐建起大学,转变传统教育模式,把高校教育与鲁尔区经济发展结合起来,加快了将科研转化为生产力的步伐。目前,鲁尔区拥有10余所大学,培养了大量有高技术水平和创新能力且适合新型产业的高级人才,这些高级人才是鲁尔区保护再利用成功的关键。鲁尔区快速发展新能源技术和实行技术创新,建立技术创新信息服务中心,对提升鲁尔区整体经济实力起到了至关重要的作用。

1.1.2 工业遗产国内研究现状

1.我国工业遗产发展历程

在我国,工业社会开始的时间较晚,对于工业遗产保护和利用的研究始于21世纪,起步也较晚。

2006年4月18日,第一届中国工业遗产保护论坛在江苏无锡市召开,会议顺利通过了《无锡建议》。《无锡建议》就中国工业遗产概念、提高保护意识、合理科学评估、科学保护利用等做了详细的阐述,初步形成了工业遗产的保护办法。该建议的通过标志着中国工业遗产保护得到了广泛的重视并成功地迈上了一个全新的台阶。

同年5月,国家文物局下发了《关于加强工业遗产保护的通知》,这一举措意味着我国对工业遗产保护和再利用的研究得到了政府的重视和大力支持,我国工业遗产保护的重视程度越来越高。2007年,我国第三次全国文物普查将工业遗产作为遗产普查的内容之一,我国许多工业遗产被公布并作为历史遗产保护对象。工业遗产、文化景观等一批新型文化遗产得到充分重视,对遗产保护研究具有重要的意义。2008年4月,江苏无锡成功举行了第三届中国文化遗产保护无锡论坛,论坛以“20世纪遗产保护”为核心,工业遗产保护的重视程度已然提升到了一个更高的层次,我国工业遗产保护从此迈进了新的征程。2010年,《武汉建议》和《北京倡议》的顺利通过标志着我国迎来了从工业遗产保护意识不足到重视工业遗产保护的伟大飞跃。2012年7月,首届中国20世纪建筑遗产保护与利用研讨会在中国天津召开,此次会议召开意在宣传国内外20世纪建筑遗产保护理论,研究探讨我国近现代建筑遗产保护方法及策略。同年11月,中国工业遗产保护研讨会初次在杭州召开,会议通过了《杭州共识》,拟定了对工业遗产的认定标准,提出了遗产审批管理机制等一系列遗产保护建议。《杭州共识》的通过标志着我国对工业遗产保护的积极态度,树立了我国工业文明传承的新里程碑。2019年7月,《中华人民共和国遗产保护条例》正式施行,旨在通过加强工业遗产保护工作,促进文物保护与旅游业的发展,促进文化遗产的传承。

2.我国工业遗产研究方法

我国学者对工业遗产研究的方法主要是基于案例分析提出因地制宜的工业遗产保护策略,通过实地调查某一区域的工业遗产现状,对其进行案例分析、研究,进而提出适合该地区的工业遗产保护策略。其主要从工业遗产景观设计及再造、工业遗产与城市发展旅游、工业遗产与城市规划及空间重构等几个角度展开研究。

(1)工业遗产与城市空间重构规划。

国内学者郭剑锋、李和平和张毅在对重庆工业遗产保护的研究中提出,工业遗产作为城市空间结构的特殊遗存,对城市记忆具有重要意义。在工业遗产老城区更新与改造过程中,考虑与其所在城市规划和城市发展相结合,做到工业遗产保护和保护过程中城市空间布局的完善,使城市空间更具地域性特色。展二鹏对青岛旧城工业区进行了案例分析研究,讨论了城市空间结构和功能布局对工业遗产形态的影响。

(2)工业遗产保护与景观设计相结合。

在工业遗产保护和再利用的研究过程中,李和平在对重庆工业区再利用研究中提出将城市公共空间与城市景观系统相结合,融入地区文化生态环境,选取特色厂区进行景观再造,作为区位的地标性景观。

(3)工业遗产保护与城市旅游发展相结合。

城市旅游起源于欧洲,近年来,我国出现了与工业遗产相关联的旅游活动,例如:北京市景山区采用文艺演出等方式促进了首钢工业遗产旅游的开展。李雷雷以德国鲁尔区为例,研究工业遗产旅游开发模式,认为体验式旅游将成为工业遗产保护再利用的重要方法。通过分析鲁尔区旅游开发式的成功经验,对我国工业遗产保护提出了可行性方法和应用措施。

3. 我国工业遗产保护在文献方面取得的成果

近年来,由于对工业遗产保护意识逐渐加强,因此我国在工业遗产方面取得的成果逐渐增多。我国论文文献资料成果主要分为工业遗产保护理论研究和案例研究两个方面,具体如下。

在理论研究方面,国内学者俞孔坚和方婉丽在《中国工业遗产初探》中对工业遗产保护做了详细的理论研究,对我国近代具有代表意义的工业遗产做了系统的整理和总结;单霁翔在《关注新型文化遗产——工业遗产的保护》中阐述了我国工业遗产保护过程中存在的问题并提出了应对措施;李艾芳、叶俊平等在《国内外工业遗产管理体制的比较研究》中通过将国内外遗产保护管理法律进行对比,针对我国现有的工业遗产保护法律提出了具有参考价值的建议,并且提出我国应借鉴学习国外工业遗产保护成功经验,更好地促进国内工业遗产的保护和再利用的可持续发展。

在案例研究方面,刘伯英和李匡的《北京工业建筑遗产保护与再利用研究》通过对北京工业遗产保护的研究总结,提出了工业遗产研究步骤和方法,为我国其他城市工业遗产保护研究提供了较有成效的参考;金鑫、陈扬等发表的论文《工业遗产保护视野下的旧厂房改造利用模式研究——以西安大华纱厂改造研究为例》,提出了博物馆模式是工业旧厂房改造较为有效的更新模式;李艾芳和张晓旭等在《德国杜伊斯堡市两次规划比较研究》中通过对德国杜伊斯堡两次规划的研究探讨借鉴,提出对我国资源城市可持续发展的建议,对推动我国资源城市转型及工业遗产保护发展有着深远的意义;张松、陈鹏的《上海工业建筑遗产保护与创意园区发展——基于虹口区的调查、分析及其思考》基于对工业遗产改造成创意产业的案例分析,提出了工业遗产保护对提升城市环境的重要性以及工业遗产保护制度建立的关键性。

2000年,北京大学的研究团队首先将遗产廊道概念引入国内。王志芳、李伟等对遗产廊道的概念及特点进行了较充分的阐述,为国内学者理解和研究遗产廊道提供了基础。张镒、柯彬彬在《我国遗产廊道研究述评》中详细总结和分析了我国遗产廊道理论的研究现状,并且进行了总结和展望。我国遗产廊道研究的主要内容集中在大运河、遗产保护、旅游开发等方面,研究的对象以较为著名的线性遗产如京杭大运河、茶马古道、滇越铁路等为主。在研究方法上,相关学者主要利用最小累计模型、因子分析等方法进行研究。

4. 国内相关工业遗产保护再利用案例分析——以沈阳铁西区工业遗产保护为例

在我国"一五""二五"期间,沈阳铁西工业区得到国家近 17% 的财力投入。沈阳的铁西区和德国的鲁尔区在历史上也有惊人的相似,两个区域都在各自国家艰难时期起到了支持的作用。在"一五""二五"时期,铁西区的机器整日隆隆作响,工人们每天斗志昂扬地工作,当时的"工人村"配套设施最为全面,这些曾经的繁荣时刻在老一辈人心中既是骄傲也让人失落。2010 年,沈阳启动了"铁西文化走廊"的项目,项目选址于铁西区建设大路周边,建设大路是铁西区南宅北厂的分界线。该项目的总体布局包括"一廊、一场、两园、三馆",这里凝聚着铁西区老一辈工人们的情感和记忆。

在建设大路两侧共有八个主题雕塑,这八个主题雕塑有的是利用工业遗产元素进行设计,有的是再现当年的劳动场景,有的则是对工业遗产元素进行抽象的集合提炼。虽然主题雕塑的表现方式不同,但是它们都在一定程度上勾起了老一辈工人们对于铁西区辉煌的回忆,引起他们的情感共鸣。铁西重型文化广场是该项目的重要组成部分,其南部方向将重型机械厂通过艺术设计再造为"铁西 1905"的文化创意产业园。设计师将保留下的厂房结构和工业原件进行整合设计,将沈阳辉煌时期的历史片段永久定格。为将工业主题贯彻到底,在该广场中将工业遗产设计成随处可见的公共设施。铁西劳动公园也是一个将工业遗产同城市生活有效结合的实例,该公园前身是马场,临近"铁西工人区",1956 年被更名为"劳动公园"。在劳动公园内有体量巨大的劳模墙,该劳模墙展现了各个阶段各个行业我国劳动人民的精神面貌,劳模墙也会引起周围居民的情感共鸣,为周围的城市空间营造良好的文化氛围。

在对"铁西文化走廊"项目中的工业遗产保护情况进行分析的过程中,可以发现在该项目的工业遗产保护中,有些做法与鲁尔区相似,它们都尽量保存工业遗产的原真性,维持和延续工业遗产在城市意象中的原有意象。在铁西区建设路景观雕塑的设计中融入了工业元素,利用景观雕塑与人们日常生活的紧密性,潜移默化地影响着城市居民对于该区产生的道路意象。在"铁西 1905"文创园中,设计师又在文创园的公共设施设计中使用工业元素,设计师同时也在人们毫无察觉地进行户外活动时,将工业主题融入城市的空间意象中。"劳动公园"的劳模墙为"劳动公园"增添了可以与观赏者产生共鸣的情感元素。虽然目前铁西区的工业遗产已经得到一定程度的重视,但在后续的保护和维护中仍然需要改进。

(1)沈阳铁西区工业建筑遗产基本概况。

沈阳是以工业闻名的城市,其工业遗产主要分布在铁西区、大东区和皇姑区三个区域,其中铁西工业区是辽宁省乃至全国最大的重工业区,享有"东方鲁尔"的美誉,在我国工业产业史上占有极其重要的地位。20 世纪 80 年代,由于资源枯竭、产业结构衰退及产品和设施技术的落后,沈阳市许多企业破产倒闭,铁西区进入了逆工业化时期。进入 21 世纪,沈阳市政府积极响应"振兴东北"的号召,决定将铁西区和沈阳经济技术开发区合署办公,对铁西工业区实行"东搬西建"的策略,即将铁西区的工业区向沈阳市经济技术开发区转移,在原来的工业区域内增加新的城市功能。2010 年,随着对老工业区的改造,沈阳市政府计划建设"铁西文化走廊",形成工业旅游游览路线。

(2)沈阳市工业建筑遗产保护措施及思路借鉴。

①开展工业遗产的普查和研究工作。在工业建筑遗产普查和认定方面,沈阳铁西区收集整理了一些工业遗产资料,如沈阳工业遗产工业流程、厂房、生产工具等认定工作,整理出《铁西区创造的新中国 500 个第一》的报告,为探究工业遗产保护改造再利用的理论和实践提供了前提和基础。

②建设我国第一座铸造工业博物馆。将废弃的工业建筑改建成工业博物馆。例如,沈阳铸造博物馆是由原沈阳铸造厂改建的,是沈阳铁西区工业文脉的传承,代表着沈阳工业文化,记载着老工业基地的辉煌。这种将厂区成功改建成博物馆的案例,对探究工业遗产保护再利用有着重要的借鉴意义。

③建设工业文化长廊。铁西区政府通过建设工业文化长廊来提升工业历史文化底蕴,再现百年工业历史。文化长廊将零星的工业遗产整合串联起来,利用工业元素将废旧的工业设备设计改造成工业雕塑并将其作为主体,形成集工业景观、工业遗产和工业文化为一体的文化景观长廊。从铁西区兴工街北三路至卫工街,全长 6 km,宽 150 m,充分地向游客展示了沈阳工业在中国工业发展史中的地位。

④工业景观的建设。沈阳铁西区将一些废旧的保存较好的有特色的厂区及工业设施改造成工业景观并供游客游览。例如,沈阳万科新榆公馆小区的铁路景观,其具体做法是将小区附近的废弃铁路转移到小区中,在铁路两侧种植草坪及建造喷泉水池等景观小品,在铁路附近建造了钢铁工人的雕像,彰显了钢铁厂的历史文化。

1.2　大庆工业遗产研究现状

大庆地处黑龙江省的西部,位于松辽平原中部,是一座因油而生、因油而兴的资源型城市,是我国最大的油田工业基地。大庆油田自开发建设以来,经历了 60 余载,是中华人民共和国成立后的首批大型油田城市,是中国现代工业史的重要组成部分。随着大庆经济的高速发展,逐渐形成了以石油工业为主的产业链条。大庆石油工业发展史不仅是中国现代石油发展史的一个里程碑,也是大庆人民为国家和民族做出重要贡献的历史见证,因此遗留下来的丰富的工业遗产和工业景观具有重要的研究意义,这些工业遗产具有历史学、社会学、建筑学和科技、审美价值。大庆油田发展史见表 1.1。大庆油田发展史是大庆工业遗产形成的背景,对大庆油田发展史进行调研分析,理清石油工业历史脉络,可为后续工业遗产保护研究提供理论支持。

表1.1 大庆油田发展史

阶段	时间	事件	成就
第一阶段	1960~1963 年	艰苦创业,开展会战	三年石油会战,大庆油田达到了年产原油 500 万 t 的水平
第二阶段	1964~1975 年	全面开发,快速生产	1964 年初,发现了萨尔图、喇嘛甸、杏树岗三大油田,实现了油田全面开发。原油生产量平均以 300 万 t 的速度逐年递增
第三阶段	1976~2002 年	解放思想,高产稳产	年产量达到 5 000 万 t,实现了 27 年连续稳产
第四阶段	2003 年~今	持续有效发展,创建百年油田	为保证油田生产的可持续发展,将年原油生产量调整降至 4 000 万 t。争取 21 世纪中叶实现百年油田的目标

1.2.1 大庆工业遗产保护状况

工业遗产是一座城市文明发展的缩影,是几代人努力拼搏的见证。大庆将 26 个石油工业遗产单位列入文物保护名单。大庆工业遗产保护概况见表 1.2,记载着大庆在工业方面的发展历程。

表1.2 大庆工业遗产保护概况

确定时间	遗址、遗迹	意义
1999 年	萨 55 井	铁人王进喜打的第一口井,黑龙江省文物保护单位
2001 年	松基三井	大庆石油第一口出油井,是我国重点文物保护单位
2005 年	油田会战指挥部旧址——二号院	被黑龙江省政府评为省级文物保护单位
2007 年	二号丛式井采油平台、石油会战誓师大会广场、葡萄花炼油厂遗址、红旗村干打垒群、"三老四严"发源地——中四队、大庆展览馆、中区电话站、缝补厂遗址、中十六联合站、西水源、北二注水站、东油库、西油库、南三油库、创业庄、贝 16 作业区贝 16 井、徐深 1 井、"四个一样"发源地——北 1-5-6-5 注水井	大庆确定的 18 处工业遗产遗址,作为大庆首批工业遗产市级文物保护单位
2009 年	铁人回收队、原气象站旧址、林四井	大庆第二批工业遗产市级文物保护单位
2009 年	萨 66 井	省级保护单位
2010 年	杏 55 井、喇 72 井	省级保护单位
2014 年	红旗村干打垒群	省级保护单位

1. 工业遗产——油井

（1）松基三井。

松基三井是大庆油田的第一口井，是大庆油田发现的重要标志。1959 年，松基三井喷出了原油，标志着大庆油田的诞生，书写了我国石油历史的新章程。1986 年，松基三井被公布确定为黑龙江省重点文物保护单位。1989 年，正值石油发现 30 周年，为纪念具有历史意义的松基三井，中国石油天然气公司对"松基三井"遗址进行翻修，重新修葺了松基三井纪念碑，该碑身由一个 30 t 重的六面体花岗岩建造而成，象征着大庆石油发现 30 周年，其碑文是石油前辈康世恩的题词："大庆油田发现井——松基三井"。1990 年，大庆市政府将松基三井选为市级青少年教育基地。1999 年，将松基三井遗址改为"松基三井纪念地"。2001 年，松基三井被我国文物局纳入第五批全国重点文物保护单位，是当时我国"最年轻"的文物。2005 年，松基三井被黑龙江省委及政府确定为"第四批省级爱国主义教育基地"。2009 年，为纪念石油发现 50 周年，松基三井被再次翻修，此次工程重新建设了"国家文物保护碑"。

从以上归纳总结可以看出，大庆市、黑龙江省乃至国家对松基三井遗址保护都十分重视，松基三井遗址得到了较有成效的保护。

（2）贝 16 井。

2004 年 4 月 21 日，在呼伦贝尔的大草原上，大庆油田海塔指挥部举行了贝 16 作业区贝 16 井（贝 16 井）开钻典礼誓师大会，日产 30 t 的工业油流。从发现后，贝 16 井坚持发展理念，在呼伦贝尔大草原上顽强拼搏，用智慧和汗水，为海塔石油工业发展做出了贡献。2007 年 8 月因高含水率而关井，累计产油 15 770 t。贝 16 井永远是贝 16 石油人心中的功勋井。

（3）徐深 1 井。

徐深 1 井是我国东部最大气田井——庆深气田的发现井。徐深 1 井实现了国内深层火山岩侦探开发技术的重大突破，意味着大庆油田松辽盆地北部深层天然气勘探实现了巨大的飞跃，开启了庆深气田全面开采的新篇章。该井于 2001 年 6 月 26 日开钻，2002 年 5 月 7 日完钻，井深达 4 548 m，日产气量约 21 万 m^3。徐深 1 井隶属徐深 1 集气站，地处大庆市肇州县榆树乡。该站于 2004 年 12 月 23 日建成并投入使用，占地面积 1.7 万 m^2，是一座集天然气处理和集输于一体的多井集气站，日最大处理能力 120 万 m^3，站内采用三级节流、两次换热、气液分离、过滤分离及三甘醇脱水等自动化程度较高的集输气技术，并在井口及外输管线上安装自动安全截断装置，整个集输气工业运用国内先进的数据远传技术，实现生产数据实时监控和存储。投产以来，徐深 1 集气站先后荣获油田公司"管理先进站"、油田公司"优秀班组"等荣誉称号，2007 年 6 月被大庆市政府批准为首批市级工业遗产保护单位。

（4）杏 66 井。

杏 66 井隶属于大庆油田有限责任公司采油五厂 8-1 队，位于大庆市红岗区解放街道,是大庆萨尔图油田杏树岗的第一口探井,于 1960 年 3 月 30 日完成井钻,井深 1 158.58 m。杏 66 井是打破侦探钻惯例,大庆长垣构造"三点定乾坤"①当中的一个点,杏 66 井、萨 66 井和喇 72 井陆续喷出高产量的工业油流,意味着南以敖包塔为起点,北至喇嘛甸的 800 余平方公里的范围内都是含油区,证明了大庆长垣构造是一个富含石油的区域,确定了大庆油田的基本轮廓。目前,杏 66 井不仅还在生产中,得到了有效的保护,而且是弘扬大庆精神和爱国主义精神的教育基地。

(5)萨 66 井。

萨 66 井,现名南 2-6-31 井,隶属于大庆油田有限责任公司采油二厂第六作业区采油 3-8 队。该井位于黑龙江省大庆市红岗区解放街道,是大庆油田萨尔图构造上的第一口探井。萨 66 井于 1960 年 2 月 20 日开钻,3 月 8 日完钻,是"三点定乾坤"的报喜之井,对指引石油会战选取主战场做出了巨大的贡献。萨 66 井于 2009 年被维护修复,目前是大庆精神教育培训基地和爱国主义教育基地。2010 年,萨 66 井被确定为工业遗产,收录到大庆市工业遗址名录中。萨 66 井是大庆油田十大功勋井之一,具有重要的历史地位,其在大庆油田开发建设历史中意义重大,承载着大庆精神和石油工业文化。

(6)喇 72 井。

喇 72 井,原名喇 1 井,是喇嘛甸油田的发现井,地处大庆油田最北边喇嘛甸油田最高点。该井在 1960 年 3 月开始钻进工作,井深约 1 250 m,同年 4 月开始试油,射孔试油层位是葡 1 组,射开油层厚度为 28.5 m,标志着该区域为石油盛产区,表明喇嘛甸各油层有杰出的储存油气前景。滚滚油流从喇 72 井喷出,意味着"三点定乾坤"取得巨大胜利,涌现了从敖包塔至喇嘛甸含油面积 800 多平方公里的世界级大油田的画面。喇 72 井作为最后完钻井,是大庆长垣上油层最厚、产量最高、含油最富饶的区域。1973 年,作为国家战略储备油田的喇嘛甸油田开始开发建设,采油六厂成立。2009 年,在第三次全国文物普查中,喇 72 井被定为"工业遗产"。

2. 工业遗产——油库

(1)东油库。

东油库建于 1960 年 4 月,是大庆油田的第一座油库,第一辆满载原油的列车从东油库出发开往锦西炼油五厂,开创了我国石油工业的新纪元,宣告我国靠"洋油"过日子的时代已逝去。1963 年,东油库开始承担起向石化总厂炼油厂供油的任务。20 世纪 70 年代,东油库停止铁路装车外运,通过技术更新,采用长距离管道集中运输的方式向外输送石油。1973 年,东油库向日本出口了第一列列车原油。2007 年,东油库被大庆评定为工业遗产保护单位。

目前,东油库隶属于第一采油厂第七油矿,有生产岗位七个,主要负责接收中七联、中

---

① 喇 72 井与萨 66 井、杏 66 井陆续被发现是油气流盛产区,呈现了大庆油田的基本轮廓,因此被称为"三点定乾坤"。

十四联等联合站来油,并外输至南一油库和炼厂。此外,东油库还承担接收和储存及向外输送原油、消防和生产生活用水的供给、生产供热、电力提供和输变电等任务。东油库是第七油矿石油生产的命脉。油库工作人员始终保持石油会战时期的豪情,弘扬传统,将石油会战精神薪火相传。

通过实地调研,东油库历史遗存保护很不理想,曾经向外运油的铁轨已经拆除,保存的方式只是立碑,目前的厂区也不是原址重建,东油库办公室也是重新建造的,原有厂区和厂房办公建筑被改造为其他单位办公场所。

(2)西油库。

1961 年 7 月,西油库成立,这是大庆石油会战期间建立的第二座大规模油库。西油库和东油库一起负责大庆原油铁路装车外运,西油库主要担负采油一厂及采油二厂原油的计量、存储及外输。20 世纪 60 ~ 70 年代,22 位国家领导人相继莅临西油库指导检查工作。西油库建库以来,秉承大庆精神,艰苦创业,形成了被中央高度认同和赞誉的"高度觉悟、不畏困苦、严细成风、自觉奉献"的良好库风。

在调研的过程中,发现西油库正在使用,许多厂房和工业设备保护维修较好,是大庆众多工业遗产中保护较好的单位。

3. 工业遗产——大庆精神发源地

(1)回收队精神。

回收队精神是大庆油田艰苦奋斗的"六个传家宝"之一。1969 年石油会战时期,油田物资匮乏,在铁人王进喜的组织带领下建立了首个废旧材料回收队即大庆回收队,同年 9 月改名为"铁人回收队"。他带领许多工人到各个油田施工现场拾捡废旧器材,如钢丝绳、钢管,即使是螺丝钉也进行回收修整再送回井上。在"铁人回收队"的鼓动下,其他许多油田单位也先后创建了回收队,展开了废旧物资回收再利用的行动。从此,大庆各个角落都留下了回收队的足迹,回收队精神之花开遍大庆。直到 20 世纪 80 年代,大庆每年平均回收废旧物资约 550 t,各种管材 19 万 m,支援了大庆各油矿、企业生产、技术革新、民用生活设施等项目,为国家节约了大量的物资,解决了油田生产中物质贫乏的问题,为我们留下了"艰苦奋斗、勤俭节约"的优良传统。

(2)"三老四严"发源地——中四队。

"三老四严"的发源地是采油一厂中四队,是大庆油田企业文化融汇中华民族传统文化最典型的概括和总结。"三老"的具体要求是"当老实人""说老实话""做老实事","四严"的具体要求是"严格的要求""严密的组织""严肃的态度""严明的纪律"。这种优良的工作作风不是一朝一夕形成的,而是在长期的实践中形成的。这种精神是大庆精神的代表,值得后人追溯和学习。

目前,"三老四严"发源地——中四队隶属于大庆油田第一采油厂第三油矿,管理面积 7.3 km^2,有 381 口油水井,11 座计量间,1 座转油站,累计生产约 853 万 t 原油,34 270 万 m^3 天然气。

（3）缝补厂遗址。

缝补厂精神是大庆精神及铁人精神的主要组成部分，是大庆"六个传家宝"之一。"缝补厂精神"以"艰苦奋斗、勤俭节约"为主，在全国广泛流传。缝补厂是在 1960 年冬季成立的，以"自力更生，艰苦奋斗"和"勤俭办工厂"为方针，为油田做好后勤保障以及为国家节约了大量的资金，为后人留下了宝贵的精神财富。

为更好地弘扬和传承缝补厂精神，使缝补厂精神薪火相传，大庆建立了缝补厂精神纪念馆，该纪念馆是大庆首批反腐倡廉教育基地之一，是一个为大众提供思想教育及精神熏陶的教育场所。纪念馆占地面积 132 m²，包括 7 个部分，馆内收藏相关缝补厂资料图片 320 多幅，历史文物 133 件，系统地再现了缝补厂精神的形成及发展历程。

（4）创业庄（"五把铁锹闹革命精神"诞生地）。

"五把铁锹闹革命精神"的发源地是创业庄，即大庆采油九厂创业庄家属一队，共有 4 000 多亩（1 亩 ≈ 666.67 m²）耕地和 1 万多亩草原。如今，归钻井二公司碧绿湖管理中心管理。石油会战时期，我国国民经济水平较低，食品供应严重不足。1961 年，由薛桂芳为领导，组织杨晓春、吕玉莲、丛桂荣、王秀敏等第一批去"八一新村"开垦荒地，发扬南泥湾精神，开荒打粮，扛着铁锹，开始自力更生。薛桂芳又带队到油田第 30 口油井附近开荒。30 井基地耕地达到了 3 000 多亩，被称为"松辽平原上的南泥湾"，是当时钻井指挥部最大的家属基地。

1962 年 8 月，大庆会战工委动员全战区家属向薛桂芳学习。后来五把铁锹发展为万把铁锹，在"五把铁锹闹革命精神"的鼓舞下，到 1965 年年末，大庆 95% 以上有劳动能力的油田职工家属加入了集体生产劳动，为大庆石油会战提供了有力的支援。目前，创业庄已经被废弃，创业庄家属一队被列为工业遗产保护单位，立了一个纪念碑来纪念和传承大庆这种可贵的精神。

（5）北二注水站。

岗位责任制是大庆石油职工针对油田生产和管理的实际问题总结的基本管理制度，主要包括岗位专责制、巡回检查制、交接班制、设备维修保养制、质量负责制、班组经济核算制、岗位练兵制和安全生产制八大制度。岗位责任制作为大庆企业管理的核心，具有较强的科学性和严谨性。

岗位责任制的发源地是北二注水站。1962 年，周恩来同志视察北二注水站工作，对岗位责任制给予了高度的评价。目前，北二注水站隶属第一采油厂第二油矿北八采油队，被中国石油天然气集团公司确定为企业精神教育基地，被黑龙江省政府确定为爱国主义教育基地，获得国家级和省级奖项荣誉约 20 多个，形成了以"上标准岗、干标准活、交标准班"为内容的"三标"行为企业文化。历史发展到今天，大庆油田企业继续发扬着"传承不走样，创新不丢根"精神。调研过程中，北二注水站保存较好，许多旧厂房经过改造还在使用，建筑风格为红砖坡屋顶，很有年代感。

1.2.2　大庆工业遗产分类

科学地划分工业遗产类型对整理及研究工业遗产保护和再利用起着重要的作用。工业遗产类型划分是确定遗产价值的前提。只有了解保护与再利用的对象,才能更合理地提出具有针对性的保护策略和再利用模式。

在我国,工业遗产类型主要根据工业遗产本体特征、遗产形成时间、工业遗产地理位置分布、区位分布特征、依附载体形式、遗产使用性质、保存程度及价值等级类型等进行划分。由于石油工业存在及开采的特殊性,大庆市石油工业遗产分布较为广泛,因此根据资源城市独特的特点,将大庆石油工业遗产按遗产建立时间、依附载体形式、地理区位分布特点及工业遗产使用性质进行划分。

1. 遗产建立时间

从1959年发现油田开始,可将工业遗产分为四类,分别是油田开发期、石油开采量上升期、石油开采稳定期及石油开采可持续发展期。对四个时期产生的工业遗产进行分类,是对石油工业历史的真实写照(表1.3)。

表1.3　按照大庆石油工业遗产建立时间分类

时间段	石油工业发展过程	代表性工业遗址
1959～1963年	油田开发期	松基三井、石油会战誓师大会广场、石油会战指挥部旧址——二号院、葡萄花炼油厂遗址、西水源、中区电话站、储运销售分公司、西油库、"三老四严"发源地——中四队、北二注水站、缝补厂遗址、"五把铁锹闹革命精神"诞生地——创业庄
1964～1975年	石油开采量上升期	东油库、南三油库、铁人回收队、林四井、大庆展览馆、红旗村干打垒群
1976～2002年	石油开采稳定期	二号丛式井采油平台、中十六联合站、葡萄花炼油厂遗址
2003年～今	石油开采可持续发展期	徐深1井、贝16作业区贝16井、大庆油田历史博物馆

2. 依附载体形式

在《无锡建议》中,将工业遗产分为物质形态和非物质形态两种形式。物质形态包括工业厂房、办公楼建筑、构筑物及工业生产设备等。非物质形态包括工业发展过程中产生的工业文字档案资料、工业生产流程、保留的工业年代特有的精神等。根据大庆实际情况,将大庆石油工业遗产按照载体类型进行划分(表1.4)。

表1.4　物质和非物质形态工业遗产

载体形式	工业遗产名称					
物质类	松基三井	萨55井	会战指挥部旧址	葡萄花炼油厂遗址	中十六联合站	东油库
非物质类	"三老四严"精神	"五把铁锹闹革命精神"	油田岗位责任制资料	"四个一样"	干打垒精神	石油会战资料

3. 地理区位分布特点

大庆石油工业遗产的分布是由石油资源分布及交通运输条件决定的,通过区域分布对大庆工业遗产进行分类,工业遗产形成线性联系,为后续工业遗产保护做好充分的准备工作。大庆石油分布较为广泛,主要分布在让胡路区、萨尔图区、红岗区、大同区等区域。

4. 工业遗产使用性质

(1)居住办公建筑。

红旗村干打垒建筑是大庆石油会战时期典型的居住建筑,干打垒建筑是石油会战时期最适用的工业居住建筑形式(图1.1),当时建造"干打垒"房屋总共花了900万元。然而,如果建成砖瓦结构的房屋,大约要6 000万元,"干打垒"为国家节省了5 000多万元。此外,干打垒建筑体现了大庆石油会战期间老一辈石油人的审美观,真实地反映了石油会战时期人们的生活情况及老一辈石油人的创业精神和艰苦奋斗精神。

图1.1　红旗村干打垒建筑

(2)构筑物。

工业遗产以单体形式存在。例如,葡萄花炼油厂作为大庆第一座炼油厂,其遗址中的葡萄花炼油厂烟囱是工业遗产标志性构筑物,代表着过去发生的历史事件,见证了葡萄花炼油厂及大庆石油会战的历史。

(3)工业厂房建筑。

由于石油加工的需要,因此产生了许多油田工业设备设施,包括联合站、注水站及油库储油设施等。这些工业设备设施形成了典型的工业建筑群,遍布在大庆油田的各个区域,形成了具有地域性的工业景观。

1.2.3　大庆工业遗产分布特点

大庆以石油闻名,大庆的工业以石油化工业以及与石油相关的轻工业为主,具有鲜明的地域性。大庆石油工业始于1959年,其开采地理位置主要集中在萨尔图区、红岗区和让胡路区。通过整理大庆工业遗产的调查数据得出:大庆工业遗产共有24处,其中萨尔图区有 11 处,红岗区有 9 处,让胡路区有 4 处。具体分布特征如下。

1. 工业遗址沿铁路工业线性分布

随着城市的发展,为满足石油向外运输的需要,大庆形成了滨州铁路和通让铁路两条铁路。因此,很多石油企业为方便运输、降低成本而在铁路沿线区域建厂,使得原油外运既缩短了时间又降低了成本,如东油库、西油库地理位置在滨州线旁,南三油库分布在通让铁路旁。工业区的分布顺应着铁路沿线,形成了以交通运输为串联方式的线性遗产之路。铁路沿线与石油化工工业区形成了独特的工业景观。

2. 工业遗产分布散乱,区域分布跨度大

石油的开采受能源位置的限制,具有分布零散和区域跨度大的特点。大庆石油分布在萨尔图区、红岗区、让胡路区、大同区、林甸县、肇州县、呼伦贝尔等地。1959 年,在大庆发现石油资源后,为满足石油开采的需求,从环境保护、交通运输、生产开发及满足工人生活所需的角度来选择工业区的地址。另外,石油工业区域的选定由工业生产所需的矿产资源决定。

1.3　大庆干打垒建筑遗产研究现状

大庆油田处于以畜牧为主的嫩江草原,远离大中城市,农民村落也很稀疏,而且没有公路网,气候酷寒,最冷时达 -40 ℃。由于打油井、铺油管、筑道路、造油库、修厂房等工作紧张,因此油田广大职工仍住在帐篷或活动板房里。当时在大庆全区范围内开展了声势浩大的"倒炕腾房"运动,虽解决了近万名职工的住宿问题,但不可能从根本上解决几万石油会战大军的燃眉之急。建设者因地制宜,仅历时 100 d 就完成了 30 万 m² 干打垒房子,解决了早期石油会战几万人办公和居住用房,实现了安全过冬搞会战,后来逐渐形成了干打垒精神,特点是:因地制宜、自力更生、节约发展、革命奉献,成为大庆油田艰苦创业的"六个传家宝"之一。随着大庆社会经济的发展,干打垒已逐渐退出历史舞台,成为大庆的工业遗产,但仍承载着共和国石油工业发展的记忆。2014 年,大庆原红旗村(现位于龙凤区前进村)干打垒建筑群被列为省级文物保护单位。

1.3.1　大庆干打垒建筑遗产现状

"干打垒"这种大庆民间建筑的老法子具有施工快、用料少的特点,在大庆油田开发初期,该方法解决了石油会战期间的办公和居住房问题。

目前,大庆的干打垒建筑约有几千户仍在使用,大多分布在龙凤区、红岗区、大同区及肇州县等地,其他地区的村镇也还能看到一些干打垒建筑。多年风雨侵蚀等原因导致破坏严重,缺少保护和再利用。其中,大庆原红旗村干打垒群是大庆石油会战初期(1960 ~ 1961 年),国家建筑工程部第六工程局建造的干打垒建筑生活和办公区,虽然于 2007 年被列为市级工业遗产和文物保护单位,并于 2014 年被列为省级文物保护单位,但是仍缺少保护,现状堪忧(图 1.2)。

图 1.2　大庆红旗村干打垒建筑群外貌

1.3.2　大庆干打垒建筑特色与地位

"干打垒"为夯土式生土建筑,在北方广泛使用,具有取材方便、施工简便、节约资源、造价低等优点。石油会战之前,大庆萨尔图小镇及方圆数百里居民世代居住的土屋——"干打垒",只需要土、草和少量木材,就可能打成冬暖夏凉的房子。"干打垒"这种大庆民间建筑的老法子,具有施工快、用料少的特点。

红旗村干打垒建筑是大庆石油会战时期典型的居住建筑,干打垒建筑是大庆石油会战时期最适用的工业居住建筑形式。此外,干打垒建筑体现了大庆石油会战期间老一辈石油人的审美观,真实地反映了石油会战时期人们的生活情况并体现了老一辈石油人的创业精神和艰苦奋斗精神。

1.4 碳中和背景下光伏建筑一体化技术

习近平总书记在第七十五届联合国大会上提出："中国将提高国家自主贡献力度,采取更加有力的政策和措施,二氧化碳排放力争于 2030 年前达到峰值,努力争取 2060 年前实现碳中和。"减少碳排放量成为我国全行业发展的明确要求,分析我国 CO_2 排放来源,主要集中在建筑行业、电力行业、交通运输业和工业能源等方面,其中建筑行业碳排放量约占总量的1/3。由此可见,提高建筑节能、推广绿色低碳建筑是实现 2060 年碳中和目标的关键环节。

1.4.1 国外光伏建筑一体化现状

2001 年,欧洲议会和欧洲理事会颁布了"关于欧洲内部电力市场促进利用可再生能源发电"的指令。2004 年,德国修订推出了《可再生能源法案》,西班牙、意大利等国家也相继推出了相关政策,一系列政策法案伴随对光伏产业的补贴政策助推了欧洲乃至全球光伏行业的快速发展。欧洲市场对光伏组件的需求激增也引燃了中国光伏产业的发展。2005 ~ 2011 年,中国光伏产业与欧洲地区光伏产业紧密合作,在各自具有优势的产业链部分环节都获得了快速发展。在此阶段,欧洲地区和美国是中国光伏组件产品的主要市场。2012 年,中国光伏产品的国内市场开始发展。截至 2018 年底,中国光伏累计装机量为 174.63 GW,是 2010 年的 672 倍。但自 2018 年 9 月限价结束后,欧洲市场组件价格快速下降30%以上,而已经平价且基本脱离补贴的欧洲市场才是真正的成长性市场,没有补贴扰动叠加组件大幅降价,欧洲市场或将在沉积多年后再次出现高增长,加之政府招标可以保证最低价格的安全性,欧洲已经计划重新确立自己的领导地位。2020 年后,基于无补贴的太阳能、能源智能家庭和社区、企业绿化和零排放氢气的发展,欧洲可能会重新成为以太阳能为中心的能源系统时代的领头羊。根据分析机构 WoodMac 的预计,欧洲新增太阳能发电容量将在 3 年内翻一番,达到每年约 20 GW,并在 2024 年时突破地区总容量 250 GW。

在光伏建筑一体化领域,欧洲发展较早,技术积累较多,仍然保持着一定的优势。光伏建筑一体化(Building Integrated Photovoltaics,BIPV)技术是将太阳能组件集成到建筑上的技术,其不但具有外围防护结构的功能,同时又能产生电能供建筑使用或并网。光伏组件以一种建筑材料的形式出现,光伏方阵成为建筑不可分割的一部分,如光电瓦屋顶、光电幕墙、光电采光顶等。

另一种光伏组件与建筑物的结合方式是 BAPV(Building Attached Photovoltaics),即光伏系统附着于建筑物上。由于 BIPV 和 BAPV 并没有通用的严格定义,因此二者的界限会有一些模糊之处,对于欧洲 BIPV 市场的统计数据呈现不同的结果。光伏建筑一体化在欧盟内部是一个不断扩大的市场,受到与建筑能源性能相关的日益严格的法规,以及企业和公民不断增强的可持续性思维等许多因素的支持。然而,也有一些障碍和限制导致 BIPV 的预测增长被高估,这些障碍体现在设计灵活性、美观性、耐用性、成本、性能、网格集成、符合标准及对操作和维护技术的严格要求上。

当前世界市场的主流光伏组件产品是晶硅光伏组件,占据近九成市场份额,剩下的市场份额由薄膜太阳能电池等占据。目前实现了产业化的薄膜太阳能电池有铜铟镓硒薄膜太阳能电池、碲化镉薄膜太阳能电池和非晶硅薄膜太阳能电池三种。其他的如钙钛矿薄膜太阳能电池、铜锌锡硫薄膜太阳能电池、有机薄膜太阳能电池等还处于实验室或中试阶段。大部分晶硅太阳能电池采用的是切片拼接工艺,外观将不可避免地形成类似补丁状的图案。薄膜太阳能电池采用的是内级联结构工艺,外观颜色美观均一,并可定制颜色、质感、图案。因此长期以来,欧洲光伏建筑一体化主流市场由薄膜太阳能电池占据重要地位。目前,全球约50%的BIPV产品为非玻璃屋面产品,预计在未来几年内,BIPV将成为主导市场。非玻璃幕墙产品将增加份额,达到并超过玻璃产品。

1.4.2 国内光伏建筑一体化现状

我国光伏发电应用市场逐步扩大,"十二五"时期年均装机增长率超过50%。"十三五"时期,光伏发电建设速度进一步加快,年平均装机增长率为75%。截至2018年底,我国光伏发电累计并网量已达到1.74亿kW,已连续6年位居世界光伏装机第一大国。

建筑能耗占社会总能耗的30%以上,在发达国家甚至超过40%。光伏建筑一体化作为光伏行业的重要方向,对提高我国绿色能源占比、促进建筑节能降耗具有重要的意义。

1. 不同光伏技术路线与建筑的一体化结合

光伏建筑一体化技术是将太阳能光伏组件发电产品集成到建筑上的技术,即通过建筑物,主要是屋顶和墙面与光伏发电集成起来,使建筑物自身利用太阳能生产电力,以满足建筑物本身的用电需要。光伏建筑一体化指光伏发电系统与建筑物同时设计、施工和安装并与建筑物形成完美结合的太阳能发电系统。我国光伏建筑一体化采用的光伏技术主要有晶硅光伏组件、铜铟镓硒(CIGS)薄膜光伏组件和碲化镉(CdTe)薄膜光伏组件。由于不同种类光伏组件自身的技术特点,因此在与光伏建筑一体化结合时,产生了不同的效果与特点。

2. 我国光伏建筑一体化政策概况

光伏建筑一体化因具有绿色节能、减少碳排放、提高用电效率、节约土地资源、减少大气和固废污染等巨大优势而成为建筑和光伏行业的重要发展方向。但由于符合建材需求且低成本的光伏产品配套设备少、施工技术不普及、造价高而投资回报率低等原因,制约了光伏建筑一体化的规模化发展。

在光伏建筑一体化发展的初级阶段,世界各国都推出了各种光伏建筑一体化的鼓励政策,我国也出台了多项鼓励光伏建筑一体化的政策。

例如,《太阳能发展"十三五"规划》中提到要大力推进屋顶分布式光伏发电,到2020年建成100个分布式光伏应用示范区。同样,国家《绿色建筑评价标准》(GB/T 50378—2019)规定,结合当地气候和自然资源条件合理利用可再生能源,评分总值为10分,进一步提升了建筑的绿色发展水平,为光伏在绿色建筑上的应用提供了政策支持。绿色建筑的发展也对节能技术提出越来越高的要求,这些将推动光伏建筑一体化技术快速成熟,带动光伏建筑一体化产业快速发展。

3. 我国光伏建筑一体化行业发展前景

目前国内已建成的光伏建筑一体化项目大部分采用的是晶硅技术的双玻光伏组件。由于晶硅自身的技术原因,因此达不到建筑的美观要求,但随着光伏建筑一体化行业的快速发展,晶硅类 BIPV 组件技术也在快速发展,外观和色彩符合建筑需求的晶硅类组件正在不断涌现,为晶硅类光伏建筑一体化开拓了巨大的发展空间。铜铟镓硒及碲化镉薄膜类光伏组件外观一致性更佳,色彩质感丰富,能够满足建筑美观需求。随着薄膜技术的发展,成本在逐渐下降,转化率在逐渐升高,在建筑中应用的前景十分广阔。中国建筑金属结构协会光电建筑应用委员会主任章放认为,未来分布式市场,光伏建筑一体化应该成为主流,让光伏组件建材化和构件化是建筑光伏应用的发展方向。

近些年,我国光伏行业能够快速发展,得益于国家政策扶持和大量的市场及人才资源,但对于 BIPV 产业,仅凭少数企业单打独斗,成本下降速度较为缓慢。由于国内土地资源有限,无法持续建设地面电站,因此为了继续发展,光伏行业正在寻找新的光伏载体,建筑无疑成为光伏行业关注的焦点,在光伏细分市场,光伏建筑一体化占据巨大的优势。

1.5　严寒地区建筑节能技术

《世界能源展望 2019》(WEO)预测 2040 年全球能耗或将增长三分之一。由于技术要求高,成本投入大且政策与配套措施不健全,可再生能源利用率较低,因此大部分能源供给依旧依靠不可再生能源。不可再生能源利用存在较大弊端:一是其存量有限,二是能源利用效率低,三是带来诸多环境问题。如今不可再生能源过度消耗,若不能抑制这种恶性循环,人类将面临能源枯竭。

建筑相关能耗约占社会总能耗的 50% ,我国 98% 的既有建筑为高能耗建筑,新建建筑仅有 5% 符合现今节能标准,单位面积采暖能耗较发达国家同等地区多 3 倍,这说明我国建筑节能还需进一步发展。我国严寒和寒冷地区面积约占国土总面积的 70% ,为降低能耗,政策上出台了诸如《严寒和寒冷地区居住建筑节能设计标准》(JGJ 26—2018)、《民用建筑热工设计规范》(GB/T 50176—2018)、《建筑围护结构整体节能性能评价方法》(GB/T 34606—2017)及《黑龙江省居住建筑节能 65% 设计标准》(DB 23/1270—2008)等规范,很大程度上提高了建筑热性能。不同于城市建筑建造有专业的施工团队,广大农村地区存在大量自建房,因施工、技术、构造及材料等原因导致节能效果较差,解决严寒地区农村住宅节能问题成为建筑节能的重中之重。

1.5.1　建筑室内热环境研究现状

室内热环境受室内空气温度、空气相对湿度、空气流速和壁面热辐射等因素共同影响。20 世纪初,室内湿热度对人体影响的实验研究确定了室内热环境研究发展的重要性,大量学者对如何提高建筑室内热环境展开研究,包括环境评价、人与环境侧传热模型建立及计算流体力学(CFD)在室内热环境中的研究。Yagbu 等研究了温度和湿度对室内热环境的影响,建立了 Effective Temperature 评价标准。Fanger 提出了人体热平衡方程,包括人体与环境共 6 个影响因素,得出了 PMV-PDD 的热舒适评价指标并被广泛应用。

除上述对室内热环境指标和模型的研究外,大量学者对室内热环境的影响因素进行了研究。Becker 和 Paciuk 调查了不同供热模式和时间表对建筑夜间整体热性能的影响,结果显示当天气较冷时,可以通过下午提前供热和清晨供热实现最佳供热模式,从能源角度考虑,该模式可以减少能源消耗,降低采暖费用。在室外天气环境与室内热环境的相关性研究方面,一些学者建立了相关模型帮助设计者选择合理的气候设计条件。Chen 等建立了气候参数与空调系统设备容量的相关模型。上述方法采用室内参数反映室外气象条件对室内热环境的影响,然后根据室内参数选择气候设计条件,以满足设计中对室内环境的预期要求。随着模拟和测量技术的进步,一些学者关注建筑围护结构热工性能对室内热环境的潜在影响。Givoni 研究提出了太阳能建筑的材料和通过窗户的太阳辐射与室内热环境之间的关系。Orosa 等测量并模拟了两所学校不同建筑结构参数下的室内条件。Aldawi 等通过实验和计算方法分析了墙体材料对建筑供热和制冷能耗的影响。Johra 等模拟了两个具有不同蓄热性能的典型住宅建筑的室内条件。Albayyaa 等分析了澳大利亚的两栋独立房屋,研究认为适当利用太阳能热能对改善室内热舒适和建筑节能方面是可行的。

国内对室内热环境的研究主要从理论与建模、能耗和技术三个方面进行。成辉等研究了建筑空间模式对室内热环境的影响,研究结果表明:建筑进深、空间数量对室内热环境影响较大,此外还研究发现室内与阳光间的隔墙可以在夜间维持室内温度稳定。胡静等将室内围护结构表面传热视为动态过程,建立了华北地区建筑冬季供热数学模型,并得到实验验证。黄凌江等对拉萨地区传统民居和新式民居的室内热环境进行对比,发现提高建筑窗墙比、改善门窗气密性和保温性是提升室内热环境的重要途径。孙媛媛研究了混凝土围护结构的蓄热特性对室内热环境的影响,研究证实在集热蓄热墙阳光间中,混凝土蓄热墙可以明显稳定室内温度波动。Zhang 等通过研究认为,由于不同位置的围护结构吸收太阳辐射的差异性,因此应按照位置进行室内热舒适性研究。钟亮等分析了采暖期内不同空调末端对冬季室内热环境的影响。Wei 等分析了地源热泵对室内热环境的影响,通过实验对比发现,采暖期使室内温度升高 5.53 ℃,室内相对湿度降低 27.41%,同时降低建筑能耗 95.8 W/m²。刘胜等分析了被动式节能改造对湘西传统民居室内热环境的影响,提出了具有针对性的改造方案和提议。以上研究表明,建筑热工性能和空调设备对室内环境有显著影响。

1.5.2　被动式节能技术研究现状

2018 年,《中共中央国务院关于实施乡村振兴战略的意见》指出,到 2020 年应实现"农村人居环境明显改善,美丽宜居乡村建设扎实推进"的目标。随着国家相关政策和标准的推动,特别是乡村振兴战略的提出,社会各界都更加关注农村问题,因此对农村住宅现状及节能改造研究成为热点。

围护结构作为农村住宅得热和散热的主要途径,对其进行节能改造可有效改善农村住宅能耗和人居环境。国内外学者对农宅围护结构节能改造的研究主要从围护结构构造、热工性能、经济性等方面展开。

马丙磊等分析北方寒冷地区既有农村住宅围护结构现状,总结现存问题,从理论层面提出了针对寒冷地区农村住宅围护结构的节能优化策略。丁悦以农村住宅垂直围护结构热工性能为研究对象,提出了加强垂直围护结构特殊部位保温性能的措施,并验证了其节能性和可行性。杜星璇分析计算围护结构瞬态传导过程,建立建筑围护结构节能优化模型并确定其可行性,得出了围护结构传热系数与建筑单位面积节约能量关系式。陈思羽等分析对比不同围护结构保温材料性能,计算多种保温材料全生命周期费用,研究了保温层最优厚度。钟秋阳等提出了对生土建筑围护结构外墙进行憎水方式处理,研究墙体厚度、换气次数等因素的相对影响,得出了憎水处理对生土建筑能耗及室内热环境有明显影响。

Ma 等对各国的不同建筑围护结构节能改造措施和方法进行了综合总结。Aslani 等采用生命周期法对新型高性能围护结构的能源性能和环境损害进行了评估,研究得出与传统围护结构相比,新结构可降低 85% 暖通空调能耗并节约 80% 天然气,同时有效降低 CO_2 排放量。

Sun 等基于农村住宅调研分析,提出了节能改造策略,以此解决建筑能耗高、室内舒适度差的问题。研究结果表明:内外保温层形式高效提高了农村住宅保温性能,瓦屋面保温性能优于茅草屋面,低成本策略更适合相应区域的农村住宅。Florides 和 Utama 等使用模拟仿真软件,分析不同围护结构对建筑能耗的影响,得出保温隔热性能是围护结构必须提升的方面。Mohsen 等计算不同保温隔热材料对建筑热负荷的影响,分析计算结果,得出最佳围护结构构造形式。

太阳能属于可再生能源,是一种取之不尽、用之不竭的清洁能源,目前太阳能利用技术已经较为成熟并在建筑中得到应用,以向建筑提供热水、采暖、制冷和供电的多种方式满足居民的生活。建筑利用太阳能采暖可以分为两种形式:被动式利用太阳能和主动式利用太阳能。

被动式利用太阳能采暖是指建筑不采用任何机械设备就可以对太阳能进行热利用,一般是直接将太阳能转化为热能为建筑采暖。常见的被动式利用太阳能采暖形式主要有直接受益式、集热蓄热墙式和附加阳光间式。目前,附加阳光间式在我国农村地区被广泛接受。国内外学者针对附加阳光间的采暖形式进行了大量研究,大部分集中于对建筑能耗影响的研究。一些学者对提高附加阳光间能源效率、降低建筑能耗提出建议。一些研究人员分析影响附加阳光间得热量的影响因素,例如:Suarez 等发现太阳辐射、空气流速和室外温度等因素都对附加阳光间内的热量产生较大影响,晴朗天气下的附加阳光间作为辅助热源可以向相邻空间提供 15% ~ 30% 的热量;Hilliaho 等对芬兰的附加阳光间形式进行研究,结果得出附加阳光间建筑能耗最少降低 9%,最高可达 30%,部分研究采用分析或数值方法验证了附加阳光间对冬季采暖十分有效,但夏季会出现阳光间内温度过高的问题;Bataineh 和 Fayez 对位于约旦地区的附加阳光间热性能进行了数值研究,研究发现将附加阳光间和被动冷却技术相结合,每年的加热和冷却负荷可以减少 42% 左右。在国外针对附加阳光间内热惰性的研究较少,Owrak 等分析了位于伊朗的阳光间热性能,包括储热多孔地板和水箱,研究表明储热系统可以提高能源效率和阳光间内的舒适度,同时降低建筑能耗。经济研究对附加阳光间建筑尤为重要。Roach 和 Kirschner 对独栋附加阳光间建筑经济性进行研究,考虑建筑建造成本和能源价格,短时间内可以收回投资。而

Owrak 等研究认为建造成本决定建筑收回成本的时间,如果附加阳光间建造成本占总建筑成本的 5%,则回收时间可能长达 20 年。Balcomb 等对附加阳光间式被动阳光间进行研究并编制出版了一套能模拟多种气候参数下的附加阳光间阳光间的热工性能及结构参数设计手册,并把模拟程序应用到实际中。附加阳光间工作方式如图 1.3 所示。

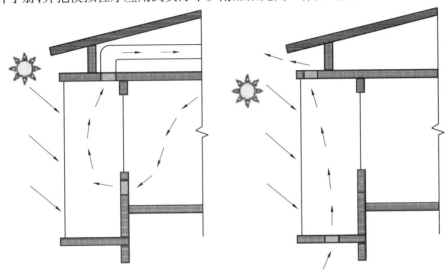

图 1.3 附加阳光间工作方式

在我国,被动式太阳能利用方式造价低廉,易于使用,一直在农村地区广泛使用。最早由清华大学、天津大学和其他科研单位建立起了阳光间数学模型,对被动式阳光间进行理论研究,编制并出版了《被动式阳光间热工设计手册》等理论书籍。在建筑节能模拟软件编程方面,清华大学开发了具有自己鲜明特点的建筑节能模拟分析软件 DeST,用于建筑能耗模拟和环境控制系统的设计校正。刘加平等对西北地区农村建筑附加阳光间进行系统性研究,通过实验和模拟方法对附加阳光间农宅建筑能耗、室内热环境及经济性进行研究,并逐渐转向农宅可持续发展方向研究。张嫩江、马明等对内蒙古地区居住建筑外附加阳光间的可行性进行研究,通过分析建筑布局和阳光间设计要素等,得出该地区建筑使用附加阳光间不仅改善室内热环境,还对该地区能源、环境和经济发展具有可持续意义。

刘晓燕、李玉雯等在大庆设计了直接受益式、集热蓄热墙式和附加阳光间式三种阳光间,并且进行热工计算和经济效益指标计算,结果表明:附加阳光间建筑节能效果最好。马令勇等对严寒地区附加阳光间建筑进行了深入研究,分别对阳光间农宅建筑能耗、玻璃围护结构和经济环境效益评价进行分析,同时针对阳光间夏季过热问题提出将相变材料与百叶相结合,在冬季起到保温蓄热作用的同时解决夏季阳光间温度过高的问题。

上述研究主要针对附加阳光间对建筑能耗的影响,以及对其数学模型的建立,关于阳光间对室内热环境的影响研究较少。附加阳光间建筑受室外天气环境影响,具体地区需要具体分析。因此,本书对大庆地区农宅外附加阳光间对建筑室内热环境及能耗的影响进行研究,分析适用于大庆地区的附加阳光间农宅形式。

1.5.3　主动式节能技术研究现状

主动式太阳能采暖是指建筑利用机械设备将太阳能转化为热能为建筑采暖,减少建筑采暖时化石能源的消耗。常见的主动式太阳能采暖方式按传热介质可以分为太阳能热水采暖和太阳能空气采暖。太阳能热水采暖以水为介质,利用集热器将收集到的太阳能转化成热能加热水介质,通过循环水泵等系统进入供热管道,再通过辐射等方式向室内传递热量。以水为介质的太阳能集热器集热效率高,室内温度波动小,但是对系统的可控性要求较高,初投资及维护费用较高。对于农宅来说,农民更加看重系统的经济性和维护简易性,因此太阳能热水集热器采暖并不适用于农村地区。以空气为介质的太阳能空气集热器系统构造简单,集热器内空气吸收太阳辐射并转化为热能,将热量传递到室内。太阳能空气集热器初投资费用较低,便于维护,虽然在集热效率及可控性上较太阳能热水集热器差,但作为向室内提供热量,改善室内热环境的太阳能利用形式在农宅中使用是可行的。

国内外对太阳能空气集热器的研究主要集中在热性能提高方面,涉及集热器表面盖板、空气流速和保温材料。太阳能空气集热器主要通过透明盖板将热量进行转移,研究表明:透明盖板应该采用对太阳光谱高透射率的材料。为观察玻璃对太阳能集热器的影响,Michalopoulos 和 Massouros 通过增减太阳能玻璃盖板层数进行了分析和实验研究,结果显示玻璃盖板需要与吸热层、保温层等材料构成最佳设计,根据所需的热量选择透明盖板类型。集热器内空气流速对热量传递也起到重要影响,与自热对流相比,强制对流不仅可以提高传热速率,还可以为室内提供良好的风速条件。Bevillt 和 Brandt 对太阳能空气集热器内吸热板进行研究,使空气经过铝制翅片,增加与吸热板接触面积,提高集热器集热效率。Chang 等对带翅片吸收器的太阳能空气集热器热性能进行实验研究,分析了安装角度、介质流量和进风方式对太阳能空气集热器性能的影响,并通过实验验证了其理论计算模型,结果表明:介质流量与热效率呈正相关关系,且集热器中的负压可以提高集热效率,但随着压力的升高,集热效率下降。除此之外,研究人员对不同集热器的热平衡方程开发了理论模型。例如,Karim 等建立了双通道逆流 V 型槽集热器的数学模型,通过实验数据与仿真结果的对比,验证了仿真结果具有准确预测空气集热器性能的能力,同时还对集热器参数进行研究,发现太阳辐射、进风口温度和流速对集热器的效率有显著影响。

我国学者对太阳能空气集热器的研究主要为模型的建立与集热器性能研究。季杰等研究了一种新型双效太阳能平板集热器,结果表明:在加热空气模式下,光热转换效率比传统集热器高 40% ,在热水运行模式下,光热转换效率高达 49.7% 。车永毅等建立了单层盖板的管板式太阳能空气集热器,针对集热管间距、集热管内径和工质流量等对集热器集热效率的影响进行数值模拟,结果表明:减小集热管间距或增加集热管内径、增大流量均可提高集热器瞬时效率。

由上述研究可知,针对太阳能空气集热器的研究主要集中于单一组件的热工性能和数学模型的研究,而分析集热器对室内热环境、建筑一体化的影响较少。本书以传统集热器为基础应用到农宅中,根据室内热环境和建筑能耗的分析,得到适用于大庆地区农宅的太阳能空气集热器形式。太阳能空气集热器构造如图 1.4 所示。

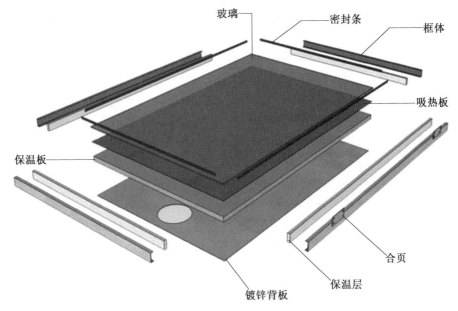

图 1.4 太阳能空气集热器构造

1.5.4 装配式技术研究现状

严寒地区农村住宅多以红砖砌筑,但红砖烧制破坏环境、工序复杂且资源短缺,更重要的是红砖散发对人体有害化学物质,长期居住不利身体健康。以轻钢装配式进行建筑建造相比传统砖混建筑虽然成本有所增高,但却是对未来人们经济普遍提高及舒适性、安全性与健康性的综合考量。轻钢装配式建筑在日本、韩国、加拿大等国家已得到广泛发展,我国政府如今也在倡导建造轻钢装配式农村住宅,大力推行、宣传并给予资金补贴。2020 年,我国住房和城乡建设部(简称住建部)将绿色建筑列入科技计划项目重点支持方向,其中提到了支持绿色宜居的美丽乡村建设,倡导以装配式建筑代替原有构造,提升人居环境舒适性及改善农村节能模式等。

严寒地区农村住宅多采用单层小体量的建造模式,存在浪费土地、能耗大、设备管线独立设置成本高、流线混乱及私密性不足等问题且很难应对时代需求做出应有的变化,如砖混结构建筑墙体承重造成了内部分割定型化,为未来建筑改造带来许多困难。装配式体系可拆卸组装的特性使其更加适宜于建筑的改建和扩建,因此装配式建筑具有较高的时代适应性。

当今时代,传统建筑在保温隔热性能、绿色化和可持续发展等方面的弊端日益凸显,而装配式建筑具有性能优良、施工快、节约人工成本、绿色环保及可拆卸等特性,在发达国家发展已相对成熟。虽然我国装配式建筑发展仍在起步阶段,面临许多实际工程问题,但可通过技术方法解决,发展潜力巨大。

我国工业化起步较晚,由于技术水平不足及受政策体系和传统保守观念的制约,装配式建筑理论与实践发展相对滞后,因此许多装配式建筑室内热环境不能满足人们的舒适需求。例如,Shen 等对庐山某预制建筑进行实地监测和问卷调查,发现其围护结构热惯性低,保温性能差。然而,近年来随着建筑技术进步及人民对生活品质要求的提升,装配式建筑的优点逐渐凸显。Teng等对30层预制公共住宅含碳量展开探究,发现采用矿渣混凝土代替普通硅酸盐水泥可显著降低建筑含碳量,大力发展装配式建筑为减碳提供了有效的策略与方法,有利于贯彻落实可持续发展理念。装配式建筑的设计标准化、工厂预制化及施工机械化可大幅节约资源,减少人工成本并加快施工进度。

随着国家的大力倡导与政策鼓励,装配式建筑发展趋势愈发明显。为不断完善和发展装配式建筑体系,许多学者对其理论进行探索。例如,吴昊等将装配式建筑与开放建筑理论相结合,增强装配式建筑内部空间的多样性。姜仁晋等提出发挥装配式建筑与精益建筑理论的协同作用,提高建筑的质量与价值以便其普遍推广。杜建峰提出以共生理论去发展装配式建筑,通过明确利益分配机制,探索合作双赢的运作模式,从而实现装配式建筑的稳定持续发展。在实际工程应用方面,人们为规避冷热桥、保温隔热性能不足、防火性能差等问题,总结出许多适宜装配式建筑的具体施工做法,包括材料的使用、构造节点的处理及构造层次的确定,在国家标准规定、预制化构件和施工细节处理得当的基础上,装配式建筑的性能得到了大幅增强。

然而,相对于传统砖混结构,虽然性能更优越,但初期投资成本较高,在我国未得到普遍推广,民众认知程度及可接受度较小,因此学者针对装配式建筑成本效益问题展开分析与探讨。曹静、Hong等对某装配式建筑进行经济分析,发现其成本较传统现浇方式高,其中材料费所占比重最大。李辉山等提出利用网络分析法(ANP方法)建立经济效益评价体系,对建筑的生产、运输和施工安装阶段提出具体的节约成本措施。Zhang等提出一种预制混凝土元件(PEC)系统并对某旧建筑进行改造,计算得出采用PEC可降低13%的生命周期成本,经二次利用,可降低30%的生命周期成本。虽然装配式建筑的发展仍然面临许多困难,但随着技术不断开拓创新,其问题是可以解决的。例如,将装配式建筑建造与BIM(建筑信息模型)手段相结合,对建筑建造及施工管理带来了一种颠覆性的革新,实现了建筑全生命周期的设计与控制,具有很强的集成性。又如,采用3D打印技术代替传统技术,无论从施工速度、质量还是成本效益方面均具有更大优势。

不同于传统建筑,装配式建筑的围护结构多为预制构件,其材料选择与传统材料有所区别,构造做法也有很大不同。因此,为实现装配式建筑的节能并提升室内热环境,首先应对围护结构各部分进行节能优化。在墙体节能优化方面,Behrooz等提出一种复合预制墙体砌块,发现最佳保温厚度与气温正相关。刘玉翠利用Fluent软件对预制装配式多腔复合墙体的热工性能进行定量模拟分析,得出腔体厚度20 mm时收益最大,可节省2.21%建筑能耗。Marina等将可再生骨料混凝土加入通风预制墙板形成新型围护结构,结果是通风预制墙板的保温隔热性能优于闭式空腔墙板,冬季面板内层与外层变化温度降低18.5 ℃,夏季热迟滞时间在4~6 h,大大提高了预制墙板的保温能力。Boscato等对一种混凝土胶合木框架板(CGFP)进行性能探究,发现木框架与混凝土板之间的相互作用可提高其强度与变形能力,CGFP面板具有良好的热工性能且利于节能减排。

在窗户节能优化方面,一些学者研究了不同朝向窗墙比对能耗的影响,发现窗墙比小于0.5时,西向的影响最为显著;而窗墙比大于0.5时,东南向的影响更为明显。Meseret Kahsay等探究了不同窗型对窗户热性能的影响,得出其热性能等级由高到低依次为水平矩形窗、正方形窗、圆形窗和垂直矩形窗。Wang 等在双层玻璃中加入碲化镉光伏电池形成双层通风窗,在不影响采光的情况下,夏季和冬季可分别节能 205. 76 kW · h 和 333. 09 kW · h。Guo 等基于透射率和朝向角度研究了中国 4 个城市不同 PV 窗的能耗情况,得出在哈尔滨、北京、上海、深圳等地,透光率为 10% 的 PV 窗的节能性能优于透光率为 5% 的 PV 窗。Matyas 等采用在透明玻璃系统中充水的办法提高太阳热增益,在不同地区节能率为 3% ~84% 。

在屋顶节能优化方面,Domenico 等研究了不同屋顶倾角对室内温度的影响,发现其最高可减少 12. 5 ℃的峰值温度并缩小 29.9% 的衰减系数。Digvijay 等在建筑屋顶应用光伏组件,使用 DesignBuilder 软件分析表明其可使室内降温 3. 7 ℃,碳排放量减少 50% 。Shi 等对比分析了不同地区传统屋顶及绿化屋顶的节能效果,发现绿化屋顶节能率为 5% ~9.3% ,其节能率与层数及面积呈负相关关系。

在保温材料方面,朱轶韵等利用外墙的热工参数分析,研究了外墙构造对房间热稳定性的影响,认为将蓄热系数较大的部分布置在室内侧,即优先采用外保温,可以提高室内热稳定性。Roberto 等对聚异三聚氰酸酯(PIR)与混凝土制成预制复合材料面板热性能进行评估,研究得出预制负荷面板的热阻降低,可减少热流之间的传递,减少热量的损失。郭艳坤等对预制夹心保温外墙的经济性展开探讨,阐述各部分费用及其比重,说明了成本控制应注意的问题。Noelia 等对聚氨酯、聚苯乙烯和矿棉等保温材料进行生命周期效益评估,发现在 50 年内三种保温材料均能实现净收益。

一般装配式建筑室内热环境较好,但对能耗和温度的改善效果仍然存在很大提升空间,许多学者对装配式建筑围护结构及其构造提出具体优化策略。例如,李博彦和朱思潼等对装配式建筑围护结构节能进行阐述,在屋面、楼板、窗墙比和外墙等方面提出合理化设计思路。丛塏提出一种适宜装配式钢结构建筑的复合保温外墙,分析其经济性与装配率,得出此外墙系统各项性能较好。於林锋等研究以轻骨料混凝土作为墙体保温材料在装配式建筑中的适用性,提出一种夹心保温外挂墙板构造,相较于普通混凝土,该构造自重降低 23% ,导热系数降低 53.6% ,保温性能显著提升。

一些学者对装配式建筑的能耗算法、技术手段和构筑方式展开探究。例如,Li 等通过现场测量、仿真和公式计算等手段,分析了生产、运输、建设和使用四个阶段的能源消耗,提出了装配式建筑墙体能耗的计算方法。Yuan 等将建筑设计与 BIM 技术结合,开发了面向装配式建筑的参数化设计技术。Han 等将 3D 打印预制建筑模板和传统方法进行对比分析,得出 3D 打印精度高且耗时少,成本效益优于手工木材和 CNC 泡沫模板,适用于大规模生产定制预制件的建筑。

随着装配式建筑的发展,其成本与效益不应仅从短期性能优化角度考虑,在宏观层面,全生命周期效益评价引起学者广泛关注,人们发现回收利用建筑材料和提升装配式建筑预制技术及质量可节约建筑能源,通过比较生命周期、环境适应性和性价比三个方面,总结得出装配式建筑回收年限短、适应强、效益高,在工程推广与实际应用方面具有广阔前景与发展空间。

1.5.5　相变材料在建筑中的应用研究现状

相变材料(PCM)作为一种储能密度较大的高性能新型材料,可在基本等温的状态下完成吸热放热过程,在建筑节能及蓄能相关研究中被广泛应用。当能源供需不匹配时,热能储存技术在建筑太阳能利用方面扮演着重要角色,相变材料在相态发生变化时具有高相变材料潜热,能够对热量进行有效的储存和释放,从而对热环境进行调节。

关于 PCM 在建筑中的应用,国内外学者做了大量研究,其中包括实验测量和数值模拟分析。例如,冯国会等通过实验探究,对比分析了普通试验房与含 PCM 试验房室内温度变化,结果表明在相同实验条件下,夏季含 PCM 试验房室内温度较普通围护结构试验房低 1~2 ℃,且含 PCM 墙体热流明显减小。Kuznik 等在人工气候实验室对含 PCM 房间室内热环境进行了实验探究,结果表明 PCM 能够在不同季节减缓建筑室内温度波动。李百战等通过实验探究对比分析了含 PCM 构造层和不含 PCM 构造层轻质建筑的室内热环境,结果表明 PCM 应用于建筑围护结构中,能够有效提高围护结构蓄热性能,进而改善建筑室内热环境。孙丹运用实验探究与数值模拟分析相结合的方法研究了将 PCM 与传统集热蓄热墙结合对建筑室内热环境的影响,结果表明该种方法能够有效改善建筑室内热环境,即在冬季提高建筑室内温度达 5.38 ℃,且在夏季降低室内温度达 5.32 ℃。

在数值模拟研究方面,Dutil 等的研究结果表明,在保温效果良好的建筑中应用 PCM 可以将住宅建筑中的采暖和制冷能耗降低 25%,且空调用能的峰值也相应降低。方倩等提出应用相变储能墙体提高被动式太阳能建筑的储热量,进而改善被动式太阳能建筑室内热环境,结果表明相变蓄热墙体的应用使建筑最低温度显著提升,且大幅度减缓了建筑室内温度波动。一些学者将 PCM 与附加阳光间的地板、墙壁等结合,探究含 PCM 阳光间对建筑室内热环境的影响。Guarino 等探究了 PCM 在阳光间内壁中的应用,结果表明在寒冷气候条件下,含 PCM 阳光间能够降低采暖能耗且减缓室内温度波动。Vukadinovic 等对比塞尔维亚五个地区不同 PCM 阳光间独立式住宅的节能效果,结果表明将 PCM 放置于附加阳光间内壁的中间时,节能效果最好。Lu 等研究了 PCM 阳光间与 PCM 地板辐射供热系统的热性能,结果表明采用 PCM 阳光间和 PCM 地板辐射供热系统的房间节能率达 54.27%。Owrak 等通过实验研究了 PCM 对附加阳光间热性能的影响,结果表明在阳光间中增加水箱,可明显提高阳光间的蓄热能力。

1.5.6　含 SiO_2 气凝胶玻璃围护结构研究现状

在严寒地区,由于室外温度较低,阳光间围护结构导热系数大,因此建筑失热较快。提高阳光间玻璃围护结构热阻是改善阳光间热性能的关键。研究发现 SiO_2 气凝胶作为一种轻质多孔半透明材料,在具有较好的透光性的同时兼具保温性能和良好的隔声性能,是一种理想的保温材料。

目前,有学者研究了含气凝胶玻璃在建筑玻璃围护结构中的应用。例如,Huang 等将气凝胶玻璃应用于建筑窗结构中,由两种玻璃隔热温差得出,气凝胶玻璃较普通中空玻璃保温隔热性能更好,在建筑玻璃窗中添加气凝胶构造层,具有较好的隔热性能,建筑全年制冷能耗减少约 4%。吕亚军等通过实验对含气凝胶玻璃与普通中空玻璃表面温度进行监测,通过对比分析发现,含气凝胶玻璃隔热温差降低了 5.4 ~ 10.2 ℃。陈友明等通过搭建气凝胶玻璃热传热实验台,探究在相同实验条件下,透过气凝胶玻璃及中空玻璃的太阳辐射情况,结果表明气凝胶玻璃能够吸收更多的太阳辐射,从而降低太阳辐射得热量达 45%,与中空玻璃相比,夏季能够降低透过玻璃的热量达 37%。杨瑞桐等建立了含 SiO_2 气凝胶中空玻璃窗传热数值模型,探究了玻璃窗热工性能与 SiO_2 气凝胶厚度的关系,结果表明在研究范围内,增加 SiO_2 厚度能够降低玻璃窗热流密度,提高玻璃窗内表面温度,且 SiO_2 气凝胶在玻璃窗内侧时节能效果更好。张成俊等将石蜡与气凝胶分别填充在中空玻璃窗空腔中,并探究玻璃窗热工性能与气凝胶厚度之间的关系,结果表明玻璃窗内表面温度随 SiO_2 气凝胶填充厚度的增加而升高,而热流密度则随 SiO_2 气凝胶填充厚度的增加而降低。含气凝胶玻璃窗模型如图 1.5 所示,含气凝胶玻璃传热模型如图 1.6 所示。

图 1.5　含气凝胶玻璃窗模型

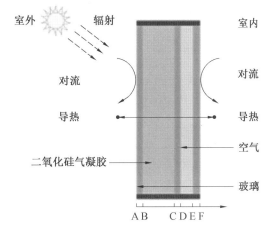

图 1.6　含气凝胶玻璃传热模型

以上研究表明,当前国内外对于含 SiO_2 气凝胶玻璃的研究主要集中在气凝胶玻璃的热性能,但对气凝胶玻璃在建筑中的应用以及对建筑室内热环境和建筑长周期能耗的影响的研究相对较少。

综上所述,国内外对于被动式阳光间、相变围护结构和 SiO_2 气凝胶玻璃的研究取得了大量研究成果,但是对于含 SiO_2 玻璃和 PCM 阳光间及其对农宅的室内热环境和长周期建筑能耗影响的研究还是很少。由于在我国东北地区太阳能资源相对丰富,因此本书提出以附加阳光间农宅为基础,探究 PCM 蓄热墙与含 SiO_2 气凝胶玻璃在大庆地区农宅阳光间中的应用,并进一步探究 PCM 及 SiO_2 构造层次和热物性对农宅室内热环境与建筑能耗的影响,为被动式阳光间与新型建筑材料在农宅中的应用提供一定现实指导。

第2章 干打垒建筑遗产的保护与活态开发

我国"十四五"规划提出加强文物保护单位保护,推进红色旅游、文化遗产旅游。《黑龙江省国民经济和社会发展第十四个五年规划和2035年远景目标纲要》(以下简称黑龙江省"十四五"规划)提出,建设一批省级优秀传统文化传承基地,实施非物质文化遗产保护工程,发展特色边疆文化产业,打造龙江特色边疆文化品牌。为响应国家号召,保护大庆干打垒建筑群,实现保护与盈利双向联动,本书根据大庆本地实际情况,在运用互联网平台积极宣传干打垒建筑保护模式的同时,也将进行相关主题产业园的开发与建设,真正扩大大庆干打垒建筑的社会效应,打造特色文化城市。

随着经济水平的提高,在基本物质要求得到满足的同时,国民更加注重精神层面的投入。干打垒工业文化遗产孕育着大庆石油会战中攻坚克难、艰苦奋斗的精神,是大庆精神的具体体现。干打垒文化创意产业园的开展可以将工业文化遗产保护与经济效益相结合,实现互利共生,达到长远发展的目标。创意产业园区内部有大庆独特的美食、多样的景点和丰富的文化,致力于打造一个特色景点整合区。

2.1 遗产活化相关理论及研究

国外对"遗产活化"(Heritage Activation)理论的研究起源于对遗产商品化的思考。例如,日本的"活用"理念和美国国家公园服务指南的"活态历史与活态遗产"解释为通过情景再现激活遗产价值,使历史遗产处于与人进行行为互动的活化状态。国内的"活化"最早出现在20世纪90年代,由台湾学者引入旅游学领域,强调通过带动遗产保护,将其转变为动态的、有活性的遗产,从而让文化遗产"活"起来。

通过相关文献对"遗产活化"概念的研究,在本研究领域将其总结为:遗产活化是在尊重遗产的前提下,使遗址及周边环境的价值及文化意义转化为具有多重体验感的旅游产品的过程,即让静态的遗产生动化并且拥有生命力。

2.1.1 遗产活化与遗址保护的相关研究

随着旅游和遗产保护的发展融合,旅游开发也涉及遗产活化这个领域,随之出现了遗产活化的相关理论研究,主要研究领域包括工业遗产、传统村落、文化街区及非物质文化等方面。喻学才认为遗产活化就是遗产旅游,遗产活化可以理解为遗产的保护继承和旅游的开拓创新。龙茂兴等指出借助体验旅游和遗产活化理论的指导,从感官体验的角度对文化遗产进行有效复活,并利用文化感知的旅游开发模式。唐靖凤等认为,原真性是遗产活化的底线,遗产活化是一个持续的、长期的过程。单霁翔认为,文化遗产需要更多地挖掘人们接受信息和知识的方法,以历史为背景,让文化遗产资源"活起来",让百姓在生活中对文化遗产有更深刻的感受。

1. 遗产活化与遗址保护的关系

习近平总书记多次在讲话中强调让文物说话,要把凝结着中华民族传统文化的文物保护好、管理好,同时加强研究和利用。在保护的过程中适度利用遗产。遗产活化实际上就是将遗产资源转化为旅游产品的过程,遗产必须依赖于一定载体的转化进行活化利用,才能真正实现文化的保护和传承。但是旅游开发和遗产保护又是一对客观存在的矛盾体,政府投资往往倾向于旅游部门,遗产保护专家与旅游开发专家的工作协调问题也是一种阻碍。

2. 遗产活化与遗址保护结合的关键点

遗产活化过程不仅要对遗址本身进行展示与利用,也要关注遗址周围环境。保护和利用并重,才能实现对文物的真正保护。协调好遗产活化与遗址保护的关系需要注意以下几点。

第一,将保护遗址本体放在首位。

第二,协调好文物保护机构与遗产开发机构的矛盾才能实现遗产活化和遗址保护的可持续发展。

第三,关注公众的参与体验和旅游体验,依托遗产资源使公众主动获取深层次的历史文化信息。

2.1.2　遗产活化开发模型研究

唐靖凤等在 2014 年以遗产原真性为核心,结合 IPAT 概念模型,以旅游资源状况、活化创新能力、活化资本投入、活化市场评价、活化政策保障和活化环境质量等要素构建了文化遗址公园 ROMCPE 活化开发模型。2014 年,王丽等以南京明孝陵文化遗址公园为例,全面测量了旅游资源现状、活化与创新本领、资本加入、活化创新能力、政策保护、环境质量及市场评估之后,构建了 ROMCPE 活化开发模型。2020 年,陈宇从遗产活化的视角切入,以江西南昌汉代海昏侯国遗址公园为实践案例,初步探究了遗产活化视角下的考古遗址公园的规划设计。2021 年,郝西文依据遗产活化 ROMCPE 模式对合肥逍遥津公园的原真性体验进行原真性评价。

总结以上开发模型,本书以 ROMCPE 模型为导向,从旅游开发的角度入手紧密围绕遗产原真性的本质。遗产活化开发处于开发模式的核心,遗产活化对遗产资源、旅游市场、遗产环境、开发资本、创意能力 5 个要素(指标)产生影响。同时,遗产资源、创意能力等要素之间相互影响,实现了良性互动。通过对以上要素的分析可以得知,在遗址得到保护的前提下,遗产活化开发是考古遗址走向公众和社会的重要手段。以上指标控制在实际规划阶段行之有效,同样可以对建成后的遗址公园进行活化评价,通过量化的数据对遗址公园的动态更新加以修正。

2.1.3　遗产活化开发模式

基于上述研究,遗产活化开发模式可以从遗址本体活化和游客体验活化两个方面进行延展。其中,本体活化包括本体保护与修复、解读具象化、情景可视化三方面内容,游客体验活化包括沉浸式体验、事件策划和印象管理三方面内容。

1. 本体活化

遗址本体活化的目的是增强遗产的可观性,通过平衡载体,保存原真性与核心信息原真性之间的关系,从而将遗址原貌展现在游客面前。

(1)本体保护与修复。

本体保护与修复是 ROMCPE 模型“遗产资源”“遗产环境”和“旅游市场”层面的遗产活化开发模式的尝试。遗址的本体保护与修复是遗产活化的基础和前提,是将遗产文化内核表面可视化的过程。在土遗址的保护中应保持土壤环境的稳定性,进行覆土保护,或者在对遗址进行展示时做好定期日常维护,尽可能保证遗址本体的完整性。

(2)解读具象化。

解读具象化是 ROMCPE 模型“遗产资源”和“创意能力”层面的遗产活化开发模式的尝试。目前,国家考古遗址公园在将信息传达给游客的过程中常用的是展示手法,这种被动接受知识的过程无法使公众与遗址内涵产生关联,而解读应该激发人们主动扩展自己的视野,具备趣味性、互动性和科普性,让公众读懂遗址的展示信息,达到多感官体验,实现遗产价值共享,使遗址公园成为具备阐释与展示意义的有效空间。

(3)情景可视化。

情景可视化是 ROMCPE 模型“遗产资源”“创意能力”和“遗产环境”层面的遗产活化开发模式的尝试。情景可视化是将碎片的,包括物质和非物质要素的历史文化信息进行景观空间的文化性叙事表达的过程,从而使游客通过互动感知获得共鸣的情感记忆。通过重点保护、恢复重建、提炼文化元素等方式塑造出可以被游客感知的景观意向,利用植物造景进行空间界定和环境重塑。

2. 游客体验活化

本书重点是遗址公园景观规划设计,因此在通过景观进行叙事时,更需注重物质和非物质的结合。通过故事化、情景化、人格化的手段进行叙事场景的塑造及情节的演绎,游客作为非物质要素参与到景观中,以获得具身体验,使景观意象与精神文化根植于游客的记忆中而被传播及传承。

(1)沉浸式体验。

沉浸式体验是 ROMCPE 模型“创意能力”“遗产环境”层面的遗产活化开发模式的尝试。《“十四五”文化和旅游发展规划》中提出要“推动数字文化产业加快发展,发展数字创意、数字娱乐、网络视听、线上演播、数字艺术展示、沉浸式体验等新业态”“推动5G、人工智能、物联网、大数据、云计算、北斗导航等在文化和旅游领域应用",从多感官打造沉浸式旅游项目。遗址公园利用自身资源的独特性产生吸引力,使游客通过体验探究前人民的生活状态和生产状态。

(2)事件策划。

事件策划是 ROMCPE 模型"创意能力"层面的遗产活化开发模式的尝试。考古遗址通常凭借其丰富的历史底蕴、精美的出土文物或本身所承载的时代特色而被游客熟知,因此其可以依托现有的旅游资源,结合各年龄段的行为特征和求知需求,推出不同的合理的互动活动,挖掘遗址背后的重要意义从而衍生出设计要素,这些更容易使观众产生共鸣。

(3)印象管理。

印象管理是 ROMCPE 模型"开发资本""遗产环境"层面的遗产活化开发模式的尝试。遗址公园可通过旅游纪念品、艺术品等产品开发和旅游服务建设进行印象管理和再利用,使游客通过体验产生二次旅游行为。

2.2 干打垒建筑遗产的现状与保护策略

大庆市是因大庆油田开发而建立的,在油田开发初期,采取了"大规模会战"方式,住房就地取材,采用了原地居民擅长的干打垒建筑,仅历时 100 d 就完成了 30 万 m² 干打垒房子,解决了早期大庆石油会战几万人办公和居住用房,实现了安全过冬搞会战。随着大庆社会经济的发展,干打垒建筑的开间进深小、层高低、抗震性能差等缺点凸显,随之而来的新兴的砖混结构、框架结构、剪力墙结构及空间结构建筑越来越多,干打垒建筑已逐渐退出历史舞台,成为大庆的工业遗产,但仍承载着共和国石油工业发展的记忆,也是城市发展的缩影。

2.2.1 大庆红旗村干打垒建筑群简介

大庆红旗村干打垒建筑群是 1960 年国家建筑工程部第六工程局为支援大庆油田建设,为油田职工及家属解决生产生活问题而建造的生活聚居区。当时的建设条件有限,建筑材料匮乏,只能就地取材。当时曾有 300 多栋干打垒建筑,包括酒厂、砖厂等生产设施,还有学校、卫生所、托儿所等基础设施,以及礼堂等集会场所,共计 500 多户人家,近5 000人居住在这里,是大庆地区最大的原生态干打垒建筑群。20 世纪 80 年代后,随着部分居民的迁出,以及洪涝灾害等原因,截至目前,红旗村干打垒建筑群存有 79 栋干打垒式房屋,其中 54 栋保存较好,13 栋保存较差,12 栋严重损毁(图 2.1),另外还有 14 处红砖水房、1 处大礼堂、1 处圆形商店、1 处水塔以及地窖、防空洞等附属建筑。干打垒建筑群不仅记录了大庆石油会战时期的历史,而且成为"爱国、创业、求实、奉献"的大庆精神的重要实证。干打垒建筑群的存在对于传承和弘扬大庆精神、延续大庆地方文化特色具有非常重要的意义。

图 2.1　大庆红旗村干打垒建筑群保护情况

2.2.2　大庆干打垒建筑遗产保护现状

1. 大庆干打垒建筑分布较分散,不利于统一规划和保护

大庆的干打垒建筑约有几千户仍在使用,大多分布在龙凤区、红岗区、大同区及肇州县等地的村镇。经过本书课题组的调查走访,红旗村(现称为前进村)干打垒建筑群是大庆油田建造最早、最集中、最具油田特色、最具历史意义、最有保护价值的干打垒建筑群,为此作为本书研究的重点。

2. 部分干打垒建筑废弃不用,破坏严重

有一些干打垒建筑保护较好,在村镇作为居民住宅,仍在使用;有一些已经破损严重,甚至废弃。其中,最为集中、最具特色的干打垒建筑当属大庆红旗村干打垒建筑群。其虽然被列为省级文物保护单位,但是现状堪忧。截至 2018 年 10 月,经过本书课题组现场调研,红旗村干打垒群存有干打垒房屋 79 栋,其中基本完好率 68%,保存较差率 16%,严重破坏率 16%(图 2.2)。破坏主要特点为:墙体开裂,尤其是纵横墙交界处;屋面防水层严重破坏,造成部分屋顶坍塌;支撑屋顶的木梁腐烂,甚至断裂。

图 2.2　红旗村干打垒建筑群破损现状

3. 遗产保护形式单一

许多石油工业遗产仅通过博物馆的形式进行保护。干打垒建筑体型大,布局分散,不利于在博物馆或陈列馆里展出,只能采用现场保护和利用的方式。

4. 遗产保护意识有待加强

红旗村干打垒建筑群遗产的保护宣传不够,也没有针对性的保护法规。很多市民对干打垒建筑保护不了解,无意之中使其损毁,现已不完整。经现场调查,除立了一块省级文物保护单位纪念碑外,现场未发现任何指示牌、防护栏等保护措施,行人或附近村民可以随意进入,甚至取走墙体中的红砖、木梁及檩条等,有些儿童在附近玩耍,从墙上抠取泥土,造成墙体破坏。

5. 未能充分结合城市总体规划

大庆城市未来发展的 5 年或 10 年规划中主要关注石油资源枯竭,工业或产业结构形式转型和发展,吸引外资和发展高科技领域。红旗村干打垒建筑群的再利用与城市整体规划和城市历史文化挖掘之间的关系在城市规划中未能体现出来。

其实,如果把干打垒建筑群再利用与城市整体功能、城市文明、城市文化挖掘联系在一起,不仅能够保护大庆独有的干打垒建筑,使之成为一抹亮丽的风景线,而且还可以作为旅游景点,发展旅游业,创造更高的经济价值。

2.2.3　红旗村干打垒建筑遗产保护与再利用策略

1. 建立专门机构并出台相关法律法规

大庆市文化和旅游局负责指导、协调文物的管理、保护、抢救、发掘、研究、出境、宣传等业务工作;依照有关法律和法规审核报批全市重点文物的发掘和维修项目;审核并申报全市重点文物保护单位和油田开发创业旧址。目前还未设立专门办公科室负责文物保护和监管,缺少监管的红旗村干打垒建筑群虽被列为省级文物保护单位,但保护不到位,因此现状堪忧。

当下,大庆急需建立专业机构或专门的遗产保护办公室,完成以下工作。

(1)建立大庆干打垒建筑保护相关的法律责任追究制度。由专门机构或办公人员负责监督和检查,可采用定期和不定期相结合的检查方式,惩罚破坏干打垒建筑遗产行为的个人或企业。

(2)加强遗产保护方面的宣传和教育。利用手机微信、QQ、工业遗产保护网站等新媒体,以及书籍和宣传册等传统媒体,增强公民的保护意识。从青少年做起,在大庆市内的各个小学、初中、高中及大学校园内开展工业遗产保护讲座和宣传工作,深化教育。深入社区,组织退休的、有文艺爱好的老同志参与宣传,编排节目,用社区晚会或文艺演出等形式宣传工业遗产保护。遗产保护的宣传教育从老到幼,力求大庆市全民了解;宣传手段多样、丰富,力求全方位普及。

2. 干打垒建筑遗产保护策略

(1)干打垒建筑整体规划。

大庆是以石油和石油化工产业为主的资源型城市,是我国最重要的石油工业基地,现在又有其他产业随之蓬勃发展。大庆城市的发展历经几十年,从开发初期的自喷油井(高产油时期),到二次采油(通过抽油机抽油,并注水),再到三次采油(油水同时抽出,采用催化剂分离油和水),城市人口从油田开发初期的几万人扩展到 270 余万人,是一个从资源型向多个产业类型转型发展的过程。大庆油田依旧保持年产 4 000 万 t 原油,但是石油资源并不是取之不尽、用之不竭的,"变则通,通则久",大庆正处于城市快速更新和经济产业转型的关键时期,留下的干打垒建筑等工业遗产依旧是大庆城市历史文脉传承的纽带,见证了大庆这个石油城市工业化发展的整个过程,原有的单个干打垒建筑及建筑群保护工作无法满足城市空间结构调整带来的需求。大庆干打垒建筑从城市空间布局来看,比较分散,集中的建筑群很少,对大庆干打垒建筑遗产进行保护和再利用可以带动城市的发展。

（2）干打垒建筑遗产保护。

①建立干打垒建筑遗产登录制度。国外对于工业遗产早已采用登记和制定保护制度，这可以为本书中干打垒建筑遗产保护提供借鉴。大庆干打垒建筑中的红旗村干打垒建筑群已被列为省级文化遗产保护单位，应该制定制度进行保护，其他未被列入保护单位的干打垒建筑可以采用登录制度作为遗产保护的候选。

完善工业遗产保护制度应该两手抓。首先应该收集干打垒建筑的基本信息，进行统计，如建造年代、完好情况、是否仍在使用、位置、户型、建筑面积、开间、进深、具体的结构、施工技术等。目前，大量干打垒建筑没有纳入指定保护范围当中，经本书课题组深入调研，梳理出大庆主要干打垒建筑统计名单，见表2.1。

表2.1 大庆主要干打垒建筑统计名单

序号	建造时间	位置	建筑面积/m²	完好率/%	是否仍在使用	是否具有保护价值
1	1960 年	龙凤区红旗一村	2 000	70	否	已列为省级文物保护单位
2	1961 年	龙凤区红旗二村	1 000	60	否	有保护价值
3	1970 年	大同区大青山乡双发村	1 000	80	是	有保护价值
4	1970 年	红岗区杏树岗镇	800	50	否	有保护价值
5	1980 年	红岗区八百垧	400	70	是	有保护价值
...						

在表2.1的基础上，对大庆干打垒建筑详细信息进行普查、评选和登录。虽然不能把所有的干打垒建筑全部申请为省级文物保护单位，但可以将干打垒建筑遗产收录到保护目录范围之中，为后续的申遗做好准备。这些干打垒建筑同样可受到管理和监督保护，制定保护管理要求，在城市总体规划中特别标注，不可以随意拆建破坏。

②建立大庆市干打垒建筑遗产保护专项资金。大庆干打垒建筑破损严重，现状堪忧，需要稳定的资金用于维修和保护。应该在财政预算中建立干打垒建筑遗产保护专项基金，由专门办公室负责使用，保证将资金落实到保护中。此外，可以通过多种渠道筹集资金，例如：可以吸收各级企业的资助或捐助，推动大庆干打垒建筑遗产保护的全民参与、全民奉献、全民动员、全民保护，形成以政府为向导，企业开发、市民参与的持续性发展的局面。

3. 干打垒建筑再利用策略

干打垒建筑再利用是保护的升级版，有利于保护，有益于干打垒建筑焕发新的生命力。本书课题组经过细致的调研分析，总结出下列干打垒建筑再利用策略。

（1）开发为遗产公园。

分析红旗村干打垒建筑群遗产的特殊性及独特的地域性，结合工业遗产旅游理念，在原有红旗村干打垒建筑群中植入新的功能形成"遗产公园"。保证干打垒建筑遗产的完整和再现，形成油田工业发展历程回顾，展示干打垒建筑历史的价值和意义及其对大庆石油开发和城市发展的影响。

（2）开发为石油工业文化博览园。

干打垒建筑虽已经失去了为工业生产服务的使命，但是对其进行内部空间功能的转换，可以变废为宝。同时，应提高公众的保护意识，回顾油田开发的艰苦历程，使其体会铁人精神及干打垒精神。充分发挥博物馆与展览馆的教育作用，使大众对大庆油田开发的艰苦历程和辉煌历史产生浓厚的兴趣。

大庆干打垒建筑中的红旗村干打垒建筑群的各方面条件最适合作为博览园，只要对其外立面造型加以恢复和修缮，对内部空间加以处理和改造，就可以在不破坏整体结构功能的前提下展示大庆油田开发初期的工业生产流程及办公、教育、医疗和居住环境。

在开发的过程中，切记不可以通过大拆原有建筑再建展览馆的方式，要坚持工业遗产真实性、完整性的原则。改造时应该考虑公众参与度，如让观赏者亲自感受钻井、采油等工作，用土灶烧火做饭等日常生活。

（3）开发为城市公共服务空间——景观公园。

国外工业遗址或战争后留下的遗址改造中多采用景观公园，如多功能开放公园——法国拉维莱特公园、战后遗址改造公园——德国慕尼黑奥林匹克公园（尤其是被炸建筑物的垃圾堆积场，因地制宜改造成小舞台）、生态遗址公园——西雅图煤气厂公园等。

通过结合大庆城市功能的需要，红旗村干打垒建筑群的位置和周围条件非常适合作为景观公园或可以改建成城市公共景观区，包含社区多功能活动中心、居民体育休闲活动场所、完善居住区的社区服务设施等。此外，大庆除是"绿色油化之都"外，还是"天然百湖之城"，全市有大大小小的湖泊 280 个，可以利用生态学的观念，将干打垒建筑遗址改造与生态景观相结合，如与湖泊相结合，为市民提供一块具有油田历史和以大庆特色为主题的公共休闲区域，既能保护干打垒建筑，又能利用其作为景观公园，一举两得。

（4）开发为具有历史回顾意义的特色旅游业和餐饮业。

工业旅游是一种新型旅游，是指以工业企业或遗址作为旅游载体，将学习科技知识、购物、休闲及娱乐融为一体，为游客提供行、食、游等基本旅游享受和更深刻的亲身体验和精神享受。

根据油田开发初期的情况，还原红旗村干打垒建筑群历史面貌，建立有早期大食堂风格的饭店，既能够保护建筑，又能创造经济效益，成为大庆一道亮丽的、有历史底蕴的餐饮街。大庆如果将干打垒建筑旅游开发成功，带来的成果不仅可以改善城市形象，同时可能带来较大的社会和经济效益，有利于引进外来投资，在石油资源紧张的关键节点时刻，逐渐完成产业结构转型和升级，扩大大庆居民就业机会和促进油田职工的转型，同时增强市民归属感和使命感。

2.3　干打垒建筑遗产活态利用

遗产活化最初就是文化遗产保护与城市建设发展之间寻求平衡的产物，这一概念强调文化遗产的合理利用，通过社区营造等手段，达到文化遗产"自给自足"，既不拖累城市发展和当地居民生活，又能够融于现代社会，达到发挥自己应有的作用的目的。简单来说,就是在保护文化遗产真实性和完整性的同时,尽可能创造文化遗产与当代社会之间的联系,合理进行资源整合和有效配置,达到可持续发展,这也正是习近平总书记所倡导的"让收藏在禁宫里的文物、陈列在广阔大地上的遗产、书写在古籍里的文字都活起来"。遗产活化仅仅依靠政府是不够的,需要遗产的利益相关者群体的共同努力。短视的改造很容易陷入只重旅游收益,不顾遗产安危的误区,这就需要在遗产活化的过程中,以保护遗产真实性、完整性、服务公共利益为首要出发点,进行中长期的规划和利益相关者培育工作。

目前,文化遗产活化概念研究范围很广,涉及历史建筑、遗址公园、古村落、非物质文化遗产、工业遗产等多种不同类型。这些成功案例本着遗产活化的理念,将文化遗产进行适度的开发利用,使其充分发挥社会功能,从而以开发促保护,取得了一定的成效。

随着后工业时代步伐的加快,工业城市大量落后的基础设施被废弃,遗留下具有时代特点的工业遗址,这也带来一些城市环境和建设问题,因此工业城市如何对工业遗产进行保护与创新活化将成为新的话题。

自无锡举办第一届中国工业遗产保护论坛之后,关于"工业遗产的保护与活化"研究如雨后春笋般活跃起来。工业和信息化部等八部门联合印发的《推进工业文化发展实施方案(2021—2025年)》指出,我国将"打造一批具有工业文化特色的旅游示范基地和精品路线,建立一批工业文化教育实践基地,传承弘扬工业精神"。大庆作为中国最大的石油石化基地,是一座具有独特文化的资源型城市。

2.3.1 大庆红旗村干打垒建筑群活化利用策略

1. 有关遗址保护的基础工作

遗址本体真实性和完整性的保护是进行遗产活化的基础。首先应联合考古部门及规划部门进行调查、记录及存档工作。通过调查与文献资料分析,充分了解红旗村干打垒建筑群分布范围、保存现状、破坏等级等基础信息,进而制定合理的工业遗产保护规划,并纳入城市规划当中。针对红旗村干打垒建筑群目前破坏日益严重的现状,应该尽快联系专业文物保护机构进行加固等保护工作,避免进一步破坏。

2. 进行合理活化利用

首要任务是政府牵头,加强基础设施建设,加大公共交通设施建设力度,进而吸引更多的其他业态进驻,同时加大宣传力度,培养有文化遗产保护意识的利益相关者群体。只有在多方紧密的配合下,周边经济与文化遗产保护工作才能协同进行,遗产活化与运营工作也才能够得到政策与创新支持,这是文化遗产活化保护长期良性可持续发展的正确方向。工业遗产作为工业活动生活记录的一部分,具有历史的、科学的、艺术的、社会的价值。这些价值是工业遗产本身所蕴含的,也存在于一些无形记录,如人的记忆和习俗中。因此,在表现文化遗产价值的方法上,以场所叙事的方式作为展示的切入点是比较好的选择。通过恰当的场所叙事策略来整合联结离散的历史遗存点,继而表现、提升与营造文化遗产价值,可以通过如主题的设定、历史场景塑造、文化信息与故事的呈现、文化小径的设置与情节体验等方式进行处理。沈阳铁西区工人村在历史街区更新改造过程中,将部分建筑保留并改造为工人村生活展示馆,以复原与创意相结合的构筑方式,结合原有生活痕迹进行处理,展示工人村原有的生活场景,取得了良好的效果,并在此基础上,于周边建筑中植入书吧、咖啡厅等现代产业,形成多点文化符号,满足不同群体的文化需求,达到街区活化的目的。

红旗村干打垒建筑群范围内,还保存有商店、礼堂、水塔等生产生活建筑。在展示过程中,以标志性生产生活建筑为中心,选择保存情况较好、较密集的区域,效仿沈阳铁西区工人村的模式,借助多媒体等方式进行场馆复原,通过重构 20 世纪 60 年代工人及家属在此生产生活的真实情境来唤醒城市集体记忆。在展示的过程中,可以将真人讲解与场景复原相结合,邀请一些在此工作生活过的工人作为志愿者,身着当年的服装,以主人的身份向客人讲述自己日常生活的方式,讲述红旗村干打垒中的日常生活历史。通过这种方式,从物质和非物质两个方面深入挖掘遗产价值,推动价值提升。其中可配合设计部分参与性活动,如干打垒制作过程体验、露天老电影放映等,在吸引游人进行参观的同时,在周边建筑中植入餐厅、文创售卖等功能,积极鼓励社会资本的进入,带动周边业态的不断发展。20 世纪 60 年代,工人在红旗村扎根进行生产建设时,在自家房前屋后也开垦出许多耕地,这是红旗村干打垒建筑群环境改善过程中可以借鉴的。遗址范围内的绿化可以选择本地农作物或乡土野生花卉,这样既能够吸引相关社会资本加入进来,又可以达到绿化的效果,在一定程度上对当时历史环境进行还原,展示出当年的村落特色。

3. 与其他文化遗产资源形成联动

大庆是一个具有丰富红色遗产资源的城市。遗产活化可以促进红色旅游发展,培育精品线路,打造文物旅游品牌,拓展社会教育覆盖面。红旗村干打垒建筑群的保护利用,既要注重个体的保护,更要将其与大庆的历史文化脉络整合,对地区特色进行挖掘和提升。红旗村干打垒群是大庆工业遗产群的重要组成部分,是石油会战时期工人生活的写照。红旗村干打垒群可以与松基三井、"铁人一口井"井址、铁人王进喜纪念馆等石油会战时期的工业遗产及博物馆等结合到一起,形成完整的大庆精神展示路线,充分发挥大庆红色革命文物的公共服务和社会教育作用,建立革命旧址、博物馆、纪念馆与周边学校、党政机关、企事业单位、驻地部队、城乡社区的共建共享机制,从而最大限度地发挥文化遗产的价值。

4. 基于空间句法分析活态开发红旗村干打垒建筑群

"空间句法"是由英国教授比尔·希列尔(Bill Hillier)首次提出的概念。他使用数学计算的方式进行空间研究。通过对研究空间的轴线模型进行拓扑分析,最终导出空间形态分析变量,分析各层空间的可达性和可理解性,为空间重构提供数据支撑。

(1)建筑群空间形态量化指标分析。

①整合度。利用 Depthmap 软件进行干打垒建筑群内部路网分析,分析各条路径的形态特点。整合度最高的道路为第 8、13 和 18、1、30 号路,其中第 8 号路在全局整合度分析图中是整合度数值最高的道路,建筑群道路整合度由中心向外递减,建筑群中心部位和边缘道路是这个区域内的重要部分,是人流最为集中的几个地区。据实地调研发现,第 1 号路和第 30 号路是进入建筑群的主要干道,中心的几条道路连接着牲畜房、水房、超市等公

共区域。

通过散点分析可以看到拟合度 $R_2 = 0.873\,143$，拟合度非常高，证明全局整合度与局部整合度之间关系密切。换句话说，干打垒建筑群的区域内发展与周围环境的发展是紧密联系的，所以干打垒建筑遗产的活化要通过周围区域的活化来完成。

②连接度。连接度是指一个整体空间系统中的任一空间因子相对于除它之外的空间因子来说的远近情况，表示空间系统中每个因子主动选择路径的能力。连接度的数值越大，说明这个区域中这条道路到达其他空间因子的可以供它选择的路径越多，也就是说这个系统空间的渗透性越强。

连接度较高的道路有第 7、8、11、13、18 号路，其中连接度最高的街巷为第 18 号路。这些道路连接了更多支线空间，是整个建筑群的主要通道，本地居民大多会通过这几条路来完成从起始地到目的地的行为，这几条路也将在最终的设计方案中作为主要通道。

③深度值。从深度值分析和整合度分析对比发现，整合度与全局深度是倒数函数关系。也就是说，一个空间系统中的深度值越高，它的整合度值就越低。建筑群深度值高的道路大多是在整个区域内的右边，从调研来看可能是因为左侧区域接近马路，右侧区域更加幽静，住宅区分散导致深度值大。

运用拓扑深度参数模型对建筑群中各个区域主要道路的平均深度值进行计算，进而观察建筑群各个区域到其他区域的最小步数的平均值，分析整个建筑群中哪个区域可达性差，活力值低，但是适合居住与资源开发。从计算结果可以发现，整个建筑群的平均深度值从低到高分别为 8—18—13—17—11—1—9—30，拓扑深度的标准方差从低到高排序为 8—18—13—17—11—1—9—30。发现参数的数值结果与实地调研结果也是契合的，可以发现第 8 号路和第 18 号路分别为东西两个区域的主连接线，是人流最密集的两个路线，公共空间也主要在这两条路附近的第 9、30 号两条路，其主要连接着支路，相对活动较少，因此平均深度较低。

（2）干打垒建筑空间形态评价。

可以从空间句法的数据分析得出空间内人流最密集、最活跃的几个区域为第 8、13、17、18 号几条路附近区域。渗透值最好的是第 13 和 18 号两条道路，因为这两条路连接了大部分右侧居民住房区域，所以这两条路是人们出行最优选择的道路。建筑群形态较为分散，则可能是因为干打垒建筑群经历了不止一次的扩建和整修，但是也不难发现整体建筑群组是由几条主干线连接的，可以分为中心的公共活动区、右侧的居民住宅区、左侧的部分住宅区和小型农田区。

干打垒建筑群的空间形态具有典型的北方居住群特点，有多条能够进入村庄的道路，几条主要干线连接，居民区围绕着干线紧密分布，中心为公共区域，每家每户有自己的小型农田，围绕着整个居民区，稍大型的农田也有居民住宅进行看守，整体居民区呈现较为分散的特点，不少公共空间会在其中进行穿插。新建筑一般都在建筑群外侧建造，会跟随一个原有居住模式，形成"路上都是人家"的独特北方民居特点。

（3）基于空间句法分析的干打垒建筑活化策略。

①分散主要干道压力，增强次干道可达性。通过空间句法分析发现建筑群当中只有三条主干道呈现高可达性的特点，并且距离非常近，一旦人流拥挤，非常容易堵塞。也就

是说,干打垒建筑群中能够分担主干线人流的次道路非常少,这主要是因为次道路大多连接着居民住房或农田,均为短线且互相之间没有联系。应该改造原有游览线路,在支路空间旁增设具有游玩或观赏价值的公共设施,增加其他支道活力。可以制定新的游览路线和宣传手册,在主要干路上设置指示牌,通过工作人员或宣传手册的指引减少主要干路的人流压力,并且增加游览乐趣。

②增加小型农田节点的吸引力。建筑群当中存在十几处小型玉米田地,大部分在整个区域的左侧,深度值高,待开发程度好。这些田地大部分都在单独居民住房的周围,容易改造成农园采摘与烹饪的活动区域,这样可以增加玉米农场的吸引力,改造成为具有农家特色的采摘园,分担其他空间的人流压力。据当地居民反馈,玉米收成非常好,这也是他们的主要生活收益来源。因此,大力发展本地区的农场乐园,既能丰富整体空间的活力,又对建筑群的住户引进具有非常重要的作用。

③恢复周围环境活力。红旗村干打垒建筑群整体拟合度非常高,说明其发展和活化与周围环境的连接非常紧密。建筑群周围有农场、工厂和垃圾场,人员流动大,有大量农民和工人,但是通过调研发现,整个建筑群现阶段只有 6 户居民居住,这是因为周围可以依附的辅助生活空间太少,因此应增加建筑群周围的辅助生活空间,打造一个工业活化旅游街区,增强外部环境与干打垒建筑群之间的联系,引入大量住户,带动整体空间的良性发展。

④修复原本风貌,增加基础设施。在建筑群的活化中应保留原本干打垒建筑群的基本居住特点——"居住区由中心向外扩散,路上处处有人家"。维持基本的原始风貌,根据原本居住特点进行改建与新建。对部分建筑原始风貌 1∶1 还原,再根据当地人的需求在尽可能不改变整体建筑群风格与规划的基础上进行建筑室内与室外的改造。

干打垒建筑群由于活化程度低,因此基础设施缺失、周围环境差,需要对基础设施和周围环境进行设计。干打垒建筑群内部地面不平,行走困难,应重新铺装,增加行走舒适度,从而加快人们的行走速度,减弱主干道的人流压力。空间中缺少休息场所,应适当增加休息场所缓解人们疲劳。建筑群内部高大的植物稀少,仅有几棵大树矗立,太阳直射时非常刺眼和炙热,所以应适当增加空间中的绿化,作为行人的停驻点,解决区域可达性差异大的问题,提升游玩体验。

2.3.2　打造红旗村干打垒文化创意产业园

1960 年,由 4 万多人组成的石油会战队伍来到了位于北纬 46°,冬季十分寒冷,最低温度达到-40 ℃而且荒无人烟的黑龙江省萨尔图草原。寒冷的冬季给石油工人的生产和生活造成巨大的苦难,急需大量的办公与居住用房。然而,新中国成立初期,我国国力薄弱,无法提供大量的建材。为响应国家"区别生产建设和非生产建设"的号召,对于生产性建筑重点建设,使用先进的施工材料与施工技术,对于非生产性建筑,应力求简易、力求节约,国家工程部第六工程局技术人员通过对当地农宅走访调查,根据当地实际情况提出"因地制宜、就地取材、因材设计、就料施工"的理念,设计出满足居住和办公的干打垒建筑施工简图并总结了施工技术要点,经过 100 d 的奋战,赶在冬季之前,建成了 30 万 m² 的干打垒房屋,解决了石油工人的安全过冬问题,缓解了职工的住房和办公困难,保证了石油会战的顺利进行。随着后续的不断扩建,干打垒建筑已经成为大庆油田的特色建筑,建造过程中总结出的干打垒精神也成为大庆油田的"六个传家宝"之一,在 20 世纪 60～70 年代被全国推广和学习。干打垒精神是一种拥有红色基因的爱国主义精神,饱含着老一辈石油人为油田建设付出青春与热血的豪迈深情,同时它们也体现了石油会战时期石油人那种"有条件要上,没有条件创造条件也要上"的革命和拼命精神,它是一种勇敢面对现实、顽强战胜困难的精神,是一种奋发图强、自力更生的精神,是一种勤劳节俭、乐于奉献的精神,也是大庆精神的一部分。它给予大庆人的精神财富是厚重的,是跨越时间和空间的,凝聚了党的优良革命传统和集体智慧,是大庆优秀的文化资源。

随着时代的发展,大庆的高楼大厦不断崛起,干打垒建筑也逐渐退出了历史舞台。年轻的一代也只能在老人的记忆中了解到关于它的只言片语。对干打垒建筑的保护已迫在眉睫,然而相关成果较少,仅做了一些初步研究,如评估干打垒价值、分析红旗村干打垒群现状并呼吁加强保护、探讨保护利用策略及挖掘干打垒文化意蕴等,缺少实质性活态利用方案,应用性和指导意义不强。传统的工业建筑遗产保护主要是通过在老城区设立结合艺术、休闲、商业等功能的文化产业区和以大型文化设施为引导的文化旗舰开发,并形成文化导向和艺术导向的城市更新,但建筑遗产本身的精神文明传承及多重价值挖掘不够,开发利用陷入了单调乏味、环境均质化的问题中。为让干打垒建筑遗产和干打垒精神焕发青春,传承石油文化,盘活区域经济,本书在"保护干打垒建筑,传承干打垒精神"的二位一体化活态利用思路基础上引入文化遗产旅游与红色基因传承相结合的模式,以大庆红旗村干打垒建筑群为基址提出了打造特色干打垒文化创意产业园策略,为干打垒遗产保护利用和精神传承开辟新路径,也为龙江创建新的特色文化品牌。

1. 红旗村干打垒文化创意产业园目的和意义

以大庆红旗村干打垒建筑为研究对象,运用"互联网+"干打垒的方法,主要从文化意蕴的角度去深入挖掘对于大庆干打垒建筑的保护和利用。本书提出以干打垒建筑群红旗村构建文化创意产业园区,具体包括文化展览区、建造体验区、娱乐休闲区和冬日特色项目区四个部分。

伴随着社会不断发展,新兴媒体的影响越来越大。运用互联网平台保护与宣传工业文化遗产及扩大其自身知名度也成为现今广泛使用的重要手段之一。红旗村干打垒建筑是目前大庆仅存的规模较大的原生态干打垒建筑群,体现了大庆石油会战初期的艰苦创业精神。因此,在建造初期,文化展览区和建造体验区是主要经营区域。首先,为保护与宣传大庆干打垒建筑工业文化遗产,本项目将结合互联网,在文化展览区运用 VR(虚拟现实)、宣传片、纪录片等方式进行多样的网络宣传。其次,为干打垒精神注入时代力量。在冬日特色项目区和娱乐休闲区两部分将大庆特色美食和特色游玩项目加入进去,以此吸引游客来游玩并且在此停下脚步,完善文化创意产业区项目,丰富其内容。

红旗村干打垒建筑遗址周边荒废的土地较多,可利用的土地广阔。本书提出的构造有利于促进当地交通发展,为其打通通向外面的路线,并且在带动周边经济发展的同时,还会提供大量的工作机会,招揽人才,在一定程度上有利于留住人才,降低人才流失率。旅游的开展也会给周边居民带来更多便利,有助于增加其收入来源,以此推动遗产活化,促进大庆旅游业和经济的发展,提供工作岗位,实现遗产联动,为形成大庆特色旅游文化奠定基础。

（1）丰厚的文化沉淀，有利于形成大庆特色城市文化。

大庆是中国第一大油田、世界第十大油田——大庆油田所在地，是一座以石油、石化为支柱产业的著名工业城市。在大庆这个文化多彩的城市，孕育形成了大庆精神、铁人精神及干打垒精神。丰厚的文化经过几十年的沉淀，运用产业联动，使工业遗产保护和城市建设达到平衡，推动形成大庆特色城市文化的进程。

（2）实行文化创意产业园，带动经济的发展，促进就业。

大庆被誉为"绿色油化之都""天然百湖之城""北国温泉之乡"。虽然拥有诸多美誉，但是景点之间距离不等，形式单一，没有统一的规划和路线研究。创意文化产业区是一种新型的旅游模式，既能很好地规划大庆现有的旅游景点，为其提供合理的规划和展现平台，又能对大庆现有的旅游形态做出补充，丰富其内容。创意产业园区的建造能够促进经济的发展，并且能提供大量的就业机会，在一定程度上降低人才流失率。

（3）丰富城市文化内涵，为干打垒精神注入时代力量。

随着人民生活水平的日渐提高，人们的休闲娱乐意识也在不断增强，渴望暂时摆脱繁忙的工作，借助旅游的方式来放松身心。人们旅游需求的增加大大推动了我国旅游业的发展。干打垒建筑孕育了艰苦奋斗的干打垒精神，也是大庆石油会战历史的重要见证。干打垒文化创意产业园与干打垒精神联系密切，园区除能够带动当地经济增长外，还能够提高公众对干打垒精神的认知度，为干打垒精神注入时代力量。

（4）深入挖掘干打垒建筑价值，推动遗产活化。

红旗村干打垒建筑不仅多次被列为省市级重点文物，还孕育了干打垒精神。然而，目前有关部门针对该遗产的保护有限，且社会关注度较低等，致使该遗产的价值并未被完全发掘。为落实我国文化强国战略，响应遗产活化要求，本项目深入挖掘其文化意蕴，探寻该遗产再利用的可能性，促进遗产活化。

2. 红旗村干打垒文化创意产业园定位与 SWOT 分析

为更好地保护干打垒工业遗产，宣传干打垒精神，让人们牢记老一辈石油人为油田建设付出青春与热血的豪迈深情、为国奉献的革命和拼命精神，本书因地制宜，创新遗产保护利用方法，以大庆红旗村干打垒建筑群为基址，提出文化遗产旅游保护性利用干打垒建筑和挖掘干打垒精神传承红色基因结合的活态利用模式，引入低碳理念、企业战略分析方法（SWOT）、政府和社会资本合作（PPP）运营模式，探索特色干打垒文化创意产业园的规划策略。下面从发展定位、SWOT 分析、生态低碳原则几个方面进行具体论述。

（1）干打垒文化创意产业园发展定位。

本书以大庆油田发展历史为基础，分析红旗村干打垒建筑群的历史与现状，确定红旗村干打垒文化创意产业园发展定位：在保留原有干打垒建筑的完整性、真实性的基础上，修缮维护，改造利用原干打垒建筑群，保留其独特的近代石油工业建筑元素和干打垒精神内涵。在重新设计和建设干打垒建筑群区域环境过程中潜移默化地融入干打垒精神，并注入黑龙江的文化和民俗，运用现代运营展示手段打造出一个彰显大庆油田和本土文化的干打垒文化创意产业园。深入挖掘干打垒建筑价值，推动遗产活化，提高公众对干打垒精神的认知度，为干打垒精神注入时代力量，促进从"油"到"游"，进而发展大庆旅游业。

（2）干打垒文化创意产业园 SWOT 分析。

SWOT 分析是项目发展规划的常用方法。通过 SWOT 分析可以将产业园项目建设密切相关的内部优势和劣势、外部机会及威胁等因素相匹配，从而得出一系列合理判断，便于做出正确的决策。本书对大庆红旗村干打垒文化创意产业园进行 SWOT 分析（表2.2）。从表2.2 的分析结果可知，干打垒文化创意产业园项目周边拥有丰富的自然资源和土地资源，而且面临大庆由资源型城市向旅游型城市转变的重大机遇。红旗村干打垒建筑群是大庆石油工业遗产重要的组成部分，在保护的前提下，让红旗村再次焕发出新的生命活力，展现自身价值是工业遗产保护的主要问题。从城市精神文化领域讲，干打垒精神是大庆油田"六个传家宝"之一，红旗村是干打垒精神的发源地，因此红旗村干打垒建筑群作为大庆精神的代表应该保留，以文化产业引导的运营方式是其发展的必然选择。从区域层面讲，红旗村干打垒文化创意产业园与松基三井、大庆油田历史陈列馆、铁人王进喜纪念馆等石油会战留下的历史文化遗产及博物馆等相结合，形成一条完整的大庆精神展示路线，构成大庆特有的石油文化遗产旅游新廊道。由以上分析可知，干打垒文化创意产业园的实施是非常必要的，虽然有些不利因素，如周边配套不完善、交通不便捷等，但随着产业园的实施，这些不利因素均可得到有效解决。

表2.2 特色干打垒文化创意产业园 SWOT 分析

因素	SWOT 分析
优势	周边荒废的土地较多，可利用的土地广阔，且大庆旅游资源丰富，如丰富的湿地、草原、温泉等旅游资源，能够极大地丰富旅游项目的内容，给游客带来较好的旅游体验
劣势	干打垒文化创意产业园周边市政配套不完善，交通不便捷
机遇	大庆正在由资源型城市向旅游型城市转变，当地政府对相关产业给予很大支持
威胁	随着产业园的建立，大量商家入驻，市民对遗产保护与环保意识不足，会带来环境风险

（3）干打垒文化创意产业园生态低碳原则。

为响应国家"双碳"目标，整个园区规划是以现存的红旗村干打垒建筑群为基础，注重环保理念、生态意识，注意功能置换的问题，尽量引进无污染的文化产业，为园区及周边群众提供良好的居住环境，在发展园区经济的同时，实现人与环境的和谐发展。整个干打垒文化创意产业园区碳排放主要来源于交通基础设施建设和园区运营。本书为使整个园区达到低碳减排的原则，提出一系列碳减排的措施。

①低碳交通基础设施建设。增加整个园区的绿化率，且不应出现其他污染问题。减少新建建筑数量，多以原有建筑为基础，通过改造实现新的功能要求，减少大拆大建现象，且避免原有建筑的二次损坏，达到节省资源的目的。整个园区建设过程中尽量使用低碳认证并具有节能标志和可循环利用的建材，施工过程中使用低碳施工技术、材料和机械。交通基础设施建设尽量应用温拌沥青技术和循环利用旧路基材料，减少施工过程中的碳排放量。优先采用可再生能源技术和超低能耗建筑技术，减少工程建设及场馆运营过程中的能耗。

②低碳园区运营。在建筑的外立面和屋顶建设分布式光伏发电设施和储能设备，实现整个园区的绿色电力供应。园区交通以电动汽车、氢燃料电池汽车及共享单车为主，在

道路两侧建设大量电动汽车充电桩,鼓励行人拼车等方式,降低道路运营中的碳排放。注重细节减碳,如使用太阳能路灯、太阳能集热器等设备。建立能源和碳排放管控中心,推进园区运行能耗和碳排放的智能化管理。

3. 行业发展状况

(1)大庆文化创意发展的基本脉络。

2009 年 7 月,大庆市政府发布了《关于推动文化体制改革和文化事业文化产业发展的若干意见》,该意见明确要求"成立文化园区组织机构,科学规范园区管理,服务园区发展"。黑龙江(大庆)文化创意产业园建设隆重启动,这标志着大庆文化产业踏上了全新发展阶段,开启了创意经济的崭新时代。

2011 年 2 月,大庆文化创意产业园区晋升"国字号",被文化部命名为国家级文化产业试验园区。园区全部建成后,可实现销售收入 60 亿元。

2017 年,黑龙江(大庆)文化创意产业园总投资 115 亿元,总占地面积 661 万 m^2,黑龙江(大庆)文化创意产业园的一体九翼建设布局基本完成。

2019 年 7 月 16 日,黑龙江(大庆)文化创意产业园启动暨百湖影视创意基地、数码设计大厦、城市规划展示馆奠基仪式在高新区隆重举行。此举标志着大庆发展文化创意产业有了新平台,文化建设迈上新台阶。

(2)大庆文化创意产业近年发展情况。

伴随旅游产业发展所带来的经济效益和社会效益的显著提高,各省市都相继制定了旅游产业的发展规划。近年来,大庆市政府也将旅游产业作为六大支柱产业之一,大力发展旅游产业。2021 年,《大庆市国民经济和社会发展第十四个五年规划和 2035 年远景目标纲要》提出:加强遗产保护利用,打造"世界石油遗产保护示范城市"。

4. 实施的基础和条件

"互联网+"干打垒是联合互联网的形式,对于干打垒建筑进行保护和利用。本设想在线上和线下同步施行。大庆作为石油会战的重点城市之一,拥有丰富的工业文化遗产,其中现存的干打垒建筑群就是重要的代表之一。干打垒建筑群先后被列为市级工业遗产、文物保护单位、省级文物保护单位。干打垒建筑群作为大庆重要的工业遗产之一,对其保护与再利用刻不容缓。

"互联网+"是建设现代化经济体系的重要支撑,5G 网络、大数据、云网络等"互联网+"已经成为经济发展的重要形式和载体,中国互联网技术已经发展成熟。互联网技术为大庆干打垒文化创意产业园区的开发提供了重要的技术条件。本书将依托互联网平台进行宣传,以扩大干打垒建筑群的知名度,为大庆干打垒文化创意产业园区的建设提供前提条件。

现存完整的干打垒建筑群是大庆干打垒文化创意产业园区创建的首要条件。保护和开发干打垒工业文化遗产是可持续发展的重要手段。首先,大庆干打垒文化创意产业园区的构建可以进一步扩大大庆干打垒建筑的知名度。文化创意产业园区的建设可以将干打垒建筑成体系、成规模地展现给游客。其次,大庆高度重视文化遗产的保护。大庆干打垒文化创意产业园区的建设在一定程度上可以获得政府的支持,使产业园区的建立获得政策保障。再次,大庆拥有多所高校,产业园区的开发与运行离不开人才的支撑,大庆多所高校为产业园区的开发、运行与发展提供了人力资源保障。最后,大庆拥有完善、便捷的交通网络,干打垒建筑群一般在村庄,便捷的交通成为其开发的重要条件,便捷的运输网络为产业园区开发过程中材料的运输提供了保障。

5. 规划方案

为进一步深入挖掘干打垒建筑文化意蕴,推动干打垒建筑遗产活化进程,增加周边居民的就业机会,进而推动大庆旅游业的发展,特打造干打垒文化创意产业园。本园区是一个以打造"文化创意、品味休闲、亲身体验"为特色,集办公、娱乐休闲、文化创意、消费及配套服务为一体的多元化产业园区。为使这些建筑得到合理的利用,本园区将会在原有建筑的基础上对其进行相应的改造。

本园区以"干打垒结构+现代技术"为原则,在原有干打垒建筑技术的基础上,利用现代技术对其加以改造,使其更符合"环保""可持续发展"的原则。建筑材料拟用生土和其他自然材料如麦草等,除玻璃、钢架构等材料外,大部分建筑材料都能就地取材。另外,由于材料本身具有的可再生性,因此多数边角废料通过简单的加工处理后,都有再利用的可能性。这既能够极大地降低工程造价,节约成本,又能够减少资源消耗和环境污染。干打垒文化创意产业园总体规划图如图2.3所示。

图2.3　干打垒文化创意产业园总体规划图

(1)一期设想。

①干打垒文化展示区(10 000 m²)。

主要打造方向:创意博物馆(6 800 m²)+实体干打垒建筑群(3 200 m²)。

打造目标:重点打造的博物馆作为园区地标建筑,引入游客,点明园区主旨。另外,还将部分保存较为完好的干打垒建筑(如大礼堂、圆形商店等)修缮后纳入文化展示区。

功能概述:游客通过参观干打垒建造时期的老照片、观看相关纪录片、聆听石油会战时期参与干打垒建造时工人的故事、参观干打垒建筑遗址等,来丰富关于干打垒的知识,激发其对干打垒建筑的兴趣。除此之外,也会联合一些企业或个人设计相应的文创产品,如书签、团扇等,并在专门区域售卖,以此来激发游客的消费欲望,为园区发展助力。

②建造创意体验区(8 000 m²)。

主要打造方向:独立中型体验馆(4 000 m²)+模拟创意体验馆(构筑物4 000 m²)。

打造目标:次于博物馆的独立体验馆的设置,做好循序渐进的烘托,使游客更有参与感。

功能概述:游客在创意体验区可利用黄泥、干草等材料亲自动手建造干打垒房屋,在亲身建造的过程中,不仅能够增加游客的体验感,也能使游客亲身体会到前人的不易,进而对干打垒精神有更为深刻的理解。

③办公区(1 000 m²)。

打造目标:构筑物形式。

作为园区后勤保障部分,为园区提供快速便捷的服务。干打垒文化创意产业园园区服务中心设计概念图如图2.4所示。

图2.4　干打垒文化创意产业园园区服务中心设计概念图

(2)二期规划——娱乐休闲区域(4 000 m²)。

主要打造方向:对原有的单体干打垒建筑进行修缮后,在此基础上打造商业街,将原来的建筑改造成旅店、商店、饭店等。

打造目标:作为园区经济脉络,巩固文化的同时带来收入。

功能概述:包括居住区、小吃街、娱乐区等。在小吃街部分(图2.5),以介绍大庆特色美食为重点,推出如"坑烤"等具有大庆城市特色的小吃。除餐厅提供的美食外,还将设置"坑烤制作体验区"等,使游客有机会参与到美食的制作过程中,在用灶坑熏烤食物的过程中,体会到大庆石油会战时期工人的艰辛,游客也可以借助各种娱乐设施,如游乐场、景观花园等,在放松身心、丰富其旅游体验的同时,激发其了解大庆的兴趣,既抓住游客的胃,也留下游客的心。

图2.5 干打垒文化创意产业园小吃街

(3)三期规划——冬日创意项目区域(4 000 m²)。

主要打造方向:限定开放式的体验馆。

打造目标:主次规划,冬季限定开放区域为大部分,全年开放的设施活动占次要地位,以此保持游客的新鲜感。

功能概述:大庆位于我国北方,冬天降雪量较大,借此可以开发特定时期的冬季旅游项目,如温泉项目、坑烤、滑冰、冰雕节等。

其中,干打垒文化展示区以博物馆和实体建筑形式建造,在园区入口处,打造园区地标型建筑,开门见山式吸引游客的目光。此外,还会将原有的水塔等建筑重新修整后作为园区的标志性建筑物,并在水塔上利用现代技术,在不破坏原有建筑的前提下,刻上园区名称以加深游客对园区的印象。

建造体验区紧邻背景介绍区,重在强调游客体验,作为背景介绍区及地标建筑的辅助建筑群。

娱乐休闲区作为园区内最大商业区,身处园区中心地段,作为园区经济的一大脉络,以商业街的形式进行打造,特产和特色建筑形式的休闲娱乐场所位列其中,使游客在园区内可以进行休闲娱乐,也可在干打垒建筑群中感受其魅力。

冬日项目区(图2.6)与娱乐休闲区可并行,作为限时开放的区域。其建筑可以在冬日作为限定开放冬季项目的场所,平时作为温泉和坑烤体验的场所。

园区的优势在于游客可身临其境地体验和感受干打垒文化,循序渐进,不会感觉枯燥,所有区域紧凑、主次分明,意在打造超还原形式的干打垒建筑乐园。

图 2.6　干打垒文化创意产业园冰雪体验区

6. 项目运营

（1）立足大庆丰富的旅游资源，如温泉、松基三井等，将干打垒文化创意产业园区与其他旅游资源联动，联系大庆相关旅行社或大学生旅游创业项目等，设计具有大庆特色的旅游路线，为文化园区引流。

（2）按照政府牵引、市场运作、专人规划、社会参与、汇集发展的原则，通过招商引资来邀请相关文化创意产业园投资公司负责园区的规划、运营等工作，搭建起招商平台、技术平台、服务平台、交易平台等相关设施。

（3）保留工业记忆元素，共享城市文化内核。由政府牵头，对原有的 79 栋干打垒建筑进行修缮，保存遗址原貌。坚持区域特色与园区规划重点项目相结合，打造具有集聚效应的文化创意产业园区，重点建设干打垒展览馆和干打垒建造体验馆，借助干打垒建筑宣传干打垒精神，突出大庆的城市特色。

（4）加大招商力度，打造专业性强的招商队伍，建立文化创意产业招商考核机制，梳理大庆本地及周边企业和知名品牌，以招商引才为目标，积极引进文化创意人才及企业来园区投资，建造商场等设施，推动园区基础设施的完善，带动周边居民就业。

（5）制定多角度、全方位的干打垒文化创意产业园的宣传方案，加大网络、电视、报刊等媒体宣传力度，设计园区图标，建立相关网站及线上账号，联合大庆当地民间文化团体举办具有大庆特色的文艺表演等活动，聚集人气，打响园区知名度。

（6）完善员工招收制度，并对园区员工进行相关培训，定期对园区员工进行考核，完善游客投诉渠道，并将其纳入员工考核标准中，力求给游客提供优质的服务，给其留下良好的印象。

（7）打造集旅游、休闲、娱乐于一体的文化创意产业园。完善园区内部的住宿、娱乐、餐饮等基础设施，打造线上线下售票平台，通过收取店面租税及售卖门票等方式获取一定收益，维持园区日常开销。

（8）联合大庆高校及本地文化企业设计与园区形象相符的周边商品，并在商店内进行售卖，借助文化创意产业园的衍生品获取一定收益。

（9）打造节日限定的旅游项目。借助大庆冬天降雪量大的特点建造相关场地，举办滑雪和滑冰比赛、冰雕展览等吸引大量游客，打造属于大庆的冰雪品牌。

7. 市场优势分析

（1）旅游资源丰富。大庆是石油资源的代表城市，自 1960 年石油会战开始，大庆为我国发展提供了大量的石油资源。除产出大量的石油外，也给大庆留下了如松基三井等工业遗址，为本项目旅游路线的规划奠定坚实的基础。此外，大庆还拥有丰富的湿地、草原、温泉等旅游资源，能够极大地丰富旅游项目的内容，给游客带来较好的旅游体验。

（2）民营文化企业不断发展。近年来，大庆市政府不断完善促进民营企业发展的政策，通过建立产业孵化基地、产业园区等形式，吸引民营经济，为民营经济搭建了较好的发展平台。近年来，大庆民营文化企业数量不断增加，为干打垒文化创意产业园的发展奠定了坚实的经济基础。

（3）虽然大庆工业遗址丰富，但未能得到较好的利用。以工业遗址为基础，打造文化创意产业园的企业较少，市场竞争压力较小。

8. 项目运转

产业园计划占地 100 亩，建筑面积 30 000 m²。其中背景介绍区域占地 10 000 m²，创意体验区域占地 8 000 m²，娱乐休闲区域占地 4 000 m²，冬日创意项目占地 4 000 m²，办公区域占地 1 000 m²。

资金投入上，首期投入 5 亿元，作为启动资本，并按照现代企业治理规则，成立专业项目公司，负责建设、管理和运行。同时根据项目需要，积极争取政府财政资助、金融机构贷款支持、发行债券、上市融资等渠道，组织建设资金，在条件允许时吸收部分社会资金、风险投资基金等筹划建设基金，确保项目按时完成。该项目预计于项目完工后 8～10 年内收回成本。

盈利模式：物业出租+干打垒遗址旅游+文化补贴+专利分享+衍生品收益。

文化补贴：由文化项目直接贴息贷款和政府补助。

资本市场：围绕创业板上市，实现资本扩张，反哺文化产业，把大庆文化创意产业做强做大，让文化创意和旅游产业成为大庆的另一张亮眼的名片。

立足大庆干打垒文化创意产业园打造"文化大庆和旅游大庆"，将大庆干打垒文化创意产业园打造成为集文化创意和文化旅游于一体的时尚文化休闲项目。

9. 项目发展目标及影响

依靠政府建设干打垒文化创意产业园，实现文化产业在一个有形的载体上做好做强做大，也进一步促进干打垒建筑遗址的保护与活化。

根据国家和省（市）对文化创意产业的支持政策，依靠政府，借助协会，实现大庆干打垒文化创意产业园"民办官助"的模式。

立足协会对接国家和省、市的相关扶持政策,依托协会组织会员单位抱团入驻园区,依靠政府支持,立足企业自主创新,在政府"扶上马送一程"的基础上,逐步推进市场化运营。

干打垒建筑遗产文化创意产业园以市场化、产业化为基本运行思路,以文化旅游业为支撑,以创业创新为动力,建立起以市场为龙头,集文化创意研发、生产制作、创业孵化、风险投资、教育培训、休闲旅游、信息交流、展览展示等功能为一体的综合性文化创意产业园。

总目标:力争在 2025 年前引入、孵化 200 家以上的入园企业,年交易额超 10 亿元,提供就业岗位超 5 000 个。

10. 项目实施的制约因素及风险预测

(1)主要风险预测。

①财务风险。项目工程量大、场地范围有限、技术难度较大等因素会导致打造文化创意产业园投入的资金多、消耗大,财务风险较高。

②市场风险。

a. 在政策方面,政府针对文化创意产业园并未出台规模性的政策,对文化旅游产业也未形成具体的规划,这可能给干打垒文化创意产业园区的建造带来一定困难。

b. 在观念方面,由于对文化产业市场的不自信、对干打垒文化价值和意蕴的认识不足、文化旅游产业创意创新思维僵化等因素的影响,政府在文化方面的投入比较有限,也难以充分发挥现有旅游资源的优势,固有观念的思想门槛高。

c. 在投资方面,文化园区的前期投资成本高,投入风险大,市场预测变化浮动较大,未来投资收益有着很大的不确定性,且对周围村民的就业安置较为复杂,对就业的带动能力有限。

③管理风险。文化创意产业园是文化、金融、旅游等方面的融合,是跨部门、跨行业的功能产区,然而却没有综合性的管理机构和政策,运行管理程序也十分复杂。加之文化创意产业园场地大、区域多,纷乱庞杂,所以容易造成管理人员分配不均、协调不当、部门交叉重复及资源浪费等问题。

④运行风险。干打垒文化创意产业园远离城镇、地区偏远,且客流来源复杂,不同旅行参观人员兴趣爱好不一,文化园区很难做到独一无二,容易造成游客的审美疲劳。

在文化创意产业园运行前期,干打垒园区关注度较小,客流量较少,资金难以回流,会导致产业运行困难,陷入凝滞固化的状态。在文化创意产业园运行后期,旅客对干打垒园区的新鲜度降低,体验趣味下降,其可持续性发展将成为一个重大的难题。

(2)应对策略。

①由政府牵头,联合企业商户进行干打垒文化创意产业园区的专项投资规划和市场预测,尽量降低投资风险,增加收益。

②政府加大对文化旅游方面的投资,放宽相关政策,为文化创意产业园建设带来更大的机遇。

③加大对干打垒工业遗产的宣传,通过"互联网+"的模式将线上线下融为一体,人们

对干打垒遗址的价值和文化意蕴有更加充分的认识和了解,打破固有的观念和印象。再通过文化创意广告、现代科技等方式进行新的推广传播,扩大受众范围和影响力,增加知名度。

④对文化创意产业园的起步、发展、壮大进行全面的规划和分析,对每一时期的投资都要进行风险评估,确定具体的就业岗位规模,并对人员调配、时间分配等问题做详细的计划,进而加以实施。分配部门岗位要合理,避免交叉重复、推诿怠职情况的发生。

⑤对干打垒文化创意产业园区附近的道路进行维修铺整,保证交通系统的安全运营,打好基础设施,确保道路通畅。

⑥打造全方位、多层次、新颖有趣的特色旅游园区,并定期进行整修,增加特色文化项目。可以进行调查问卷和访谈,进而把握旅客喜好,吸引游客目光,推动就业发展。

2.3.3　大庆工业遗产再利用案例分析——大庆总机厂

1. 大庆工业遗产保护总体原则

工业遗产保护的原则包括整体性原则、原真性原则、长期利用性原则、生态原则、新旧共生原则等。

（1）整体性原则。

大庆工业遗产保护应以整体性原则为前提。一方面是指内容上,对于工业遗产历史资料的完整,主要从时间、空间、建筑布局、功能等方面进行保护;另一方面是指工业建筑改造与周围环境的融合,应与城市整体规划相一致。

大庆是典型的石油工业城市,随着城市的更新发展,许多工业遗产在城市中需要被改造开发出新的功能来满足经济发展的需要。作为设计者,不应单纯地考虑工业遗产自身的发展,还应与城市建筑有机结合。

（2）原真性原则。

《威尼斯宪章》中提出了保护遗产原真性的意义,即"将文化遗产真实地、完整地传下去是我们的责任"。大庆石油工业遗产具有唯一性和稀缺性,在保护的过程中,应尊重大庆工业旧址,尽量不刻意地改造原有的工业面貌,保证工业遗产的完整性和真实性,只有这样才能充分体现大庆石油工业的原真状态,而不是呈现出后人想象出来的"原状"。当然,保留工业遗产的原真性并不是意味着原封不动地保存工业遗产,体现在对原有厂房平面布局的保存、对原有造型及艺术风格的保留、石油会战时期所用的特有的建筑结构及建筑材料及石油工艺技术四个方面,是以保留工艺遗产原真性为前提,将工业遗产进行保护再利用。众所周知,再利用是保护的最好方式,妥善地再利用可以为工业遗产保护提供经济支撑和生存空间,所以应根据评价结果明确各个工业遗产保留与改造的内容,将石油工业遗产原真性和城市规划进行有机的结合。尽可能地展现特定历史条件下（石油会战时期）的时代背景,满足人类追求历史准确性的要求。

（3）长期利用性原则。

工业遗产保护应遵循长期利用性原则。工业遗产保护不是一朝一夕的工作,它需要长期的保护来促进资源城市的文明和经济的可持续发展。长期利用意味着在工业遗产开发的过程中,应防止过度开发的现象发生。目前,大庆处于经济转型期,石油工业正在逐渐转型,旧的工业设施逐渐被淘汰,可以考虑将大庆工业遗产形成线性旅游路线,但是在考虑开发遗产带来的经济效益的同时,也应该将游客过多给工业遗产带来的可能负面影响考虑在其中。应从长远的角度出发,实现工业遗产的历史、文化、美学价值,使得工业遗产更好地满足后人的物质需求和精神文化需要。

(4)生态原则。

可持续发展包括建筑节能问题、资源可循环利用问题和环境保护问题。工业遗产是生态系统的一部分,在保护开发的过程中应采取"生态化"的战略,维持生态平衡,不能因为眼前的利益而毁坏工业遗产,破坏生态环境。应以生态学理念为主导,对工业遗产进行保护。

在改造和开发工业遗产的过程中,应考虑改善环境的问题,避免改造施工对环境进行的二次破坏。此外,大庆素有"绿色油化之都""天然百湖之城""北国温泉之乡"之称,在工业遗产保护过程中,应将遗产开发与大庆百湖环境相结合,只有这样,才能促进大庆城市均衡发展,提高城市竞争力,体现城市文化魅力。

(5)新旧共生原则。

保护和利用是相辅相成的,应遵循新旧共生原则,如果没有以保护为基础去进行工业遗产改造,那么工业遗产的再利用就失去了意义。

新旧共生原则可体现在保护改造的过程中,保护工业遗产结构特征和技术流程是再利用的前提。为防止工业建筑改造再利用后变得"面目全非",应考虑新旧之间恰到好处的融合。目前,工业遗产改造再利用的方式有很多,但是归根结底都是为使工业遗产得以保留,维持原有建筑的历史价值。在改造之前,首先应考虑旧工业建筑厂房的价值,在不破坏原有工业建筑风格特征的前提下,合理地利用遗产本身的可利用元素,对工业遗产进行布局,处理好新旧建筑之间的关系,进而满足新的功能要求,如建筑风格一致,使其成为一个完整的体系,再现工业遗产的价值。

2. 大庆工业遗产保护的整体规划策略

(1)整体保护工业遗产技术格局。

以保护工业技术格局为核心,保留整个工业生产技术流程,将工业遗产(如工业厂房及工业设备)作为保护对象,对其进行完整性保护。工业的核心是技术,在工业生产过程中,复杂的工艺流程形成了一个完整的生产链。每个生产环节都是不可或缺的,因此在工业遗产保护的过程中,缺少生产流程中的任何一个环节都会破坏工业技术的完整性,失去石油工业技术的真实性和完整性的内涵价值,导致后人无法真正了解石油工业技术的内涵。人们只有通过包括机器设备和厂房在内的整体生产格局来想象当时的工作场景,才能真正地了解石油工业技术的意义。

(2)整体定位与地方城市规划相结合。

城市的发展是一个循序渐进、不断完善的过程。工业遗产是城市历史文脉传承的纽带,见证了城市工业化发展的整个过程。树立整体性保护的理念,将工业遗产保护纳入城市总体规划中,是实现城市全面可持续发展的基础。如果工业遗产保护仅仅停留在孤立的、互不联系的物质形态上,那么工业遗产保护将失去意义。只有将工业遗产(如工业厂房及工业遗址)与城市肌理相结合,形成线性的联系,才能为城市的复兴带来新的契机,才能更好地促进城市更新及加快城市发展。对大庆工业遗产采取整体性研究和保护原则是提升城市文化品位、传承城市文脉、改善城市环境、增强城市地域性特色的根本。

大庆是石油和石油化工产业以及其他产业并存的现代化城市,是我国最重要的石油工业基地之一。目前,由于石油资源的有限性,大庆正处于城市快速更新和转型时期,很多石油工业厂房及遗址无法满足城市空间结构调整带来的需求,因此如何将工业遗产与城市空间相结合,如何将工业遗产保护合理地融入城市规划中,使工业用地实现功能置换,进而为城市注入新的活力,是工业城市面临的机遇与挑战。

从城市空间布局来看,大庆工业遗产分布范围较广,如果仅仅对某个工业遗产进行保护,无法带动城市的发展。因此,可以将工业遗产形成体系,通过对城市区域、边界、节点、标志物、道路的界定,将工业遗产融入其中,作为城市标志的元素,使市民对城市空间及环境形成认知,进而形成完整的工业遗产城市体系。在石油工业遗产分布的大庆让胡路区、红岗区及萨尔图区,应该总结区域的遗产现状,并归纳遗产种类及其风貌特征,从而对石油工业遗产进行分类,使工业遗产形成城市体系遗产保护的“面”元素。将废弃的工业厂房结合城市生态绿化,形成城市边界,即城市的“线”状元素。将博物馆或铁人纪念馆等工业遗产陈列馆作为城市节点分布在城市中,这些节点与城市广场或者休闲娱乐场地相结合,形成相对内向型的空间,形成城市体系中“点”元素。此外,将工业遗产废弃厂房与城市河流如黎明河及周边广场相结合,形成城市交通空间,改善城市内部功能,优化空间结构,使城市场所更具地域特色,使人获得归属感。通过城市文化和自然环境的结合,实现城市区域的功能空间调整,使工业遗产融入城市环境中。

3. 大庆总机厂区位状况

大庆油田老总机厂(简称总机厂)是1960年建成的,起初主要负责设备维修,随着油田发展的需要,后来总机厂发展为产品制造工厂。总机厂位于大庆萨尔图区中部,西临大庆油田总医院,东临东水源泡,在打虎庄工业园区南侧,地处油田的高产区域,周围是居民区及工业区,该区域工业用地占地比例较大。

4. 厂区现状

总机厂反映了当年石油会战时期工业化的历史,具有独特的精神文化意义。近几年来,总机厂因产业转型等系列原因而停产,厂房被废弃,目前厂区无人管理,只有几个厂房租赁给金属制造公司,其他大部分厂房处于闲置废弃状态,厂房里面堆满了成品和半成品的铸件,设备已经锈蚀。总机厂地处大庆萨尔图区,本来可以通过改造再利用重新发挥总机厂的余热,在传承工业企业文化的同时,为城市规划带来生机,但是由于无人管理的厂区现状(图2.7)给城市市容带来了消极的影响,因此保护和改造再利用总机厂迫在眉睫。

(a) 厂房交通

(b) 部分厂房外部

(c) 厂区废弃钢铁

(b) 部分厂房内部

图 2.7　大庆油田总机厂现状

5. 厂区工业遗存分类

总机厂的工业遗存可以分为建筑物、构筑物、机械设备、道路和绿化（表 2.3）。

表 2.3　总机厂工业遗存分类

类型		目前现状
建筑物	厂房	厂房结构坚固,内部空间大,适合作为展示空间、多功能厅等
	澡堂	外立面破坏严重,但是结构保存很好,适合改造成附属建筑,如游客服务中心
构筑物	烟囱	烟囱保存完整,通过艺术改造可做成景观雕塑
	抽油机	抽油机还在使用,可作为景观标志
机械设备	管道	管道虽废弃多年,但保存现状较好,可以将其改造成景观游憩廊道
	桁架	工业特色十分浓厚,可以作为区域景观标志
道路		道路十分复古,很有年代感,可以将其保存,经改造后成为休闲步行街路上景观树保存完好
绿化		总机厂绿化植被完好,一般分布在道路两旁

6. 总机厂价值综合评价

根据总结出的大市工业遗产价值评价体系,对总机厂进行价值评价,将模拟打分结果置于表2.4中,以最后的综合得分作为参考,确定对总机厂的保护方式。

表2.4　大庆油田总机厂遗产价值打分标准表

一级指标	二级指标	分值				权重/%	得分	综合得分
历史价值(17%)	历史年代	10	8	6	3	4	0.24	0.48
	历史事件	10	6	3	0	8	0.24	
	历史人物	10	6	3	0	5	0	
社会价值(13%)	对城市文脉发展的影响	10	6	3	0	8	0.8	1.10
	企业文化	10	6	3	0	3	0.18	
	职工认同感	10	6	3	0	2	0.12	
技术价值(15%)	工艺的先进性	10	6	3	0	9	0.9	1.26
	建筑技术	10	6	3	0	6	0.36	
艺术价值(10%)	建筑美学价值	10	6	3	0	4	0.24	0.60
	产业风貌特征	10	6	3	0	6	0.36	
经济价值(13%)	开发成本	10	6	3	0	3	0.09	0.69
	开发价值	10	6	3	0	10	0.6	
稀缺性价值	—	10	—	—	0			
调度指标(完整性15%)	生产流程、工艺、工业遗产的留存程度	10	6	3	0	8	0.48	0.90
	工业景观、环境、建筑空间及结构的完好程度	10	6	3	0	7	0.42	
调度指标(真实性17%)	生产流程、环境、建筑空间体现的历史原貌	10	6	3	0	8	0.8	1.34
	建筑格局、构筑物格局、工业精光空间环境、构件体现历史原貌	10	6	3	0	9	0.54	
综合得分合计		6.37						

应用该评价体系标准对总机厂进行评价,可得总机厂价值等级处于第二保护等级,第二等级的保护方式是进行部分保护,因此根据总机厂的价值、区位、规模和城市规划的总体要求,可采取规划设计手法再利用为博物馆展示中心、艺术创作基地。

7. 总机厂保护更新应用

(1) 设计思路。

根据对大庆工业遗产保护与再利用策略的分析,首先应从城市整体规划对总机厂进行厂区改造定位,加强总机厂与城市整体规划之间的结合,提高区域整体环境,进而使总机厂改造之后能够融合到城市之中,为城市发展做出一份贡献。

对总机厂选择改造模式主要考虑三个方面,即社会需求、厂区本体条件和经济发展。具体如下。

①由总机厂的地理位置可知,该地交通便利,周围以居民区和工业园区为主,临近大庆老城区,附近有学校、幼儿园等公共附属设施。总机厂辐射半径合理,应以保护为前提,结合周边居民的实际需要,补充完善公共服务设施,为区域经济发展提供良好的平台。

②通过对总机厂厂房的实际调研,总机厂大部分厂房层高较高(图2.8),跨度较大,十分适合博物馆展示空间的要求,通过分析区位条件和厂房现状得知,总机厂改造以历史展示中心与艺术创作基地相结合比较合适。

图2.8　总机厂厂房内部空间

③从经济角度来看,总机厂东临东水源泡,在设计、改造和更新的过程中,应考虑将其与东水源泡结合开发,从而引进开发商的投资,承载城市的新功能。在工业遗产保护的同时,对空间进行更新利用,促进萨尔图中部地区的经济发展。

(2) 设计原则。

本案例结合实地调研分析总结得出总机厂更新再利用应遵循以下几个设计原则。

①厂区整体性保护原则。首先从完善城市功能角度对总机厂进行保护再利用,完善区域规划功能需求,与城市协调发展。总机厂东临东水源泡,在开发改造中,应结合东水源泡一起开发,形成区域城市旅游,将工业遗产保护与生态环境相结合,形成具有大庆特色的工业旅游,促进区域经济发展。从厂区角度来看,应对重要的工业遗产,如厂房、构筑

物、影像资料等进行完整的保护,保持厂区原有风貌。为此,应调研归纳现有遗产资源对其进行再利用。

②新旧共生原则。在改造的过程中,势必会增加新建筑,如增加博物馆服务区、工艺品销售区等,需要注意的是新建部分与老建筑之间的关系,如在风格上要考虑到与老厂房协调一致,总机厂厂房外立面大部分以红砖为主,窗户错落有致,屋顶一般以坡屋顶为主(图 2.9),因此在扩建的过程中,设计者应将这种元素融入新建筑当中。另外,可保留原有厂区的构筑物,如厂区烟囱、管道等有历史意义的工业构件。这些构件具有强烈的工业感,对其进行艺术化的加工后,可以作为景观小品(图 2.10),形成区域标志,成为室外绿化景观的一部分,在体现工业美学特征的同时,达到新旧共生的艺术效果。

图 2.9　总机厂厂房面貌

图 2.10　总机厂构筑物

③维持生态原则。总机厂过去多是铸钢厂房,对环境造成了一定污染。因此,首先应对总机厂进行生态改造,对污染物进行处理,当生态恢复后,再对其进行再利用。此外,应保护好原有植被、厂区绿化、园林树木,适当完善厂区绿化、提高环境品质,对总机厂进行景观再造,如将部分特色厂区改造成游憩场所,打造区域文化场地。

(3)设计手法。

①厂区重新规划。由于功能的转变,厂区的活动人数及交通流线也发生改变,因此应对总机厂原有场地进行重新设计和规划,厂区内部交通流线应匹配博物馆和创意艺术中心的需求,根据新功能的要求,利用好原有工业的道路,做好交通路线设计。例如,博物馆的展示中心与艺术体验中心及相关服务区应有合理的逻辑规划,避免流线混乱。处理好厂房之间的联系,使新旧功能既相互联系又相互独立。

②功能置换。引入新的功能,通过对总机厂厂房的改造,植入新的功能,完善再利用建筑功能,引进与总机厂相关的内容,包括物质文化遗产和非物质文化遗产,如文化设施的引入、设置艺术文化展廊、创意工作室等。打造区域文化品牌,提高对博物馆的认知度。此外,引入辅助功能设施,如餐饮、休闲、体验、广场等,进一步满足大众需求,激发产业地区活力,带动城市发展,进而实现城市区域复兴。

③保留与改造。一些厂房内部有许多大型工艺设施,由于移动较为困难,因此许多设备都遗弃在厂房中(图 2.11),可以将这些废弃设备保留,然后对其采取展示的方式,保留原有状态,形成展厅,向大众展示其原真状态。保留再利用厂房,根据其空间进行改造再利用,如工人洗澡堂可以改造成附属服务设施。保留部分特色的工业构筑物,如烟囱、管道等,突出工业主题特色。

图 2.11　工业设备

8. 总机厂保护与再利用模式

(1)艺术创作基地。

在调研的过程中,发现许多摄影爱好者及绘画家来到废弃的总机厂(图 2.12)进行采风,在这片废弃的工业废墟中,旧厂房承载着工业文明及历史的沧桑,具有特定的历史时代烙印,可以激发文艺爱好者的灵感。可以将总机厂部分厂房改造成创意设计工作室、艺术家工作室、少年宫等,提升区位文化内涵,促进区域文化发展。还可以将厂房改造成具有工业特色的创意体验工作室,如对外开放的小工艺品制作体验室,进而提升区域活力,更好地服务周边市民及游客。

图 2.12　总机厂厂房外部图

(2)历史展示中心。

通过对总机厂的实地调研,大部分厂房空间较大,空间分割自由(图 2.13),对后续厂房改造有利。此外,室内留存许多大体量的机器,这些机器移动较为困难,因此被遗弃在废弃的厂房中,目前无人管理。这些机器是总机厂历史的印证,可将部分厂房改造成展览中心,以此展示工业设施以及钢铁铸造的过程,再现总机厂的历史性和真实性。在改造的过程中,应还原当初厂房内部环境,保留当年铸钢工业的每个生产环节,将人引入情景之中,再现当年铸钢情景,提供参观和体验的环节,让大众参与其中,感受昔日钢铁工人劳动的艰辛。通过体验,人们会具有参与感和认同感,这样才更具有说服力和冲击力,增加总机厂改造后的吸引力。此外,与传统展览馆相比,在工业厂房的基础上将其改造成展览馆,可以保证工业遗产的完整性和原真性。同时,在环境保护方面,将工业厂房改成博物馆,可以减少对环境的污染,节约投资。

图 2.13　厂房内部空间

第3章　干打垒建筑遗产价值挖掘与精神传承

工业遗产是一种新型的人类文化遗产,具有历史、技术、社会、建筑及科学价值,可以体现城市的地域特色并且展示城市历史风貌。依据 2003 年 7 月 TICCIH 发表的《下塔吉尔宪章》和 2006 年 6 月在首届中国工业遗产保护论坛上通过的《无锡建议》界定的工业遗产的范围,工业遗产既包括体现工业生产状态和生产变化的物质文化遗产,又包括与工业历史、生产和管理等相关的非物质文化遗产。工业遗产既具有与所在城市或者所在行业的变迁和发展有着重要联系的历史价值和必须对某地区工业和经济的发展起到过重要的作用,在所在地域有较大的影响力和社会认同的社会价值,同时又具有一定的建筑学价值和审美价值。例如,大庆干打垒建筑不仅反映了大庆油田开发建设时期的建设发展情况和石油会战时期人们生活的状况,而且这些建筑也反映了那个时期人们的审美标准,这一客观存在成为大庆石油会战史的有力见证。因此,在工业遗产保护与现代城市发展之间寻求平衡,既不拖累现代城市发展的步伐,又能够融入现代社会,发挥其应有的价值和作用。简言之,就是在保护工业遗产完整性和真实性的基础上,尽可能创造其与现代社会之间的联系,通过合理整合和有效资源配置,实现可持续发展,使工业遗产活起来,发挥其独特价值。

工业遗产是城市历史和经济发展的真实记录,干打垒建筑遗产是大庆石油工业文明的历史印记之一,有着鲜明的时代特征,它在我国石油工业发展的过程中具有重要地位。

石油会战初期建设的红旗村圆形水塔、圆形商店及"农业学大寨"大礼堂、干打垒住宅和办公用房等标志性建筑为早期石油会战人员解决了居住和办公问题,记录了石油会战初期的历史。干打垒建筑遗址可开发为红色教育基地和旅游景点,传承和发扬大庆精神,作为推广宣传大庆城市的一张名片。干打垒建筑技术因其就地取材和绿色建筑的特性,在目前低碳建筑的大形势下,具有一定的技术研究价值。因此,干打垒建筑遗产的学术价值体现在历史、文化、技术、经济、生态等多个方面,需要对其进行深入、系统的理论研究工作,并且将研究工作持续进行下去。红旗村干打垒建筑遗址能够展现石油工人在石油会战时期艰苦奋斗的干打垒精神和为国效力的爱国主义精神。干打垒建筑的活化能够保护干打垒建筑遗址,更好地进行红色文化宣传,因此有必要对红旗村干打垒建筑遗产价值进行挖掘并做好干打垒精神传承工作。

3.1　干打垒建筑遗产的文化挖掘策略

干打垒建筑作为大庆工业文明的历史记忆遗产,蕴藏着有待开掘的经济价值和文化价值。大庆红旗村干打垒建筑群虽已被列为省级文化遗产保护单位,有指定的保护制度,但是保护措施执行不到位,破损严重,因此强力落实干打垒建筑遗产保护措施已迫在眉睫。首先,应该设立干打垒建筑遗产登录制度,对干打垒建筑的基本信息进行统计,如建造年代、完好情况、是否仍在使用、位置、户型、建筑面积、开间、进深、具体的结构、施工技术等。其次,应该在大庆市政府的财政预算中设立大庆干打垒建筑遗产保护专项基金,由市文物保护局负责使用,保证将资金落实到遗产保护当中。

3.1.1　创意产业利用模式——文创体验馆

近年来,大庆地区非石油产业的迅速发展催生了大量的文化创意产业,毗邻大学城的创意产业园就受到广泛欢迎和好评。干打垒建筑既有丰富的文化内涵,承载着石油人的创业记忆,又彰显着奋斗者的精神和情怀。可对其进行内部空间功能转换,一部分可开发为干打垒文化展馆,包括展览干打垒建造时期的老照片、放映相关纪录片、讲述石油会战时期参与干打垒建造的老人的故事等,以此来帮助参观者丰富关于干打垒的知识,激发其对干打垒建筑的兴趣,同时也可展销以干打垒为主题的文创产品,如书签、团扇等,为参观者留下干打垒的实物印象;另一部分可开发为干打垒体验馆,游客在创意体验区可利用黄泥、干草等材料亲自动手建造干打垒房屋,在亲身建造的过程中,不仅能够增加游客的体验感,也能使游客亲身体会到前人的不易,进而对干打垒精神有更为深刻的理解。

3.1.2　公共空间模式——主题景观公园

根据大庆城市规划和发展需要,结合红旗村干打垒建筑群的位置和周边设施,可以将其改建为主题景观公园。园区内可以开发多功能服务区、体育锻炼活动区和花草植被展示区等,甚至可以开发特色园艺展示售卖区,既可以美化环境,又可以带动消费,增加园区收入。同时,也可以引入生态发展观念。大庆素有"天然百湖之城"的美誉,全市有大小湖泊280余处,可把干打垒建筑遗址与湖泊结合进行改造,为市民打造一块以油田历史记忆和大庆特色为主题的公共休闲区域,使市民在休闲娱乐的同时,还能接受大庆石油会战史的洗礼,一举两得。

3.1.3　以工业旅游为主的整体开发模式

1964年,在党中央对全国工业战线提出"工业学大庆"的号召下,大庆作为中国工业战线的一面旗帜迅速发展。时至今日,大庆地区留存了大量的工业遗址,合理开发和利用这些工业遗址,发展特色工业旅游成为大庆城市结构转型的发展方向之一。由于工业遗址较分散,所占面积大,构成复杂多样,因此结合大庆"绿色油化之都""天然百湖之城""北国温泉之乡"的优越条件,发展以工业旅游为主的整体开发模式符合大庆目前的发展需求,以工业遗址为载体,集知识、娱乐、休闲和餐饮为一体,为游客提供住、行、食等多种服务。红旗村干打垒建筑遗址作为黑龙江省省级文物保护单位,可以作为工业旅游整体开发带的有机组成部分,纳入旅游整体开发的框架中,可以开发为会战大食堂和特色旅店,既能保护建筑遗址、增加经济收入,又能为大庆打造一张亮丽的旅游名片。

3.2　干打垒建筑遗产的保护制度

3.2.1　建立登录制度

在国际上,针对干打垒建筑遗产保护的制度分为指定制度和登录制度,指定制度是指对列入法定保护的文化遗产保护制度;登录制度是文化遗产预备保护制度。欧美大部分国家采用指定制度和登录制度相互补充的保存制度,我国遗产保护则主要以指定制度为主。然而,指定保护制度只是针对纳入法定保护的遗产进行保护,其缺点是具有一定的局限性,伴随着城市快速发展和更新,很多工业遗产遭到严重破坏,目前单一的指定保护制度无法满足当前遗产保护的要求。

完善干打垒建筑遗产保护制度,首先应该建立登录制度。登录制度的认定条件比指定保护标准低很多,所以建立登录制度可以扩大干打垒建筑遗产保护范围,将大量未指定的具有历史意义的干打垒建筑遗产纳入保护范围中,达到补充指定制度的目的,让更多的干打垒建筑遗产在进行法定保护前登录在册,做好指定保护制度的前期基础工作,为以后纳入法定保护创造条件,使工业遗产保护更加广泛和全面。

目前,大庆石油工业遗产中还有大量工业历史,如厂房建筑及工业设备、遗址没有纳入指定保护范围当中,很多具有遗产价值的干打垒建筑未得到相应的保护。因此,实施干打垒建筑遗产登录制度迫在眉睫,具体实施办法应由政府相关文物部门开展对大庆干打垒建筑遗存的摸家底、了解现状的普查行动,然后对其进行价值认定。根据历史文献资料,梳理出大庆主要的干打垒建筑名单,制定调查表格下发给相关部门,通过申报材料的信息对大庆干打垒建筑遗产进行普查、评选登录,尽量将干打垒建筑遗产纳入保护范围之中。作为收录的工业厂房及设备,虽然可以不像指定工业遗产利用强制的法律去保护,但同样应受到管理和监督保护,免遭随意拆建破坏。

3.2.2　强化保护法制建设,建立地方工业遗产保护法规体系

目前,我国在干打垒建筑遗产保护领域相应的法律法规尚不成熟,很多保护政策不够明确,需要相关部门进一步完善和补充。对于大庆干打垒建筑遗产,政府和民众保护意识还有待加强。相关文物保护部门应转变思想,确定相关职能部门的保护职责,重新认识干打垒建筑遗产的价值,充分考虑石油工业遗产的特殊性,建立相关的专家咨询认定机构,为工业遗产保护方法提出可行性建议。参考《下塔吉尔宪章》和《无锡建议》,尽快建立系统的石油工业遗产地方性法规体系,使大庆干打垒建筑遗产保护有法可依,明确纳入登录保护的干打垒建筑遗产的保护范围,提出不同等级的遗产应采取相应的保护措施,编制不同层次干打垒建筑遗产保护规划方法,加大对破坏干打垒建筑遗产行为者的惩罚力度。有关部门应制定具体的标准和规范,并且落到实际行动中抢救现存的工业遗产,利用法律手段防止工业遗产受到威胁,尽快出台有关干打垒建筑遗产保护的具体办法或实施细则。

3.2.3　建立专项资金

干打垒建筑遗产保护是一个长期持续性的过程,需要稳定的资金支撑。因此,首先应将干打垒建筑遗产保护所需资金纳入大庆市政府的财政预算中,保证将资金落实到保护当中。此外,就目前而言,除国家资金支持外,大庆干打垒建筑遗产保护资金主要来源于政府、企业。其中,政府是最关键的角色,所以政府应制定相关政策和奖励制度等对保护行动予以鼓励,同时采取有利于社会捐赠和资助的政策措施,通过多种渠道筹集资金,推动干打垒建筑遗产保护行动的顺利进行,形成以政府为向导,企业开发、市民参与的持续性发展的局面。要长远地发展大庆干打垒建筑遗产保护项目,需设立相关的专项机构实行监督管理,由专项机构负责监管保护。

3.2.4　环境治理

大庆石油在开发和开采的过程中,对土壤及环境污造成了一定的负面影响。因此,干打垒建筑遗产厂房改造更新首先应对环境进行治理和完善,尽量保留原有场地的绿化和植被。景观绿化不仅能为厂区带来美化效果,在环境改善方面还可以吸收有害气体。在环境治理过程中,应着重建设公共绿地,恢复生态环境。

3.2.5　建筑更新方法

1. 功能置换

功能置换是指在原有干打垒建筑的基础上,寻找类似空间的需求的功能,不对建筑空间进行大幅度的增减,通过改变它的使用功能,赋予建筑新的生命。空间功能置换的优点是保存原有建筑外貌及建筑细节。例如,大庆北二注水站保存完好,大部分厂房仍然使用,一些厂房通过改造形成展厅对外开放,新的功能与原有建筑风格一致,功能的置入增加了外来参观人员的流动,使得原有单一功能的厂房变得生机勃勃,同时其建筑经济价值也得到了体现。

2. 空间重组

空间重组是指为满足建筑新功能的需求,打破原来的空间形态,将空间重新划分改造成新的使用空间。空间重组分为水平重组和竖向重组。水平重组是指在水平方向对空间进行划分;竖向重组是指对层高较高的厂房建筑进行竖向分层,突破原有的建筑空间限制。空间重组需要注意原有建筑结构与新增结构构件之间的相互协调关系。为确保建筑安全性,需要进行相关的加固处理。空间重组适合改造大空间的工业建筑、厂房等。

3. 改造、扩建的方式

干打垒建筑厂房在规划设计的过程中,由于新功能的置入,因此应扩建原有建筑以满足新的需要,一般采用的方法是空间分割、竖向加建、扩建等。要求在不违背原有建筑风格的前提下,对原有建筑进行适当的扩建、改造。做到新建部分与原有部分既相互呼应,又有鲜明的对比。

3.3　干打垒建筑遗产价值评价与挖掘

本节以我国"十四五"规划提出的"加强世界文化遗产、文物保护单位、考古遗址公园、历史文化名城名镇名村保护""推进红色旅游、文化遗产旅游",黑龙江省"十四五"规划提出的"建设一批省级优秀传统文化传承基地""打造龙江特色边疆文化品牌"及《黑龙江省中长期青年发展规划(2017—2025 年)》提出的"加强爱国主义教育,弘扬东北抗联精神、北大荒精神、大庆精神、铁人精神",确立研究对象为"干打垒建筑遗产的活态利用及精神传承研究"。目的是保护利用干打垒建筑遗产,挖掘历史、文化、艺术的亮点,弘扬干打垒精神,摆脱破损严重、保护利用不利的困境;提出石油文化主题公园策略,探索干打垒保护利用和精神传承的创新路径。

3.3.1　工业遗产价值与评价分析

1. 工业遗产价值综述

工业遗产具有历史价值、社会价值、技术价值、艺术价值和经济价值,是一个城市工业历史的记忆和见证。

(1)历史价值。

工业遗产是城市历史的真实写照,是见证工业发展的载体。工业遗产最基本的价值是历史价值,它打破了时间和空间的限制,见证了工业生产及发展对城市及人类的深远影响,同时记录了某个特定年代城市发展、社会经济、科学技术、文化文明等方面的成果,承载着较为真实的工业文明信息。帮助后人去了解探究真实工业历史,为人们探究城市历史提供了重要线索及真实资料,方便人们对历史资料进一步完善和补充。忽视了工业遗产就如同遗失了城市某阶段的历史记忆,使这段历史成为空白。因此,从承载历史价值的角度来说,保护工业遗产就是对城市乃至国家历史完整性的尊重。

(2)社会价值。

工业遗产见证了工业发展及人类生活方式的转变。在印证历史的同时,对人类社会产生了深远的影响,这些影响主要体现在精神文化层面,包括企业层面和个人层面。从企业层面来说,主要体现在企业精神、文化、理念。这些精神、文化、理念的载体可能是某个工业历史时期的条幅、口号及照片影像等,也可能是具有地方特色及年代感的建筑物、构筑物。这些工业遗产反映了企业的精神风貌及文化价值,如安全生产、岗位责任制、创新求实等。从个人层面来说,主要体现在人们当时的生活工作方式及对劳动的记忆,体现了当时人们刻苦求真的精神及具有人文气息的韵味,工业遗产具有不可忽视的文化价值。保护工业遗产是对工业历史的尊重和产业工人无私奉献精神的纪念,同时有利于人类文化的传承,企业精神的发扬可为后人树立榜样。此外,文化影像资料的保护可以满足居民对精神文化的需求,提高城市居民对工业文化的认同感和归属感。

(3)技术价值。

工业是一个诞生、发展、创新的过程。其核心是技术,工业遗产与其他文化遗产最本质的区别在于工业遗产承载了特定历史年代的工业技术。工业遗产是技术进步的产物,记录了一个时代科技的发展轨迹,是工业技术发展的标志。随着科学技术和社会的发展,落后的技术、工艺水平及旧设备逐渐废弃,产生了大量的工业废弃厂房、工业设备,因此形成了大量的有代表意义的工业遗产。这些工业遗产见证了工业技术发展过程。

工业遗产是历经三次工业革命存留下来的产物,见证了工业科学技术发展的完整过程。工业遗产的技术价值主要体现在两个方面,以此反映特定时期人类与技术之间的联系。一方面,大多数工业遗产反映了某个时期人类发明创造先进设备的能力;另一方面,工业遗产的技术价值体现在工业厂房的设计规划、建筑及构筑物选址施工建造、生产机器设备安装、工业技术更新等。

保护具有显著技术价值的工业遗产对人类及社会的发展有着重要的意义。一方面,工业遗产可以让后人清晰地了解过去工业科学技术的发展历程,将其作为先进技术研究资料,可以启示专业研究人员更好地发明创造,提高后人对技术发展史的研究水平;另一方面,工业遗产是反映社会经济状况的重要实物证明,每个工业遗产都记录着某项工业技术从无到有的全部过程,真实地记录了当时的社会技术发展水平,保护工业遗产有利于维护工业历史的完整。

(4)艺术价值。

工业遗产具有独特的艺术价值。工业遗产是工业文明及艺术时代背景等多种因素作用下形成的综合体产物。其艺术价值主要体现在工业建筑、构筑物、生产空间、厂房、仓库、机械操作设备空间等一系列规划设计中,其反映了某一特定历史时期建筑艺术的流派、艺术品格,如机械美学、几何美学及当时大众的审美观念等。

工业遗产艺术价值的表现形式以工业建筑和生产空间为主,一般工业建筑体量较大,空间比例和谐,外观造型独特,结构稳定坚固,具有完美的工业美学逻辑性,材料、色彩具有强烈的艺术表现力。

由于这些工业建筑及工业设计的规划设计一般是根据工业生产建造而成的,因此在城市空间形成了许多空间体型较大、形式造型多样的工业建筑群。在这些工业遗产中,有的建筑造型形式突出,在城市中成为地标性建筑或是城市景观节点,使城市具有区别于其他城市的风貌特征。因此,保护具有地域美学价值的工业遗产对保护城市独特形式、文化具有深远的意义。

(5)经济价值。

工业遗产所承载的经济价值主要表现在在原有的工业遗产基础上改造再利用形成新的功能空间。《下塔吉尔宪章》指出:"绝大多数工业遗产(少数具有特殊历史意义的工业遗产除外)将被改造成具有新的使用价值以至于可以将其工业遗产安全保存。"改造再利用工业遗产应以保护工业遗产的历史真实性为前提和以尊重工业遗产的物质存在完整性为基础。

通常工业建筑的特点是跨度较大,层高较高,空间较大,且工业建筑使用年限远超过它的功能使用年限。因此,对工业建筑进行改造再利用可以避免资源浪费,减少规划过程中因大拆大建而产生的大量的建筑垃圾,促进社会资源的可持续发展。而且改造再利用这个过程本身就是对工业遗产的一种保护。

工业遗产的经济价值还体现在将工业遗产发展成为一种旅游资源。通过对工业遗产的分类,以保护和再利用为基本原则,将工业废弃厂房、设备及构筑物规划改造形成具有观光娱乐休息功能的线性旅游路线,如北京798工业产业园,德国鲁尔区、杜伊斯堡景观公园等。采用工业遗产旅游吸引大量的游客,促进城市的经济增长,激发城市经济活力,对振兴经济发挥着重要的作用。

2. 工业遗产价值评价方法

工业遗产价值评价方法主要包括定量评价和定性评价两种评价方法。一般国内外学者对工业遗产评价方法是将定量和定性评价方法相结合,将研究对象分为三个层次,即城市—企业—建筑,从整体到个体对不同的空间层次进行评价,根据研究对象层次的不同,采取不同的评价指标体系。首先对城市工业整体的发展进行评价,从城市的工业发展史角度挑选具有代表城市历史意义和文脉特色的工业遗产,在工业历史地位和发展特征等方面对其进行评价,然后评选能代表城市工业发展水平的企业或者厂区。大庆是一个石油资源型城市,其工业遗产以石油行业为主,因此将工业遗产评价对象落实到具体的石油开采厂区上;最后在典型的工厂中,评选出具有代表性的工业遗存,如对有历史价值、技术价值、艺术价值、社会价值、经济价值的建筑物及构筑物进行评价。

分为三个层次的评价方法的优点是可以客观地评选具有代表性的工业遗产,有利于体现城市工业化的真实特征,通过评价这些具有典型意义的工业遗产可以更好地保护城市文脉。

价值指标体系的建立,是利用定量分析法对工业遗产的历史价值、文化价值、艺术美学价值、经济价值、技术价值、社会价值等进行细化评价,对各项评价指标制定一定比例的分值,各指标分值的大小和权重的高低根据其对工业遗产整体价值的影响程度进行确定。然后利用定性分析法,如专家打分法、德尔菲法、模糊综合评价法、调查问卷法及层次分析法等对工业遗产价值进行打分,然后将各项指标分值进行汇总得出综合值,进而对工业遗产价值做出合理的评价。

3. 评价体系指标确定原则

(1)导向性原则。

确定工业遗产价值评价体系应遵循导向性原则,即评价指标应有导向功能,可以引导社会、政府、群众去了解工业遗产,进而在此基础上,对工业遗产进行保护和合理开发再利用。此外,明确工业遗产与其他文化遗产的区别,即工业遗产具有技术价值,这是鉴别一个遗产是否为工业遗产的关键。

(2)独立性原则。

为了保证评价工作质量,工业遗产评价各指标所对应的内容应避免重复,不应该有过多的联系,即统一指标不能反映两种及两种以上的内容,同一内容不能被两种指标所对应,评价指标对应内容应保持独立性原则。

(3)简明性原则。

各指标含义应简单明确,真实地反映评价目标的特征,评价方法应简便、主次分明,不同评价指标应以评价目标为主,多指标应协调量化指标和定性指标之间的联系。

(4)实用性原则。

评价指标所依据的资料应考虑现有资料的可取性,避免在评价使用过程中资料获取不便的现象发生。应便于搜集,尽量减少工业遗产评价的时间和成本。

（5）代表性原则。

选择具有代表性的评价指标,客观地评价工业遗产价值。

（6）稀缺性原则。

有些工业遗产依据评价标准得出的分数虽然很低,但是如果其具有稀缺的特点,作为研究人员,也应该考虑其稀缺性价值。

（7）分层次评价原则。

将工业遗产划分为三个层次,即城市—企业—建筑,进而分层次进行评价。对不同层次的工业遗产采取不同的评价指标体系,借鉴美国兰德公司的德尔菲法和萨德的层次分析法对工业遗产进行定量评估。

（8）定量为主、定性为辅原则。

定量原则就是根据工业遗产层次设置相应的价值标准确定评价体系,给出各类评价标准值。然后将各项评价得分汇总进行综合评分,通过得到的这个综合值对工业遗产价值进行评价。定量原则可提供客观的参考。所谓定性原则就是在层次分析法的基础上通过专业人士对工业遗产价值进行感观评估。所得评价结果是主观认识的真实写照,并非正式的定量评价方法。任何对工业遗产的评价都离不开定性和定量的评价方法的结合。

4. 工业遗产价值评价指标体系内容

关于工业遗产价值评价体系内容,清华大学刘伯英教授创建了具有代表意义的北京工业遗产价值评价体系,将工业遗产评价体系分成两个部分,将指标按照其价值分为历史赋予工业遗产的价值和工业遗产现状、保护和再利用价值的评价体系,如表 3.1、表 3.2 对每个评价指标进一步细分为几个分项,给出相应的分值。

表 3.1　历史赋予工业遗产价值的评价

评价内容	分项内容	分值			
历史价值 （满分 20 分）	时间久远	1911 年前	1911～1948 年	1949～1965 年	1966～1976 年
		10	8	6	3
	与历史事件、历史人物的关系	特别突出	比较突出	一般	无
		10	6	3	0
科学技术价值 （满分 30 分）	行业开创性和工艺先进性	特别突出	比较突出	一般	无
		15	10	5	0
	工程技术	特别突出	比较突出	一般	无
		15	10	5	0
社会文化价值 （满分 20 分）	社会情感	特别突出	比较突出	一般	无
		10	6	3	0
	企业文化	特别突出	比较突出	一般	无
		10	6	3	0

续表 3.1

评价内容	分项内容	分值			
艺术审美价值 （满分 30 分）	建筑工程美学	特别突出	比较突出	一般	无
		10	6	3	0
	产业风貌特征	特别突出	比较突出	一般	无
		10	6	3	0
	空间利用	特别突出	比较突出	一般	无
		10	6	3	0

表 3.2　工业遗产现状、保护和再利用价值的评价

评价内容	分项内容	分值				
区域位置 （满分 25 分）	区位优势	突出	很好	较好	一般	差
		15	10	5	0	-3
	交通条件	突出	很好	较好	一般	差
		10	5	2	0	-2
建筑质量 （满分 25 分）	结构安全性	突出	很好	较好	一般	差
		15	10	5	0	-3
	完好程度	突出	很好	较好	一般	差
		10	5	2	0	-2
利用价值 （满分 25 分）	空间利用	突出	很好	较好	一般	差
		15	10	5	0	-3
	景观利用	突出	很好	较好	一般	差
		10	5	2	0	-2
技术可行性 （满分 25 分）	再利用的可能性	突出	很好	较好	一般	差
		15	10	5	0	-3
	维护的可能性	突出	很好	较好	一般	差
		10	5	2	0	-2

（1）德尔菲法，也称专家调查法，1946 年由美国兰德公司创始实行。该方法是由企业组成一个专门的预测机构，其中包括若干专家和企业预测组织者，按照规定的程序，背靠背地征询专家对未来市场的意见或者判断，然后进行预测的方法。

（2）层次分析法（Analytic Hierarchy Process，AHP）是将与决策总是有关的元素分解成目标、准则、方案等层次，在此基础之上进行定性和定量分析的决策方法。该方法是美国运筹学家匹茨堡大学教授萨蒂于 20 世纪 70 年代初，在为美国国防部研究根据各个工业部门对国家福利的贡献大小而进行电力分配课题时，应用网络系统理论和多目标综合评

价方法,提出的一种层次权重决策分析方法。

上述评价方法对评价因素指标做了分类和分级,利用评分的方法对工业遗产价值进行评估。量化的价值评价体系是对工业遗产价值评价客观性的重要保证。该方法定量数据信息较少,便于工作人员操作,是对工业遗产进行初步评估的有效方法,值得我们借鉴。

因此根据大庆工业遗产实际情况,制定大庆工业遗产价值评价体系,其体系内容应包括历史价值、社会价值、技术价值、经济价值、艺术价值及稀缺性价值(附加价值)。

5. 大庆工业遗产价值评价体系研究

价值评价体系构建思路:通过对实际问题的剖析,建立层级概念;把影响评价目标的有关要素分解成不同层次,每个层次分解成 N 个等级指标,每级别指标从属于上一层指标或对上层指标产生影响,同时又支配下一层影响指标(图 3.1)。

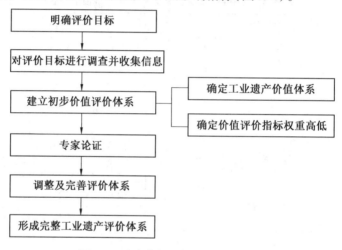

图 3.1　遗产值评价体系构建过程图

6. 价值评价指标的确定

TICCIH 发布的《下塔吉尔宪章》从历史价值、社会价值、技术价值、艺术价值、经济价值、稀缺性价值六个方面对工业遗产价值进行评定。通过对价值评价内容的归纳总结,根据大庆工业遗产情况总结评价体系结构,见表 3.3。该体系将作为大庆工业遗产价值综合评判标准,以此去衡量各工业遗存的价值。

表 3.3　大庆工业遗产价值评价指标及因子

一级指标	二级指标	指标评定标准解释说明
历史价值	历史年代	年代是否久远是衡量工业遗产历史价值的基础
	历史事件	见证重要的历史事件,是评定工业历史价值的重要指标
	历史人物	与工业相关的历史人物,主要指历史人物的影响力

续表3.3

一级指标	二级指标	指标评定标准解释说明
社会价值	对城市文脉发展的影响	—
	企业文化	—
	职工认同感	—
技术价值	工艺的先进性	①指人类创造先进设备的能力 ②工业技术更新
	建筑技术	工业厂房设计、厂址规划否合理,工业建筑是否具有创新性
艺术价值	建筑美学价值	①工业建筑或构筑物设计特点 ②工业景观特点,体现某个时期审美观点
	产业风貌特征	
经济价值	开发成本	①日常维护 ②改造再利用成本
	开发价值	主要考虑区位的优势性、结构再利用、空间再利用,这些因素可以预期工业遗产再利用带来的可能性收益
稀缺性价值	—	该指标作为工业遗产价值附加值,指工业遗产如果具备稀缺性价值,即使其他评价指标分数不高,也必须采取合理的保护措施对其进行保护
调节指标	完整性	生产流程、工序、工业遗产的留存程度	—
		工业景观、环境、建筑空间及结构的完好程度	—
	真实性	生产流程、环境、建筑空间体现的历史原貌	—
		建筑、构造物格局、工业景观空间环境体现历史原貌	—

7. 大庆工业遗产价值评价内容的分值权重

为了明确工业遗产价值各指标间的重要程度,定量反映遗产的价值,使遗产价值评价更加准确直观,首先选择定性的权重分配,以定性为原则根据大庆工业遗产价值评价指标及因子设计出问卷调查表,对工业遗产评价内容的相对重要程度进行调查。问卷对象包括工业遗产研究方面的设计人员、管理人员,有效问卷共 30 份。将其归纳形成大庆工业遗产评价体系,利用层次分析法对调查数据统计计算,得出各层次指标的权重值,见表3.4和表3.5。进而对各层次价值进行分值分配(注:分配的分值是各项指标的最高分值)。建立了具有具体参考分值的评价指标参考表,对各个评价指标因子实现统一的标准,见表3.6,将其作为专家测评小组对工业遗产评价的参考依据。通过这种标准可以得到可量化的数字结果,定量地反映工业遗产价值的大小,使工业遗产价值评价简洁明晰。

表 3.4　大庆工业遗产一级评价指标权重

一级指标	非常重要(10 分)	重要(7 分)	一般重要(3 分)	不重要(0 分)	权重/%
历史价值	25	3	2	0	17
社会价值	12	10	6	2	13
技术价值	17	8	3	2	15
艺术价值	10	9	7	4	10
经济价值	12	11	3	4	13
完整性	15	12	3	0	15
真实性	14	3	3	0	17

表 3.5　大庆工业遗产二级评价指标权重

一级指标	二级指标	权重/%	平均综合得分
历史价值	历史年代	25	4
	历史事件	44	8
	历史人物	31	5
社会价值	对城市文脉发展的影响	62	8
	企业文化	23	3
	职工认同感	15	2
技术价值	工艺的先进性	60	9
	建筑技术	40	6
艺术价值	建筑美学价值	40	4
	产业风貌特征	60	6
经济价值	开发成本	23	3
	开发价值	77	10
工业遗产的完整性	生产流程、工序、工业遗产的存留程度	53	8
	工业景观、环境、建筑空间及结构的完好程度	47	7
工业遗产的真实性	生产流程、环境、建筑空间体现的历史原貌	47	8
	建筑格局、构造物格局、工业景观空间环境、构件体现历史原貌	53	9

表3.6 大庆工业遗产权重与分值分配表

一级指标		二级指标	分值
历史价值(17分)		历史年代	4
		历史事件	8
		历史人物	5
社会价值(13分)		对城市文脉发展的影响	8
		企业文化	3
		职工认同感	2
技术价值(15分)		工艺的先进性	9
		建筑技术	6
艺术价值(10分)		建筑美学价值	4
		产业风貌特征	6
经济价值(13分)		开发成本	3
		开发价值	10
稀缺性价值(附加分)		—	100 或 0
调节指标(32分)	完整性(15分)	生产流程、工序、工业遗产的存留程度	8
		工业景观、环境、建筑空间及结构的完好程度	7
	真实性(17分)	生产流程、环境、建筑空间体现的历史原貌	8
		建筑格局、构造物格局、工业景观空间环境、构件体现历史原貌	9

从表3.4~3.6中可以分析出以下工业遗产价值特征。

(1)在工业遗产价值评价中,资源型城市工业遗产的历史价值和工业遗产真实性权重较高,说明了历史价值指标是衡量石油工业遗产价值的主要因素,真实性对工业遗产也至关重要。

(2)工业遗产的完整性权重高,说明对工业遗产进行完整性保护是非常有意义的。工业遗产的技术价值权重比例较大,体现了保护具有技术价值的工业遗产十分重要。

(3)在工业遗产保护的过程中,经济价值中开发价值权重高体现了工业遗产的保护不是单纯静止不动的,而是需要植入新的功能,对工业遗产进行动态的保护。例如对工业厂房进行改造或是发展工业遗产旅游。

8.大庆工业遗产评价结果

对大庆工业遗产进行定性评价之后,参考刘伯英教授对北京工业遗产价值评估表的分值分配标准,结合大庆实际情况,将每项评价因子的分值标准设置为四个档次,分别为10分、6分、3分、0分,得出大庆工业遗产价值打分标准表(表3.7)。

表 3.7　大庆工业遗产价值打分标准表

一级指标		二级指标	分值			
历史价值(17%)		历史年代	10	6	3	0
		历史事件	10	6	3	0
		历史人物	10	6	3	0
社会价值(13%)		对城市文脉发展的影响	10	6	3	0
		企业文化	10	6	3	0
		职工认同感	10	6	3	0
技术价值(15%)		工艺的先进性	10	6	3	0
		建筑技术	10	6	3	0
艺术价值(10%)		建筑美学价值	10	6	3	0
		产业风貌特征	10	6	3	0
经济价值(13%)		开发成本	10	6	3	0
		开发价值	10	6	3	0
稀缺性价值(附加分)		—	10	—	—	0
调节指标	完整性(15%)	工业遗产的存留程度与建筑结构的完好程度	10	6	3	0
	真实性(17%)	生产流程与工业景观空间环境体现的历史原貌建筑的历史原貌	10	6	3	0

评价体系确定之后,本书对大庆工业遗产进行定量分析,以松基三井、铁人第一口井、红旗村干打垒建筑群为例,按评价指标、分值选择进行模拟打分。

3.3.2　干打垒建筑遗产价值评价

1. 从个性和共性角度剖析干打垒建筑单体、建筑群两个层次价值评价

一是单体层次价值评价,借鉴国内外工业遗产保护的相关理论和优秀案例,对干打垒单体建筑物、构筑物价值评价;二是建筑群层次价值评价,根据包含的各个建筑单体的价值评价结果和自身的价值综合分析建立建筑群层次价值评价体系。

2. 诠释"干打垒"内涵基础上进行多维度价值深刻评价

一是诠释内涵,综合历史学、艺术学、建筑学、文化学及管理学等多学科,深入研究干打垒建筑遗产的物质(建筑)与非物质(精神)的双重特征,诠释干打垒建筑、精神双重内涵。二是从历史文化、艺术、精神三个维度价值深刻评价:与干打垒有关的历史人物和事件的价值评价,文化和习俗等价值评价;对建、构筑物的造型、比例、色彩、装饰等展现的美学价值、风格及文化样式等艺术评价;蕴含的干打垒精神的价值评价。

TICCIH 于 2003 年通过了《下塔吉尔宪章》,并最终将由联合国教科文组织(UNESCO)正式批准。宪章定义了工业遗产的概念和保护范围。通过对大庆干打垒建筑实际状况、存在问题的分析,建立层级保护概念。大庆干打垒建筑从未进行相应的分级,课题组把影响遗产价值评价目标的有关要素分解成不同层次,每个层次分解成两个等级指标,针对大庆红旗村干打垒建筑遗产价值特征进行详细分析和权重分析,见表 3.8 和表 3.9;然后,对大庆红旗村干打垒建筑价值标准打分,见表 3.10;根据最终的综合得分,确定大庆红旗村干打垒建筑的保护等级。

表 3.8　大庆红旗村干打垒建筑遗产价值特征分析

序号	一级价值类型	二级价值类型及内涵
1	历史价值	(1)历史年代:20 世纪 60 年代,早期石油会战 (2)历史事件:为石油会战几万人提供了办公和居住用房,承载着共和国石油工业发展的记忆 (3)历史人物:铁人王进喜等一批石油工人,艰苦奋战,开发大庆油田
2	社会价值	对城市文脉发展的影响:可以开发遗址公园等旅游项目,带来经济效益 企业文化:三老四严精神 职工认同感:从干打垒建筑可以追忆油田开发的艰苦历程
3	技术价值	(1)工艺的先进性:就地取土、草和少量木材按照合理的配比构建成干打垒,为夯土生土建筑 (2)建筑技术:属于绿色建筑技术,不产生 CO_2 等,可以回收利用
4	艺术价值	(1)建筑美学价值:反映了大庆石油会战时期的审美观点,真实地体现了大庆石油会战时期人们生产、办公及生活的状况 (2)产业风貌特征:建筑独特的历史特色、特别造型,拥有独特的美学价值
5	经济价值	(1)开发成本:维修和改造的成本不高 (2)开发价值:干打垒建筑可以被开发为旅游建筑,经济性很强
6	稀缺性价值	截至 2018 年 10 月,经过本课题组现场调研,红旗村干打垒群存有干打垒房屋 79 栋,其中基本完好率 68%,保存较差率 16%,严重破坏率 16%

工业遗产分梯度保护分为三个级别。第一等级的工业遗产价值最高,因此,应该给予严格保护,不允许破坏工业遗产的真实性和完整性,应完整保护,即整体保护。第二等级的工业遗产价值较高,以部分重点保护为主,保护和再利用并存,可称为保护利用类的工业遗产。第三等级工业遗产价值一般,对于这类工业遗产的保护可在保留工业遗产特色的前提下,满足城市的发展需要,对其进行保护及再利用,即少量保护,可称为普通保护改造类遗产。具体保护分类及方式如下。

(1)整体保护。

整体保护是指对石油工业时期原有的工厂进行完整保护,包括工业生产过程中的厂房、构筑物和生产设备及工厂办公住宿等建筑物。通过对工业遗产的整体保护,让后人了解当时工业生产加工流程。在维护真实性与完整性的前提下进行必要的维修,如松基三井和铁人第一口井具有重大的历史意义,在保护的过程中,应以修为主对其整体保护。

表 3.9　大庆红旗村干打垒建筑遗产一级、二级评价指标权重

序号	一级指标		二级指标	
	价值类型	权重/%	价值类型	权重/%
1	历史价值	20	历史年代	25
			历史事件	45
			历史人物	30
2	社会价值	20	对城市文脉发展的影响	60
			企业文化	25
			职工认同感	15
3	技术价值	20	工艺的先进性	60
			建筑技术	40
4	艺术价值	15	建筑美学价值	40
			产业风貌特征	60
5	经济价值	15	开发成本	30
			开发价值	70
6	稀缺性	10	稀缺性价值	100

表 3.10　大庆红旗村干打垒建筑价值打分标准表

一级	二级	权重/%	分值				得分	综合得分
历史价值(20%)	历史年代(25%)	5	10	6	3	0	0.3	1.8
	历史事件(45%)	9	10	6	3	0	0.9	
	历史人物(30%)	6	10	6	3	0	0.6	
社会价值(20%)	对城市文脉发展的影响(60%)	12	10	6	3	0	0.72	1.11
	企业文化(25%)	5	10	6	3	0	0.3	
	职工认同感(15%)	3	10	6	3	0	0.09	
技术价值(20%)	工艺的先进性(60%)	12	10	6	3	0	0.72	0.96
	建筑技术(40%)	8	10	6	3	0	0.24	
艺术价值(15%)	建筑美学价值(40%)	6	10	6	3	0	0.36	0.45
	产业风貌特征(60%)	9	10	6	3	0	0.09	
经济价值(15%)	开发成本(30%)	4.5	10	6	3	0	0.27	0.90
	开发价值(70%)	10.5	10	6	3	0	0.63	
稀缺性价值(10%)	稀缺性价值(100%)	10	10	6	3	0	0.6	0.6
综合得分/合计		5.82						

（2）部分保护。

部分保留既具有典型价值和意义的工业厂房及建筑,使其形成地域标志景观。部分保存具有时代意义的历史痕迹,从建筑设计的角度进行功能的更新,对原有的工业建筑进行改造,使其成为大庆工业历史的载体。

保护方式可根据工业遗产价值、区位地理形势、厂区规模以及城市规划的总体要求,将其改造成为博物馆设施、公共用地及创业产业基地、商业设施等。例如,大庆油田陈列馆,其前身是大庆石油会战指挥部旧址(二号院)。通过改造成博物馆,使院内大量的历史资料得以保存。目前大庆油田陈列馆中真实的场景给后人形成良好的视觉冲击感。

（3）少量保护。

少量保护,是将石油工业开采加工过程中存在的构筑物及厂房构件少量保存。其目的是使其成为代表石油工业时代元素的纪念物,唤起人们对特定历史时期的回忆。将少量具有代表性意义的工业遗产作为城市工业景观,通过对工业景观的设计将其改造为与周边环境相融合的工业景观小品,融入城市功能和空间,成为大庆公共空间的一部分。例如葡萄花炼油厂遗址,将旧的废弃厂房拆除,仅留一座炼塔烟囱作为葡萄花厂址的标志性景观。在其基础上做些许艺术加工,形成大庆工业历史的载体。

依据评价体系对大庆干打垒建筑遗产进行定量分析,并利用模糊综合评价方法。由表3.10可知,干打垒建筑遗产综合得分为5.82,处于4.0～6.5,属于第二保护等级,属于保护利用类的工业遗产。

3.3.3 挖掘干打垒建筑遗产的价值

价值评价只是评价遗产的现状,若想提升干打垒建筑遗产价值还需要采用各种方法深入挖掘其潜力。

1. 历史文化价值挖掘

一是全:全面查阅、搜寻地方志和历史书籍等各种文献资料,弥补失传的干打垒建筑历史。

二是深:深入挖掘、动态还原干打垒建筑的设计—建造—使用—变迁—现状的历程。

三是归类:基于文化基因的理念将干打垒建筑文化归类为显性与隐性文化基因。

四是创新挖掘方法:采用故事法、感性价值法和体验法三种创新挖掘方法。

2. 艺术价值挖掘

为探索干打垒建筑精妙的建造工艺、手法表达的艺术素养和文化内涵,从整体布局、外观造型、装饰、色彩四个角度来分析研究其文化特色、建筑理念及艺术价值。

3. 精神价值挖掘

一是影响力:梳理干打垒精神形成的历史、政治背景,探索干打垒精神的历史影响力,挖掘干打垒精神对当代不同年龄、不同文化背景人群的影响。

二是新时代特色:如干打垒精神中蕴含的科学发展、尊重文化等特点。

三是精神传承:挖掘干打垒精神实质,激发人们的勤俭、奉献、创业精神。

3.3.4　干打垒建筑遗产价值开发策略

1. 制定干打垒建筑遗产保护原则

借鉴国内外相关优秀案例,对干打垒建筑遗产开发采用整体性、原真性、价值性、长期性及生态性原则。

(1)整体性。

整体性是指要保护干打垒建筑遗产历史资料的完整性,并将干打垒建筑的改造或维护与周围环境融合,符合大庆城市整体规划。建议将仅存较完整的干打垒建筑建立完善的存档资料,对于住宅、办公楼、礼堂、水塔、商店等不同建筑类型的标志性建筑进行修缮和维护。在大庆市政府进行城市规划时,将能体现完整办公生活的干打垒建筑区作为展示基地,发展红色教育旅游业。

(2)原真性。

原真性是指在保护干打垒建筑遗产的过程中,应尊重旧址,尽量不改变原有建筑的面貌,保证建筑的真实性。但并不是说完全不能改动,应是在保留原有房屋平面布局、建筑风格、建筑材料的基础上,对干打垒建筑遗产进行保护再利用,尽可能地展现大庆石油会战时期的历史背景,保证历史的准确性。

(3)价值性。

价值性是指要深入挖掘干打垒建筑遗产的学术价值和经济价值。要想对干打垒建筑遗产进行有利的保护,对其进行开发再利用是更为有效的保护形式。保护和利用可以采用多种形式,例如开发为石油工业文化博览园、城市公共景观公园、大庆精神红色教育基地等。通过这些形式的开发,既可为干打垒建筑遗产的保护积累专项资金,又可带动城市文化传播业、旅游业及周边行业的发展。

(4)长期性。

长期性是指干打垒建筑遗产的保护是一项长期的工作,它的利用与开发应与城市的精神文明及经济发展相一致,并且具备可持续发展的能力。在建筑遗产的开发利用过程中,应注意不要过度开发,应考虑参观考察等行为对建筑遗产带来的不利影响。从长远考虑,建议设置专门单位对干打垒建筑遗产进行定期的巡查,设立专用资金进行修缮和维护,保证资金的利用落到实处。这样才能使干打垒建筑遗产更好地满足后人的精神文化需要。

(5)生态性。

生态性是指在保护和开发的过程中要注意维持生态平衡,不能毁坏干打垒建筑遗产,避免由于改造施工使建筑遗产的周边环境受到二次破坏。由于干打垒建筑本身具备绿色建筑的特点,即使严重破损难以恢复的干打垒房屋被拆除后,其建筑垃圾仍可作为肥料回归土地,符合人居环境可持续发展和生态文明的要求。

2. 提出干打垒建筑遗产活化利用策略

梳理国内外工业遗产保护与再利用模式和特征,在"保护干打垒建筑,传承干打垒精神"的二位一体化活态利用思路基础上,引入文化遗产旅游和红色基因传承相结合的模式,展现"价值亮点","因地制宜"地进行活态保护利用,提出保护性开发干打垒建筑群打造独特的石油文化主题公园策略。

3. "活态"开发——提出石油文化主题公园策略

以大庆红旗村干打垒建筑群为基址,提出构建集博物馆、展示馆、体验馆及餐饮住宿为一体的大型石油文化主题公园策略。

一是规划设计。主题拟定为"还原石油开采历程,传承干打垒精神",围绕该主题以大庆红旗村干打垒建筑群为基址进行总体规划,初定三个区域:历史还原区、体验区、商业区。根据遗产价值评价等级、原功能、位置等情况将建筑群的各个干打垒建筑划分到不同区域:价值高、保存完整的作为博物馆或展示馆;价值高、破坏严重的作为遗址展示;价值低、保存完整的改造成体验馆、餐厅或宾馆等;价值低、破坏严重的重建。

二是历史再现。在历史还原区,借助多媒体、影像等方式进行场馆复原,重构20世纪60年代石油产业工人及家属在此生产生活的真实情境;通过露天老电影放映等视频音频的录制、纪录片播放等向公众讲述大庆油田开发历程,使其了解干打垒建筑和精神的历史与内涵。

三是精神传承。在历史还原区,建立红色基因——干打垒精神展示馆。以"追寻那一段历史,重温干打垒精神"为主线,凝练干打垒精神的形成过程,诠释干打垒精神的深刻含义;作为爱国主义教育示范基地,传承着因陋就简、艰苦奋斗的干打垒精神,让游客接受精神洗礼,不忘干打垒精神,继续砥砺前行。

四是沉浸式体验。在体验区,将真人讲解与场景复原相结合,邀请一些油田开发初期的工人作为志愿者,身着当年的服装,以主人的身份向客人讲述红旗村干打垒建筑中的日常生产和生活历史。其中可配合设计部分参与性活动,如模拟钻井、干打垒制作体验等。

五是文化产业。在商业区,吸引周边居民参与开设干打垒特色餐厅,如忆苦思甜饭、粗粮饭等;将部分原干打垒住宅改造成宾馆,向游客开放,使其体验大庆石油会战时期的居住条件;原干打垒商店改造成石油文创产品商店,售卖各种石油文创产品,如一滴油模型、抽油机模型等,增加商业收入,带动周边经济发展,提高周边居民收入。

六是加大宣传。如举办干打垒建筑遗产或干打垒精神主题的文化节;开展石油相关的主题活动、文化艺术展览及竞技等;开展红色教育,作为入党宣誓、重温誓词等红色教育基地。

七是资源联动。红旗村干打垒建筑群的石油文化主题公园与松基三井、大庆油田历史陈列馆、铁人王进喜纪念馆等大庆石油会战留下的遗产及博物馆等结合,形成完整的大庆精神展示路线,构成大庆特有的石油文化遗产旅游新廊道。

3.4 干打垒建筑遗产保护及精神传承

黑龙江省地处偏远、气候寒冷,近年来人才流失严重。《黑龙江省"十四五"教育事业发展规划》和《黑龙江省中长期青年发展规划(2017—2025年)》中提出了广泛开展东北抗联精神、北大荒精神、大庆精神、铁人精神等黑龙江优秀精神教育,帮助学生养成良好个人品德和社会公德。本书提出在大学教育阶段加入干打垒精神教育,使大学生了解黑龙江省早期拓荒者的使命感和荣誉感,学习干打垒精神,自愿扎根龙江、服务龙江、奉献龙江,为黑龙江省发展作贡献。

3.4.1　红旗村干打垒建筑群实地教育

大庆红旗村干打垒建筑群是 1960 年国家建筑工程部第六工程局为了保障早期油田开发而建造的一处办公和生活区,于 2007 年被列为市级工业遗产、文物保护单位,并于 2014 年被列为省级文物保护单位,现存干打垒房屋 79 栋,是铁人精神、大庆精神的重要发祥地和传承地,具有独特的文物价值。

1. 了解早期石油创业者的生活状况

现在,红旗村高岗处设有一个水塔,还有大礼堂、商店、办公用房及住宅等。水塔是当年为红旗村饮用水而建的,是一座圆形的砖房,远远地望去,它的形状恰似一座碉堡。商店的房梁和屋顶是用方木和厚木板搭配的,墙体为就地选取的黏土和秸秆夯实而成的夯土墙,垒砌土灶做饭,土炕取暖,设计极为精致。这种因地制宜、别具一格的建筑风格颇具特色,从中可以看出早期油田建设者们因陋就简的建造方法和生活的简朴。

2. 了解干打垒建筑遗产价值

干打垒建筑具有历史价值和生态价值。铁人王进喜等第一批石油工人在此浴血奋战,开发大庆油田,从干打垒建筑可以追忆油田开发的艰苦历程。干打垒建造过程中不产生温室气体,拆除后回归农田,是绿色环保的生态建筑。墙体会呼吸,空气湿度大时,能够吸入湿气,空气干燥时,墙内的湿气可以放出,确保室内的空气湿度适宜。流行的内墙面装饰材料——硅藻泥就是采用上述原理,为室内创造舒适环境。比普遍采用的地热供热的钢筋混凝土楼房更宜居住。

3. 调查干打垒建筑遗产现状

可带领学生实地调查干打垒建筑遗产现状,提高学生的关注度。截至 2018 年 10 月,经过本课题组现场调研,红旗村干打垒建筑群有干打垒房屋 79 栋,其中基本完好率 68%,保存较差率 16%,严重破坏率 16%。破坏主要特点为:墙体开裂,尤其是纵横墙交界处;屋面防水层严重破坏,造成部分屋顶坍塌;支撑屋顶的木梁腐烂,甚至断裂。

4. 树立保护遗产意识,传承干打垒精神,甘愿为龙江奉献。

引导大学生主动参与遗产保护方面的宣传和教育,增强遗产保护意识,开展工业遗产保护讲座和宣传工作,深化教育;深入社区,用社区晚会或普通文艺演出等形式宣传工业遗产保护。遗产保护的宣传教育从老到幼,力求大庆市全民了解;宣传手段多样、丰富,力求全方位普及。在此过程中,大学生逐渐珍惜干打垒建筑、热爱黑龙江这片土地,传承了干打垒精神,吸引更多同学励志毕业后献身龙江,为我省发展做贡献。

3.4.2　开设干打垒建筑遗产保护与干打垒精神传承网络课程

课题组收集了大量的图片、视频等干打垒资料,在黑龙江八一农垦大学官网上建立了干打垒建筑遗产保护与干打垒精神传承网络课程,主界面如图 3.2 所示,主要分为:干打垒建筑遗产保护、干打垒精神传承两个部分。课程为大学生免费开放学习。

1. 干打垒建筑遗产保护和再利用

(1)干打垒建筑遗产保护存在的问题。大庆干打垒建筑分布较分散,不利于统一规划并保护;部分干打垒建筑废弃不用,破坏严重;遗产保护形式单一;遗产保护意识不强,没有制定相应的保护法规;没有结合城市总体规划。

图 3.2　干打垒建筑遗产保护与干打垒精神传承网络课程

(2)干打垒建筑遗产保护问题分析。大庆干打垒建筑使用者数量越来越少;政府未出台适用于干打垒建筑遗产保护的方法;大庆市政府和市民对于干打垒建筑遗产价值认识不足。

(3)干打垒建筑遗产保护与再利用策略。建立专门机构并出台相关法律法规;大庆干打垒建筑遗产价值特征分析;干打垒建筑遗产保护与再利用策略,如干打垒建筑整体规划、遗产护及再利用策略等。

2. 干打垒精神传承

干打垒精神是大庆石油会战初期,广大职工因陋就简,解决居住困难的艰苦创业精神。"钢筋水泥全不要,只向土草找材料,昔日延安挖窑洞,今住土房实在好。"经过100 d 的努力,建成了 30 万 m² 干打垒房子,解决了早期石油会战的住房问题。

大学生应接过干打垒精神传承的旗帜,立足龙江,奉献龙江,勇于担负起实现中华民族伟大复兴中国梦龙江篇章的历史重任。

干打垒建筑传承油田历史文化,对其保护能彰显大庆城市的底蕴和特色。干打垒精神仍熠熠生辉、闪耀龙江。本书提出的干打垒建筑群实地教育和干打垒网络课程教学,使大学生逐渐珍惜干打垒建筑遗产,传承干打垒精神,热爱黑龙江这片土地,励志毕业后献身龙江,为我省发展做贡献。

第4章　干打垒建筑遗产保护性节能改造

干打垒建筑在全生命周期各阶段都表现出了就地取材、低碳环保、低成本及拆除后直接还田的优点，符合国家提倡的绿色建筑的理念，具有极大的环保价值，但其耐久性、节能性及新能源利用等方面存在许多不足。本书提出对传统干打垒建筑耐久性提升改造和示范设计策略，并采取"干打垒建筑+阳光间"及"光热+"采暖的方式降低建筑能耗，提高室内热舒适性，从而减少干打垒建筑运营阶段的碳排放，为干打垒建筑实现碳中和开辟了新途径。

4.1　碳中和愿景下建筑减碳

近年来，气候变暖问题引起全球关注，各国先后通过制定法规、政策、自主文件等提出应对气候变化战略。三大用能部门，即工业、交通、建筑中，建筑部门的能源消费和碳排放占比较高。

习近平总书记在第七十五届联合国大会上提出"中国将提高国家自主贡献力度，采取更加有力的政策和措施，二氧化碳排放力争于 2030 年前达到峰值，努力争取 2060 年前实现碳中和。"减少碳排放量成为我国全行业发展的明确要求。分析我国 CO_2 排放来源，主要集中在建筑行业、电力行业、交通运输业和工业能源等方面，其中建筑行业碳排放量约占总量的 1/3。由此可见，提高建筑节能、推广绿色低碳建筑是实现 2060 碳中和目标的关键。2019 年我国建筑建造和运行用能占全社会总能耗的 33%，CO_2 排放占总排放量的比例约 38%。

由于国外许多发达国家，尤其是欧美国家早在 20 世纪 70 年代初期就已经实现了城市化和工业化的进程，与此同时也较早地完成了各类能源消耗总量和碳排放总量的达峰。1980 年，欧盟 15 个国家率先实现了 CO_2 排放的达峰，在 2005 年又实现了能源消费总量的达峰，CO_2 排放为 9.4 t/人。在 2007 年，美国同时完成了能源消费总量和 CO_2 达峰，CO_2 排放 22.2 t/人。英国和日本则在 2000 年初分别完成了各项指标的达峰，所以发达国家目前是处于碳排放的下降趋势。因此，国外的众多学者转而开始研究减少 CO_2 排放和经济、技术、政策及能源等因素间的相互关系。例如关于碳排放与经济因素之间的发展趋势很像一个倒写的 U，最为经典的就是 Grossman 提出的环境库兹涅茨曲线，他认为社会经济的发展程度与环境中污染指数的关系呈倒 U 形曲线。但是该理论也被很多学者质疑，甚至有提出它们之间的关系是呈现倒 N 形曲线或三次倒 N 形曲线。

瑞典学者 Karlsson 在关于建筑供应链、实现净零碳排放的论文中提出，针对减排应采取的措施，不仅需要技术创新还需要政策领域的创新，努力开发供应链行为者之间合作、协调和共享信息的新方式。Muller 对基础设施的碳排放研究表明，基础设施往往是直接排放的锁定点。只有通过使用额外材料替换或改造这些结构,才能减少直接排放。但是需要更换基础设施的国家也有可能将过时的建筑用作二次材料(城市采矿和回收),这样一来可以节省大量的排放。相比之下,发展中国家必须积累基础设施存量,因为这将是在生产技术、城市形态和结构材料使用方面实现跨越的机会。Buchanan 和 Honey 等指出全球减少 CO_2 排放的关键是使用可再生清洁能源,但在中短期的应对措施是减少能源使用和提高能源效率。木材是一种可持续管理的建筑材料,有着巨大的应用潜力,在未来可以大大减少对化石燃料的需求,但是只有在全球范围内大规模增加植树造林才是可行的。Fumo 考虑到模型、校准、验证和天气文件,对建筑能量估算的基础知识进行了回顾。他提出使用整栋建筑能源模拟工具开发的校准工程模型所得出的结果是可信的,因为它们允许对选项进行可靠的模拟,进而研究其节能与减排潜力。丹麦学者 Lund 通过对电热转换案例的分析表明,CO_2 减排政策的实施是以技术变革为特征,不仅需要微小的技术修改而且还需要较大的组织变革。但是现有机构设置与旧技术相关,所以必须开始建立新的机构和开发多用途的监管工具。Qian 通过对 15 488 个能源项目进行模拟,包括美国 11 种商业建筑类型在 16 个不同气候区所采取的 44 种节能措施,结果表明改善建筑维护结构、开窗组件和暖通空调系统的性能将会对建筑节能产生积极影响,潮湿的天气条件还会进一步提高措施的有效性。

目前我国正处于城市化飞速发展阶段,城市是国家工业、经济、交通领域的重要引擎,同时也是实施节能减排政策的实践基地。自从国家提出要在 2030 年之前实现碳达峰的要求,全国各省、市、县等高度重视并结合国家发布的相关文件、节能减排法律条文及当地的实际情况制定相应的政策。城市碳达峰行动时间紧、任务重,它不仅是我国可持续发展战略的内在要求,也是一项重要的战略部署。

潘毅群、龙惟定针对建筑负荷和能耗预测,提出了关于我国建筑能耗研究不能只停留在某个区域的单一层面上,而是需要有其他因素的考虑。在最常用的自上而下的方法中,需要结合系数及相应的情景分析使预测结果更为合理和精确。张立等提出中国城市碳达峰要结合当地具体情况制订详细的实施方案和路径图,除此之外还要建立考核机制、碳排放统计并加强监督,从而保证实现碳达峰的工作可以顺利进行。胡鞍钢认为中国要在 2030 年实现碳达峰就必须制定相应的强化政策,控制像石油、煤炭等化石能源消耗量、提升非化石能源的比重、在社会经济发展中实现绿色转型等,只有形成这种倒逼机制才能更好地推动我国的节能减排。姚春妮和梁俊强对建筑领域碳达峰、碳中和探索与实践提出了几点建议:一是调整我国能源使用结构、大力发展清洁能源,如在建筑方面可以使用清洁能源发电;二是提倡节约用能、提高终端设备的使用效率并且在有条件的城市进行试点示范;三是建立完善的碳排放统计制度,加强建筑领域排放监督力度。

建筑领域的节能减排对于碳达峰、碳中和的重要性是不言而喻的,在该方面也有很多学者通过借鉴国外成功的经验提出了相应的学术观点。余侃华和张中华根据日本、美国及德国等发达国家的减排案例并结合我国的实际情况提出:首先要建立完善的建筑节能减排法律、法规;其次要提高节能技术的创新性,如利用太阳能、沼气发电、建筑垃圾循环利用等;最后还需要加强建筑节能规范,对于工程项目要严格审查,对于不符合标准的不授予许可证书。王崇杰等提出我国作为能源消费和排放的大国,在建筑中走低碳策略是实现可持续发展的最好途径。今后建筑应该具有能源使用效率高、排放低的特点,具体做法是建立标准的节能体系,降低化石能源使用占比,加大可再生能源使用力度,加强建筑管理制度和相应法律法规。桑卫安通过思考我国建筑的减排现状提出了几点措施:一是要制造墙体的新材料,如可以研发新型墙体材料替代传统用黏土构成的实心砖,而这种新材料可以从废物垃圾和河流中的泥沙获得;二是扩大绿地面积,在城市道路两侧、居民小区周围,甚至屋顶多种植绿色植物,这样可以利用植物的光合作用及蒸发特性改善空气温度,改善由于恶劣天气所造成的温度差;三是提升房屋门窗的保温技术,如采用一些具有较高密封性能的技术如中空双玻塑钢窗,来达到夏季遮阳、冬季保暖的目的。

总的来说关于建筑领域的节能减排在我国仍然具有成本高、普及难度大的特点,但是只要中央及各地政府做好决策部署,加大资金的投入力度,完善节能法律法规制度,大力宣传节能环保知识,使公民都能参与其中就可以将该项工作顺利开展。为走向低碳道路和尽早实现碳达峰、碳中和奠定良好的基础。

4.2　碳中和愿景下干打垒建筑改造策略

大庆干打垒建筑作为早期大庆油田工人工作与居住的建筑物,在大庆油田的发展,历史中起着重要的作用。随着时代的发展,干打垒建筑完成了它的历史使命,大部分退出了历史舞台。但是,据统计有 5 000 多栋干打垒建筑仍在使用,主要分散性地分布在大同区、肇州及肇源等地农村。在农村地区,由于干打垒建筑外观简陋、耐久性差的缺陷,使干打垒建筑慢慢被遗弃,甚至成为贫穷落后的象征。但干打垒建筑具有就地取材、施工简便、造价低、建造过程中碳排量极少等优点,环保价值高。干打垒建筑也被归为生土建筑,是实现绿色低碳建筑最为有效的途径之一,受到全球尤其是发达国家研究机构和政府的广泛关注和支持。我国西北地区设计建造的毛寺生态实验小学展示了兼顾功能、生态、社会及经济的建筑模式,使人们重新审视生土建筑的价值和潜力。对干打垒式生土建筑,学者们的研究更多是侧重于建筑历史、文化、习俗及保护等。但对于改进干打垒建筑的耐久性、节能性及新能源利用方面的相关研究比较少。在碳中和的愿景下,本书提出对干打垒建筑耐久性提升改造和示范建筑设计策略,并采取"干打垒建筑+阳光间"节能改造及"光热+"新能源利用策略,提高其使用性能、节能效果及清洁能源利用,减少其碳排放量,使干打垒建筑再次焕发青春,拓宽建筑碳中和的实现路径。

4.2.1　干打垒建筑使用价值与碳排放分析

1.干打垒建筑使用价值

"干打垒"是指在两块固定的木板中间填入黏土和少量秸秆的简易筑墙方法,应用干打垒方法筑墙所盖的房屋即为干打垒建筑。墙体所采用的天然土体,蓄热能力是钢筋混凝土的一倍,在严寒的冬季白天可以充分地吸收阳光所产生的热量,夜里待温度降低后墙体会向室内释放热量,同等高度同等面积的干打垒建筑与钢筋混凝土建筑相比,其室内温度至少要高 3 ℃左右;而在夏天的时候,干打垒建筑房内的温度要比钢筋混凝土建筑内的温度低 4 ℃左右,可有效地调节室内温度。外墙较厚且具有"呼吸"功能,能够调节室内湿度。当夏季周围环境湿度高时,墙体吸收水分,降低室内空气湿度;当冬季周围环境湿度低时,墙体释放水气,提高室内空气湿度。因此,干打垒建筑比当今流行的地热供热的钢筋混凝土楼房(冬季地热取暖造成室内干燥,容易上火,易患病)更宜居住,冬暖夏凉,湿度适宜,对人们的身心健康极其有益。

2. 干打垒建筑碳排放分析

研究表明,建筑碳排放在整个社会碳排放中占有很大的比重。据联合国政府间气候变化专门委员会计算,建筑行业消耗了全球 40% 的能源,并排放了 36% 的 CO_2。据《中国建筑能耗研究报告 2020》分析,2018 年全国建筑全生命周期碳排放总量占全国能源碳排放的比重为 51.2%。因此减少建筑碳排量对于整个社会的节能减排具有重要的意义。建筑碳排放主要包括四个阶段:建筑材料生产运输阶段、建筑施工阶段、建筑运行使用阶段、建筑拆除及废弃物处理阶段。建筑全生命周期的主要碳排放量来自于建材生产阶段及建筑运营阶段,分别占 55.2% 和 42.8%,而建筑施工阶段与建筑拆除及废弃物处理阶段碳排放量仅占 6%。

在上述建筑碳排放四个阶段中,干打垒建筑减碳效果优异。首先,干打垒材料主材就是黏土,就地取材,适量加入秸秆,有利于减少秸秆燃烧带来的碳排放。剔除石块简单材料配比处理后,即可使用。与许多复杂加工生产出来的砌块和保温材料相比,大大减少了建筑材料生产运输阶段过程中的碳排放。根据测算其加工能耗和碳排放量分别为黏土砖和混凝土的 3% 和 9%。其次,施工简便,小规模的支模打夯即可完成,建造施工成本也很低。再次,黏土的保温性能虽然不及聚苯板等保温材料,但是干打垒建筑墙体普遍较厚,保温效果良好,因此建筑运行使用阶段能耗不高。最后,干打垒建筑拆除容易,墙体和屋顶几乎不用处理就可以直接作为耕地用土,无须考虑废弃物处理的问题,而其他建筑材料很难被处理后二次使用,造成环境污染。因此,干打垒建筑符合目前国家提倡的绿色建筑的理念。

4.2.2　干打垒建筑现存问题分析

干打垒建筑虽然具有就地取材、施工简便、造价低、建造过程中碳排量极少等优点,但是不可否认,传统黏土材料在力学性能及耐久性等方面存在诸多缺陷。尤其是力学性能缺陷导致干打垒建筑布局不灵活,局限性较大,进而对其采光、通风等有严重影响。而其耐久性方面缺陷体表现在墙体易开裂,风雨侵袭致使外墙皮逐层剥落,墙根碱蚀厉害,蜂窝、鼠洞、虫蛀较多,所以干打垒建筑外观普遍较差。干打垒墙体的根部由于地下水位较高或者雨水的侵蚀引起墙根发生毛细现象,土壤中的水、盐碱通过毛细水渗入墙体内,使墙体出现返碱现象,最终导致墙体剥落,墙体的稳定性大大削弱。这些固有缺陷,使得干打垒建筑不能满足农村居民改善居住用房的舒适性及安全性的迫切需求。而且大庆冬季较为寒冷,标准冻土深度约为 2.1 m,但以往建造的干打垒建筑基础埋深均不满足规范要求,基础处于冻土范围内,受冻融影响严重,造成基础变形不均匀,使一些建筑局部(主要是北侧阴面)下沉明显,导致建筑整体向后倾斜,带来安全隐患。传统干打垒建筑让人担心的另一个重要问题就是其结构抗震性能差,在数次地震调查结果中经常提到"干打垒建筑"不抗震等一系列问题。如今,在许多农户甚至地方政府的心目中,干打垒建筑即意味着农村危房,更是贫困落后的象征,加之大庆的城市化进程加快,越来越多的农村居民移居市内,导致干打垒建筑使用者数量越来越少。

此外,新技术和新能源利用差。一些干打垒用户可持续性发展和低碳意识薄弱,多数不愿意接受新的加固处理、节能改造及新能源利用。认为干打垒建筑不能用就废弃或拆除,盖砖瓦房。不但是用户,社会对于干打垒的优点和价值认识也很不足,需要转变观念。

4.2.3　干打垒建筑耐久性提升改造与范例设计

1. 干打垒建筑耐久性提升改造

干打垒墙体为获得较大的干密度使之满足相关建造要求,需在土料中加入特定比例的细沙和砾石,使混合后的土料与混凝土的骨料构成相同,即以土中的黏粒代替混凝土中的水泥,形成黏粒、细沙、砾石配合比的混合土料。通过控制混合土料中的水分及夯实能给混合土料带来一系列的物理和化学反应,提高干打垒墙体的干密度,使干打垒墙体的强度达到烧结砖的强度。干打垒墙干密度的提高使其防水、防蛀、防潮等耐久性能也得到极大的提升,尤其在干打垒墙体表面,砾石和细沙可以有效地防止外界水分的侵蚀,而且墙体表面受到雨水侵蚀后表面会逐渐形成钙化的"保护层",使耐水性能显著提高。在基础施工过程中通过对基础进行防潮防水处理减弱墙体泛碱现象,从根源上阻断毛细现象,从而保护墙体使其免受腐蚀影响。为提高干打垒建筑的抗震性能,可在墙体内加入竹筋延缓干打垒墙体产生裂缝,使干打垒墙体的破坏形态由脆性破坏转为延性破坏,墙体的承载能力、变形能力和耗能能力都得到有效提高,抗震性能良好。同时使用先进的建造技术代替传统的建造技术也可提高干打垒墙的强度,例如:以气动或电动夯锤代替人工夯锤,可以获得更大的夯击能量;按照规范要求基础埋深须大于当地标准冻深,消除冻胀影响;使用坚固且安装、拆卸便利的夯筑模板系统以适应多种设计建造需求。通过以上方式可以有效地提高干打垒墙体的力学性能及耐久性。

2. 干打垒建筑设计范例

好的建筑设计范例能够带动建筑的发展,如我国西北地区甘肃省庆阳市毛寺村生态实验小学。其由香港中文大学建筑学系教授吴恩融团队设计并建造。根据当地冬季寒冷、夏季温和的气候特点,借鉴窑洞等生土建筑的营造方式,引入生态建筑设计元素,遵循舒适、节能、成本低及易施工的原则建造毛寺村生态实验小学。该小学引起了社会和媒体关注,转变了人们原有的"生土建筑与低端画等号"的思想,带动当地新型生土建筑发展和推广。

大庆地区干打垒建筑也需要这样的设计范例,在原有干打垒建筑基础上,从功能、技术、艺术、生态环保及成本等方面设计建造几个典型的干打垒建筑群,满足居住、办公、教学的功能。起到以点带面的示范性效果,吸引人们的关注,推动新型干打垒建筑的设计和使用。

4.2.4 干打垒建筑低碳节能改造策略

在严寒地区干打垒建筑很难靠自身的温度调节来满足居民冬季对室内温度的要求,仍需要采用燃烧秸秆或煤供热,因此干打垒建筑运营阶段主要的碳排放量来自冬季采暖。为进一步减少碳排放,本书采用在干打垒建筑中加入阳光间及"光热+"采暖的方式提高冬季干打垒建筑室内温度从而减少碳排放。

1. 干打垒建筑+阳光间

阳光间可以起到被动节能的作用,尤其是在严寒地区的农村住宅的南侧采暖房间外侧设置阳光间,可以提高室内的温度,减少建筑的能量消耗。在干打垒建筑的外侧设置阳光间增大了建筑的纵向宽度,增大的面积可以作为阳光间内气体的缓冲区与蓄热空间。干打垒墙体作为蓄热墙通过阳光间蓄热,利用干打垒墙的"呼吸"功能形成对流换热,冬季白天通过墙体气孔打开吸收热量,晚上气孔关闭禁止热量损失,同时地面采用以卵石、相变地板或其他材料进行蓄热,进一步加强了阳光间的集热蓄热能力。因此设阳光间可以提高干打垒建筑的节能保温效果,减少燃料的燃烧带来的碳排放。

2. 干打垒建筑采用"光热+"采暖

目前,严寒地区冬季供热采暖占建筑物全生命周期总能耗的45%,太阳能作为人类最有希望利用的可再生清洁能源,对其加以应用进行采暖供热具有显著的优势。所以,提高采用太阳能供热替代常规能源的比例,充分发挥太阳能利用在建筑节能和建设低碳社会中的作用。而且应用太阳能采暖投资成本低,具有极大的推广价值。本书采用太阳能"光热+"主动式供热系统,利用太阳能集热器与载热介质经蓄存设备向室内供热。利用主动式采暖可以保证建筑内的受热更加均匀,该系统由太阳能集热器、储热水箱、循环管道等多个设备和附件组成,通过集热、蓄热、能量转换与保温及循环控制等步骤满足居民的用暖需求。该采暖方式可有效地减少干打垒建筑运营阶段的碳排放。

4.3 基于 BIM 技术的干打垒建筑遗产
保护性绿色节能改造

在建筑遗产的再利用中,运用适当的节能改造技术提升建筑内部环境,有利于建筑生命的延续。在工业建筑遗产节能改造工程中,主要存在以下四种问题。

一是过度的节能改造,对工业建筑遗产风貌造成严重的破坏,违反了相关的遗产保护法规及原则。

二是节能改造不足,不能正确认识保护与改造再利用的关系,对建筑节能性的提升不足。这不仅会在未来造成能源的浪费,还可能对房屋的使用产生严重的影响。

三是未采用绿色改造,建筑材料和改造方法未达到《绿色建筑评价标准》(GB/T 50378—2019)和《既有建筑绿色改造评价标准》(GB/T 51141—2015)。

四是理论与实践脱节,研究中多侧重理论探索,相关技术策略的研究并不丰富,并未充分关注建筑遗产的特殊性,对节能技术策略研究不足,针对围护结构的全面对比分析也相对较少,使得理论及技术知识的研究无法有效地作用于工程实践。

在能源危机和环境问题日益严重的今天,考虑到我国的国情和经济技术方面的原因;在今后很长一段时间内,我们都必须对各种建筑的绿色节能改造进行探索和研究。但是针对工业建筑遗产绿色改造和绿色评价的理论研究还处于起步阶段,绿色节能技术改造和绿色评价无法进行定量转化,评价标准存在依据缺失局面。

本书总结归纳了国内的绿色节能改造技术,提取《绿色建筑评价标准》在节能、节地、节水、节材方面的关键因素,基于 BIM(建筑信息模型)技术对干打垒工业建筑遗产进行数字化建模和节能优化,研究围护结构绿色节能改造技术策略优化,从理论上充分探索绿色评价标准和体系,从技术上深刻分析绿色改造技术和方法,将二者合理结合,得出能够指导实践的、准确可行的干打垒建筑遗产绿色节能改造技术。实现研究成果与工程实践的可操作性转化,为今后的改造项目提供可靠的技术支持。项目所得的技术和方法等成果将对 20 世纪建筑遗产再利用过程中节能技术策略的选择起到指导作用,在一定程度上促进 20 世纪建筑遗产再利用的整体水平提升。为我国东北、西北、东南部类似的生土建筑保护提供一套可借鉴的示范性技术和方法。

4.3.1　大庆典型干打垒建筑模型

1. 干打垒建筑模型 1

始建于 1959~1960 年、被列为石油工业遗产的典型办公建筑为研究对象。该建筑地理位置为纬度 46.43°,经度 124.94°,属于严寒气候中的 1B 区。该地区年平均气温 3.2 ℃,属于典型的北温带大陆性季风气候,冬季寒冷、干燥时间长达 200 d,受地理位置影响,年平均日照时数为 2 659 h。

由于无法找到该建筑原始设计图,课题组通过现场测量和调查,采用 Revit 软件建模(图 4.1),存储了详细信息,为后续管理和维护提供数据支持。该建筑为三开间,中间为门厅,北侧有一个厨房;东西两侧房间对称,每个房间的南侧办公,北侧有一个火炕。该建筑为草泥构成的平屋顶,外墙和内墙分别厚 540 mm 和 270 mm,面积 60.18 m²,尺寸 2.70 m×10.20 m×5.90 m(高×长×宽),室内外窗高差 0.30 m。南侧三樘窗,北侧一樘窗,窗台高度均为 1.10 m,窗户高度均为 1.20 m。北面的窗户比南面的稍小,都是木框单层玻璃窗。围护结构的主要参数见表4.1。

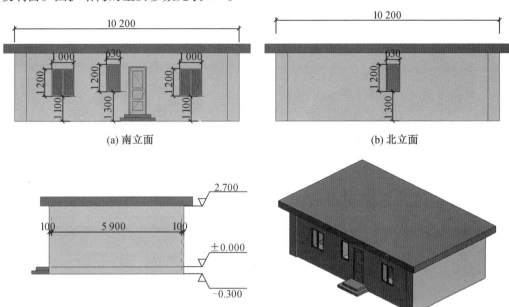

图 4.1　典型干打垒建筑遗产 1 的 BIM

表 4.1　建筑 1 围护结构的主要参数

围护结构	材质(从外到内)	厚度/mm	密度/(kg·m^{-3})	导热系数/[W·(m·K)$^{-1}$]	传热系数/[W·(m^2·K)$^{-1}$]
外墙	黏土	540	1 800	0.93	1.35
内墙	黏土	270	1 800	0.93	2.22
屋顶	草泥	30	1 400	0.58	1.02
	苇草板	100	300	0.13	
地面	水泥砂浆	30	1800	0.93	1.73
	高炉炉渣	100	900	0.26	
外窗	单层玻璃	3	2 500	0.76	5.70
	木窗框	130	500	0.29	

2. 干打垒建筑模型 2

该建筑为两居室,中间有公共墙,内部空间对称布置。以东侧的住宅为例,该建筑分为两个隔间。东开间入口处有一个门厅,门厅北侧有一个厨房。西开间有一个床榻,北侧有一个加热炕。该建筑有一个由草黏土构成的平屋顶,外墙和内墙分别厚 500 mm 和 300 mm,面积 77.49 m^2,尺寸 2.85 m×13.74 m×5.64 m(高×长×宽),室内外窗高差 0.30 m,南北向开两扇窗,窗台高 1.10 m,窗高 1.20 m,北窗略小于南窗,窗户都是木框的单窗格窗户。原始状态的 BIM 由 Revit 执行（图 4.2），为后续管理和维护提供数据支持。围护结构的主要参数见表 4.2。

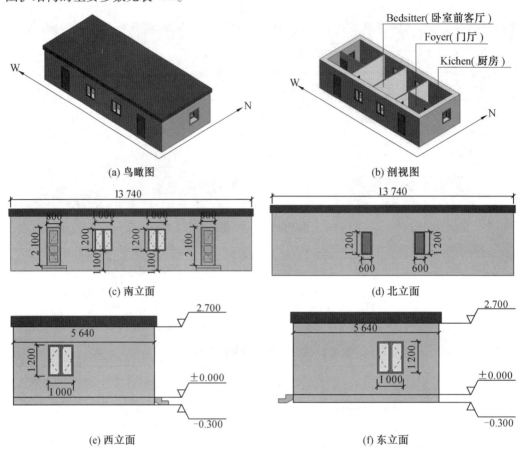

图 4.2　典型干打垒建筑遗产 2 的 BIM

表 4.2　建筑 2 围护结构的主要参数

围护结构	材质（从外到内）	厚度/mm	密度/(kg·m⁻³)	导热系数/[W·(m·K)⁻¹]	传热系数/[W·(m²·K)⁻¹]
外墙	黏土	500	1 800	0.93	1.43
内墙	黏土	300	1 800	0.93	2.07
屋顶	草泥	30	1 400	0.58	1.02
	苇草板	100	300	0.13	
地面	水泥砂浆	30	1 800	0.93	1.73
	高炉炉渣	100	900	0.26	
外窗	单层玻璃	3	2 500	0.76	5.70
	木窗框	130	500	0.29	

4.3.2　干打垒工业建筑遗产保护性绿色节能改造的内容及评价体系

1. 建筑遗产节能改造的内容

建筑节能的核心是提高建筑能源的使用率,而效率的提高是通过技术支撑实现的,因此建筑节能的内容很大程度上可以通过其技术保障体系得以反映。建筑节能的技术保障大致可以分为以下五个方面。

(1)建筑规划与设计节能。

(2)建筑围护结构节能。

(3)能耗设备与系统的节能。

(4)用能控制与管理。

(5)综合节能技术。

其涉及方面由场地环境到建筑本体、由构造的设计到设备的运行与管理,往往是一个综合各方面协同作用的过程。对于普通建筑而言,只要符合建筑的安全性及相关市政要求,其节能改造往往由内到外每个方面均可改变及实施,节能性提升的效果往往较为理想。

对于建筑遗产而言,由于其具有较高的价值且受到相关保护制度的限定,通常情况下其外部风貌不可改变。内部结构、布局、装饰也有具体的保护要求,因此其节能改造多以能耗设备与系统的节能、用能控制与管理方面的节能提升为主。一定程度上轻视了对围护结构这一重要部分的改造,因此围护部分改造的内容应得到重视及充分考虑,也是干打垒建筑遗产改造的重点。

干打垒建筑遗产围护结构的节能改造,按照建筑组成部分分类,可分为墙体、外窗、屋顶三部分进行改造设计。按其节能途径可分为两部分:围护结构热工性能的提升;围护结构与可再生能源利用的结合。可以说是从"开源"与"节流"两个方面进行节能提升。以上分类每部分涉及的技术又分为多个种类。特别要注意的是,建筑遗产围护结构的节能改造不同于普通建筑,不能改变外部形象,无法通过简单的增设外保温、光伏发电等对建筑外貌有破坏性的方式完成。因此每个建筑的改造内容应具体分析,根据其保护等级、保护标准,确定其可改造的程度。

2. 建筑遗产围护结构节能改造的基本原则

干打垒建筑遗产的节能改造中,应充分考虑其特殊性,本书从保护及改造效果两方面出发,提出了有针对性的六项改造原则。

(1)保护性原则。

干打垒建筑遗产是大庆石油会战留下的工业遗产,与普通建筑不同,有着珍贵的历史、艺术、科技价值,其保护修复优先于节能性提升的改造,后者应在满足前者相关原则的条件下进行,在此将建筑遗产保护相关的原则统称为保护性原则。这些原则要求我们最大限度地保留建筑遗产的原有组成部分,使建筑记录下的那个年代的珍贵历史信息得以展现。与此同时,进行的保护或者改造,应当可以与原部分相区别、可在不破坏原部分的情况下拆除。

值得注意的是,干打垒建筑遗产的保护并非局限于"静态"的保护。对其进行适当的维护与调整,使其具有适宜的使用功能,是对建筑遗产"动态"的保护,不仅合理可行,也能使其充分融入社会及经济功能。建筑生命的延续也使其文化、历史价值得以延续和发展,符合保护性原则的根本寓意。在干打垒建筑遗产是否应进行"再利用"的思考方面,《巴拉宪章》给出了明确而且肯定的答案,鼓励人们进行"可适应性再利用"。

(2)改造程度适宜性原则。

由于建筑遗产各方面保护价值不同,根据相关法规,其保护等级、保护标准有着差异,因此不同等级建筑允许进行改造的程度也不同。为了满足新的使用需求、使建筑遗产的生命得以延续,应在满足相关法规及原则的情况下,对其建筑功能与性能进行充分的调整与完善。

因此,在干打垒建筑遗产的节能改造中,首先最重要的就是对其"可改造程度"做出判定。该判定标准是由建筑的保护等级与保护标准分析得出的,只有所选技术有建筑"可改造程度"相符合,才能认为其改造程度是适宜的。

(3)性能提升原则。

性能提升原则,主要指的是干打垒建筑遗产围护结构热工性能的提升技术选择方面,应选择可操作性强、节能性提升效率高的技术和方式,充分考虑使用先进的技术和科技,使节能性充分有效提升。从一定的角度看,建筑遗产的历史、艺术、科技价值并不是一成不变的,而是随着其生命的延续而不断积累的,新技术的融入,也赋予了其真实且更丰富的价值内涵,因此不应排斥。

(4)功能性原则。

功能性原则,指的是对干打垒建筑遗产的节能改造不能对使用功能带来负面影响。比如对室内空间、采光、通风、温湿度等方面的不利影响,应当避免发生。不可片面追求能源节约而忽视了最根本的使用需求,甚至影响使用者的身体健康与生活品质。对于建筑遗产而言,其自身结构有着更多约束条件,在再利用过程中还经常伴随着使用功能的变化,要根据建筑各自的特殊性,判断其节能改造后能否满足相应的功能需求。若难以满足,则应适当调整使用功能或暂不进行改造。

(5)经济性原则。

经济性原则主要从所需资金量大小及收回成本的时间两方面考虑。首先是进行节能改造所需资金量的大小。目前我国大部分建筑遗产的保护与改造的资金均由所有者负担,经济能力决定了其是否能负担得起改造的花费。不同经济能力对应的节能改造策略不同,因此在技术选择方面要明确各种技术的运用成本,在节能设计之初就进行有选择的运用。另外,节能改造收回成本的时间也应进行充分考虑。从长远的角度看,节能改造是某种程度上的"投资",其收回成本的时间很大程度上影响着所有者的投资意愿。因此应对节能收益与成本进行充分的分析,做出较为适宜的权衡。对于干打垒建筑遗产而言,其往往有着保护修复方面的优先需求,资金应首先考虑这方面的使用,节能改造宜在经济条件允许时酌情实施。

(6)前瞻性原则。

建筑技术的发展有着自身规律,任何新生的、先进的技术都会随着时间的推移变成落后的、不适宜的技术。在当今节能改造中使用的技术与措施,在若干年后可能会难以满足需求、面临再次改造。因此,在干打垒建筑与节能改造设计时,应进行前瞻性思考,为各部分材料或技术的更新换代留有空间。在对建筑遗产的围护结构的节能改造中,更应注重此项原则,减少可能会进行的改造对建筑遗产保护带来的影响。

3. 不同保护等级干打垒工业建筑遗产的"可改造程度"的判定

干打垒建筑属于 20 世纪建筑遗产,根据判定保护等级范围、现状价值评定、保护标准三方面确定可改造程度(低、中、高)。对 20 世纪建筑遗产进行节能改造,首先要了解其针对性的法规与条例,明确相关的保护标准与要求。只有明确如何保护,才能准确地判定出建筑可以进行何种程度的节能提升与改变。

本书分析了中国遗产类建筑包括的不同保护级别建筑,对其保护要求与分级进行了梳理,以此提出了对于 20 世纪建筑遗产保护等级、保护标准、可改造程度的设想。

我国建筑遗产按其保护角度不同,可分为两大类,各自有对应的保护要求与标准。

(1)文物建筑。

文物建筑指的是各级文物保护单位及登记不可移动文物中的相关建筑,重在强调建筑珍贵的文物属性。在我国,文物保护单位的申请及核定有着严格的制度和要求,根据此类建筑各项价值与意义差别,将其分为不同等级的文物保护单位。我国对文物建筑的保护有着严格的要求,必须遵守不改变文物原状的原则,不可以对其进行改建、添建或拆除,修缮也必须根据相关原则、理论及技术,在符合相关规章制度的前提下严谨实施。

(2)历史建筑。

历史建筑指的是由政府公布的"有一定历史、科学、艺术价值的,反映城市历史风貌和地方特色的建筑物",已有多个城市出台了具体的历史建筑保护条例和办法。此类建筑的界定往往对建成时间有一定要求,如上海、武汉要求建成 30 年以上,天津、杭州要求建成 50 年以上。不同城市对建筑的保护方式也有着严格而具体的要求,根据保护对象的价值及完好程度将其分为若干个保护等级,不同等级建筑对立面、结构体系、平面布局、内部装饰的保护要求也有所不同,高保护等级的要求严谨程度已与文物建筑几乎相同,低保护等级的则相对宽松。

总体而言,与文物建筑相比,历史建筑未公布为文物保护单位,且未登记为不可移动文物的,其保护标准更为灵活,覆盖面也相对更广泛。此外,还有很多建筑未被纳入名录但有着同样重要的历史、文化、科技价值,此类建筑也是珍贵的建筑遗产。从严格法律意义上讲,其不在任何保护名录之中,因而许多此类建筑遭到严重的破坏,甚至拆除。对于此类建筑遗产,应对其进行充分的价值评估,参照历史建筑的保护分级的方式,根据其价值确定其保护等级与保护方式。

通过对中国各类建筑遗产保护标准的分析发现:文物建筑被要求"不改变原状"的保护,历史建筑一些等级中也被要求"不改变原有外貌"的保护。而对建筑遗产围护结构的节能改造,往往会带来一些方面的"改变",二者存在一定的矛盾性。因此,将二者协同考虑才能得出合理且符合相关规定的解决方法。

一方面,应当正确理解相关规定中对"改变"的约束要求,认识到不同等级、类型的建筑遗产可进行的节能改造程度不同,有些可改造的部分较多,有些却由于其珍贵的内、外价值,很难进行节能改造。另一方面,也应在总体符合法规与原则的基础上,根据建筑遗产的具体情况具体分析,做出一定程度的灵活决策,避免刻板思想。

参考以上保护等级与保护方式的分析,本书认为20世纪建筑遗产的保护等级可根据其价值的评估,分为三个等级:特殊保护的20世纪建筑遗产、重点保护的20世纪建筑遗产、一般保护的20世纪建筑遗产。每种等级有其对应的保护标准及可改造程度(表4.3)。

表4.3　20世纪建筑遗产保护评定及可改造程度一览表

保护等级范围	现状价值评定	保护标准	可改造程度
特殊保护的20世纪建筑遗产	1. 具有很高历史、艺术、科学价值的建筑 2. 建筑的原物、文物单元及构件的各部分均保存完好,基本上保存了历史原状 3. 与此级别相似的保护级别:文物保护单位、特殊保护的历史建筑级别	不得变动建筑原有的外貌、结构体系、平面布局和内部装修,维持其现状,采取必要、合理的修复措施,防止其衰变	低
重点保护的20世纪建筑遗产	1. 具有较高历史、艺术、科学价值的建筑 2. 建筑本体大部分为历史原状,小部分进行了改造或修缮,其所改变部分与原状不符 3. 构成文物单元的大部分建筑构件得以保存,小部分缺失 4. 与此级别相似的保护级别:重点保护的历史建筑级别	不得改动建筑原有的外貌、主要的结构体系、基本平面布局和有特色的室内装修;建筑内部其他部分允许进行适当的变动,以维持其固有特色和防止进一步损坏	中
一般保护的20世纪建筑遗产	1. 具有一定历史、艺术、科学价值的建筑 2. 建筑本体小部分为原物,大部分经过改造或修缮,所改变部分不符合历史真实性 3. 构成文物单元的小部分建筑构件得以保留,其他部分缺失 4. 与此级别相似的保护级别:一般保护的历史建筑级别、历史保护区内特色建筑、构成区域历史环境的风貌建筑	原则上不得改动建筑原有的外貌,特殊情况下可在非主要立面做局部调整。建筑内部允许做适当的变动以满足使用的需要	高

表4.3中节能改造的“可改造程度”由建筑“保护等级范围”与“保护标准”分析而来,分为低、中、高三级,判断过程如下。

(1)可改造程度低。

针对特殊保护的20世纪建筑遗产,此改造级别的保护要求最高。依照文物“不改变原状”原则,外貌、结构体系、平面布局和内部装修都不可进行“改造”,因此节能改造主要以内部用能系统的提升与优化为主,可适当结合场地布置加入可再生能源的利用。对于建筑本体围护结构热工性能的少量提升,主要也是由于保护修复过程中增强了整体气密性、增强了墙体厚度等原因带来的,并非节能设计的结果。因此将其判定为节能改造程度“低”。

（2）可改造程度中。

针对重点保护的 20 世纪建筑遗产，此改造级别要求建筑外貌与主要的结构体系不可改变，对基本平面布局和有特色的室内装修要求保护，总体来说其对围护结构有一定约束条件。此等级在"可改造程度低"节能改造措施的基础上，改造范围可适度扩大，可选择的节能方式也相对丰富。因此将其判定为节能改造程度"中"。

（3）可改造程度高。

针对一般保护的 20 世纪建筑遗产，此改造级别主要是对建筑外貌的要求，此类 20 世纪建筑遗产自身保护价值有限，但其和其他建筑构成的建筑群有着重要价值及意义，强调的是保持其原有建筑群整体性和风格特点。因此，建筑的结构体系、内部要素均有很大的节能改造空间。在建筑的非主要立面，可对建筑进行局部的改变，以满足使用及节能需求。此类建筑改造中也可融入更多现代先进的节能改造理念与技术，达到最佳的提升目的。

黑龙江省大庆市红旗村干打垒建筑群属于省级文物保护单位。根据上述可改造程度分析，定为中等。不得改动建筑原有的外貌、主要的结构体系、基本平面布局和有特色的室内装修，建筑内部其他部分允许做适当的变动，以维持其固有特色和防止进一步损坏。

4. 围护结构节能改造技术的评价方法

目前国内并未出台关于建筑遗产节能改造的针对性规范与标准，因此对其改造技术的评价可适当参考现行普通建筑的节能标准。同时需着重要参考其保护性原则，对干打垒建筑遗产围护结构的节能改造的评价采用以下三点：保护性评价、性能提升效果评价、经济性评价。

（1）保护性评价。

此评价的主要参考内容是：改造技术是否符合原真性、是否可识别、是否可逆。可以建筑遗产保护修复的常用方式及标准对其进行测评。特别是要考虑技术运用是否对内外风貌产生影响，技术的横向比较时优选影响程度小的技术。

（2）性能提升效果评价。

此评价是根据改造技术对节能性的提升程度进行评价。一般来说，在进行节能技术的选择时，选择保温性能更好的材料，提升效率高、对空间的占用少，因此提升效果更好。

（3）经济性评价。

此评价根据改造技术施工中某一做法的工程造价来进行评判，包括材料费、人工费、设备费等的总和。通常情况下，同一类型的做法人工成本相同，其造价更多取决于材料的选择，因此也可通过材料的价格进行比较。

5. 干打垒工业建筑遗产的保护性绿色节能改造技术分析

干打垒建筑按照围护结构的组成进行分类，分为墙体、外窗、屋顶三部分。在每一部分中，首先将技术分为若干大类，针对每一大类改造方式的总体特点进行分析，判断其运用于"可改造程度"分级中的对应级别，以此判断该类技术运用的适宜性。与此同时，每一大类技术中又包含多种具体的技术方法，针对各具体技术进行提升效果的对比分析，将有助于建筑遗产围护结构改造中技术的选择。

4.4　干打垒建筑遗产保护性低碳节能改造

建筑物的能源使用占全球能源总消耗的很大比例,这导致了 CO_2 排放量的增长。多项研究表明,建筑业在消费全球 40% 的能源的同时造成 30% 的温室气体的排放。伴随我国新农村建设的深入,农村住宅能耗在我国资源消耗中的占比快速提升。据统计,我国资源消纳量的 30% 是由建筑消耗的,农村住宅能耗占资源消纳量的 37%,而且稳步增长。黑龙江地区属于热工分区中的严寒地区,冬季室外温度极低,室内外温差巨大,建筑物的保温性能和室内热舒适环境要求严格。大庆干打垒农宅由于经济原因,建造时间早,建筑材料、施工技术、建筑营造、建筑采暖等都远远落后于城镇集中供热的建筑,建筑保温性能差造成建筑的室内热舒适度低,基于提高室内人的舒适感,只得不断加大外部能源的消耗,造成建筑室内热环境的水桶木板效应。农宅外墙的优化能够提高内部建筑温度,降低建筑能耗和促进农村对气候变暖的适应。建筑农宅的建造大部分不满足我国现行的农村住宅节能设计规范要求,因此,本书对大庆杏树岗村进行了走访调研,从中发现了住宅外墙节能方面的很多弊端,通过分析总结提出可行性的外墙优化设计改造措施。

以一栋典型干打垒建筑为研究对象,为解决其保护不善问题,提出了多种因素、多个目标综合分析的保护性低碳节能改造策略。建立干打垒建筑信息模型,为后续改造和管理提供数据支撑。在不影响文化和历史价值的基础上,研究了在外墙和屋顶上添加内保温材料及更换外窗的可行性。考虑保护方法、传热系数限制和当地材料等因素,选取了几种保温材料和几种窗户类型,建立了多种工况。分别模拟和估算各个工况的能耗、碳排放和生命周期成本,基于节能、低碳及经济三个目标,采用分类比较与综合比较相结合的方法评价各个工况。结果表明,采用发泡聚苯乙烯(EPS)和 90 系列隔热铝合金窗,能耗、碳排放及成本最低,是最佳方案。该优化方法可以促进既有建筑创新节能和低碳改造方法的发展。

4.4.1　干打垒建筑遗产节能改造的必要性

干打垒建筑最早是我国东北松嫩平原特有的夯土式生土建筑,具有就地取材、施工简便、可循环利用及造价低等优点。大庆油田开发初期大量建造干打垒建筑,解决了石油会战用房需求。建造过程中总结出因陋就简、艰苦创业的干打垒精神成为大庆油田的"六个传家宝"之一。近些年,随着城市更新节奏越来越快,大庆独有的这种特色民居建筑已经逐渐退出历史舞台,但仍承载着共和国石油工业发展的记忆,是龙江地区独具地域特色的乡村文化景观和重要的爱国主义教育基地。现在,仅有少数较完整、有代表性的干打垒建筑群成为大庆石油工业遗产,其中最具特色的大庆红旗村干打垒建筑群成为中国唯一一处被列为省级文物保护单位的干打垒建筑群,这也是美丽乡村的有机组成部分,其所承载的文化意蕴有利于建设独具特色的乡风文明。但由于缺少合理保护,这些干打垒建筑荒废多年、现状堪忧。干打垒建筑遗产只有被合理开发利用,使其保护性活化,才能焕发生机。

国内外一些遗产保护的法规和优秀的改造利用方法值得借鉴。联合国教科文组织的《世界遗产公约》和相关立法提出建筑遗产具有巨大的价值,要受到法律保护条件的约束,因此增加了其改造的难度。此外,建筑遗产改造与普通建筑不同,是一个复杂的平衡行为,既要不影响其文化和历史价值,又要达到低碳、低能耗、可持续发展要求。因此,保护性节能改造成为一个新的挑战。一些学者提出了保护性改造方法,如基于内保温的数值综合模拟法、多目标优化改造方法、节能与遗产保护的最佳平衡方案估算法及兼顾保护和可持续利用两方面的现场检测和模拟分析法。出于低碳和节能目的,部分学者进一步提出被动式节能改造策略,如模拟被动式改造方法来减少能耗和碳排放,基于不破坏历史价值目标,模拟和实验分析其节能效果。最后,经济性也是一个根本问题。生命周期成本分析是许多建筑改造中非常流行的方法。例如,生命周期框架和不同的干预策略下围护结构的节能改造,节能改造成本最优解决方案的评估研究。

干打垒建筑遗产保护性低碳节能改造是节能研究领域的一个新课题,国内相关研究较少。本书根据我国节能标准中的要求,通过添加内保温材料和更换窗户来保护文化和历史价值,从而改善干打垒建筑遗产的热工性能,达到减少碳排放和实现良好的经济性。首先,使用 Revit 软件对典型的干打垒建筑遗产建立 BIM,以便于改装和后续管理。其次,在不改变建筑外观的情况下,在外墙和屋顶上添加内保温材料并更换窗户。按照节能标准中围护结构传热系数要求,选择当地建材市场上常用的保温材料和窗户类型,并使用EnergyPlus 软件模拟相应的能耗,以满足节能标准中的供热能耗要求。最后,对整个生命周期内各种可选保护性改造方案的能耗、碳排放和生命周期成本进行综合比较,以确定最佳低碳节能改造方案,为干打垒建筑遗产的保护性低碳节能改造提供依据。

4.4.2　当地气候特征及研究方法

1. 当地气候特征

EnergyPlus 软件是美国能源部开发的一个广泛使用的建筑能耗模拟程序,并已得到学者的广泛测试和认可。本书采用 EnergyPlus 模拟干打垒建筑遗产能耗,供热期为当年11 月到下一年 4 月,共计 6 个月,室内温度设为 18 ℃。EnergyPlus 软件中没有大庆市气象数据,本书选取紧邻的安达市全年室外干球温度和太阳辐射强度作为能耗模拟中的气象数据,如图 4.3 所示。根据当地的气候特点,夏季不热,因此干打垒建筑遗产不需要空调制冷;冬季则非常寒冷,需要供热。

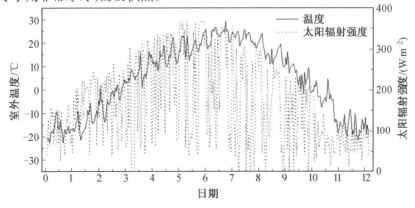

图 4.3　室外温度与太阳辐射强度

基于保护性改造原则,首先选择保温材料,从当地市场选取几种常用的保温材料并了解各种材料厚度规格。然后进行热工分析,根据节能规范选定干打垒建筑遗产的屋顶、外墙的保温材料和厚度,计算出采用各种材料保温后的实际墙体传热系数;根据节能规范选择合适窗型,将每种外墙和屋顶材料工况分别与各种窗型工况组合,作为改造方案。最后,为选出最优方案,提出能耗、碳排放和生命周期成本比较方法。

2. 保温材料选择

经调查,当地市场上常用的外墙和屋顶保温材料主要有聚苯乙烯(EPS)、挤塑聚苯乙烯(XPS)、聚氨酯(PUR)泡沫板 3 种有机保温材料,水泥珍珠岩(CP)、岩棉(RW)、玻璃棉(GW)3 种无机保温材料,共计 6 种可选保温材料。这些材料均达到我国建筑要求的 B1 防火等级。这些材料与原墙体、屋面的施工方法基本相同,外侧均采用 10 mm 抗裂砂浆层。在常用的内保温、夹层保温及外保温 3 种方式中,本书采用最适合保护干打垒建筑遗产原始外观的内保温方式。为便于材料选择和施工,外墙和屋顶采用相同的内保温材料,分别计算外墙(黏土、保温材料、抗裂砂浆)3 层材料、屋面(草泥、苇草板、保温材料、抗裂砂浆)四层材料的热工性能。

3. 分析方法

在各种工况分析过程中,采用了分类比较法和综合比较法。首先,对每种工况下的能耗、碳排放和生命周期成本进行了比较和分析。然后,采用综合比较法,对干打垒建筑遗产生命周期内碳排放和经济性进行综合比较,选出最佳的方案。

4.4.3　干打垒建筑围护结构热性能

1. 干打垒建筑 1 围护结构热性能

干打垒建筑 1 形状系数是建筑物与室外大气接触的外表面面积与其所包围的体积的比值。经计算,该建筑的形状系数为 0.91,远高于限值 0.55(1B 区,≤3 层)。南侧、北侧的窗墙比分别为 0.11 和 0.03,分别低于规范要求的 0.45 和 0.25,满足窗墙比的限值,无须调整窗户尺寸。这有助于保护干打垒建筑遗产的原始外观。根据节能设计标准的要求,屋顶、外墙、外窗及室内地面的传热系数限值分别为 0.20 W/(m² · K)、0.25 W/(m² · K)、1.40 W/(m² · K)和 1.80 W/(m² · K)。与表 4.1 对比发现,原建筑仅地面满足要求,屋顶、外墙及窗户的传热系数不符合标准,因此有必要对这些构件进行节能改造。

由于建筑使用过程中人体、电器等热源是不稳定热量,模拟时不考虑这些热量。此外,为了简化计算,忽略了门的传热。

结合上文对保温材料的分析和选择,改造示意图如图 4.4 所示。

当地市场有 4 种窗的传热系数低于 1.4 W/(m² · K),符合规范的要求,见表 4.4。其中缩写含义如下:低投射率(Low-E)、空气(A)、氩气(Ar)及真空(V)。这些窗户的信息也输入到 BIM 数据库中,用于统计分析和后续管理。

因此,EPS((120 + 140)mm)、XPS((100 + 120)mm)、PUR((80 + 100)mm)、CP((200+240)mm)、RW((140+160)mm)及 GW((120+140)mm)6 种外墙和屋顶材料与 65 PW、82 PW、90 AAW 和 100 AAW 4 种窗型组合为 24 种工况。

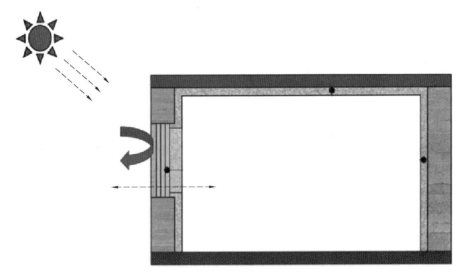

图 4.4　干打垒工业建筑遗产改造示意图

表 4.4　4 种窗户类型的传热系数和玻璃配置

窗户型号	玻璃配置	传热系数 /$[W \cdot (m^2 \cdot K)^{-1}]$
65 系列内平开塑料窗(65 PW)	5 +12A+5Low–E+12 A+5Low–E	1.4
82 系列内平开塑料窗(82 PW)	5+12Ar+5Low–E+12Ar+5Low–E	0.9
90 系列内平开隔热铝合金窗(90 AAW)	5+12A+5+V+5Low–E	1.0
100 系列内平开隔热铝合金窗(100 AAW)	5+12Ar+5Low–E+12Ar+5Low–E	1.1

2. 干打垒建筑 2 围护结构热性能

干打垒建筑 2 形状系数是建筑物的外表面面积与其周围体积的比率。根据图 4.2,干打垒建筑的形状系数为 0.85,高于极限值 0.55(1B 区,≤3 层)。关于保护性节能改造,建筑围护结构的热性能必须符合规范的要求。屋顶、外墙、外窗和地板的目标传热系数分别为 0.20 W/($m^2 \cdot$ K)、0.25 W/($m^2 \cdot$ K)、1.40 W/($m^2 \cdot$ K)和 1.80 W/($m^2 \cdot$ K)。表 4.2 表明,原建筑屋顶、外墙和窗户的传热系数不符合标准,因此有必要对这些构件进行改造,以实现节能。

干打垒建筑遗产北、东/西和南方向的窗墙比分别为 0.03、0.07 和 0.06,分别低于规范要求的 0.25、0.30 和 0.45,因此满足窗墙比的限制值,无须调整窗户尺寸,这有助于保护干打垒建筑遗产的原始外观。

该模型确定了来自不同来源(如人体和电器)的不稳定热量,但未考虑这些热量。此外,为了简化计算,忽略了通过卧室门的传热。

目前,当地市场上常用的外墙保温材料按成分主要分为有机材料和无机材料。有机化合物主要指聚合物绝缘材料,如由发泡聚苯乙烯(EPS)、挤塑聚苯乙烯(XPS)和聚氨酯(PUR)组成的泡沫板。用于建筑外墙保温的无机化合物包括水泥珍珠岩(CP)、岩棉(RW)、矿渣棉(SW)和玻璃棉(GW)。EPS、XPS、PUR 和 SW 的防火等级为 B1,CP、RW和 GW 的防火等级为 A1,均满足防火要求。这些材料的施工方法与原墙体、屋面基本相同,保温材料外装修采用 10 mm 抗裂砂浆层。

根据各种保温材料的不同位置,全球外墙保温技术分为三类:内保温、外保温和夹层保温。在这些方法中,内部绝缘最适合保护建筑遗产的原始外观。外墙和屋顶采用相同的内保温材料进行改造,但厚度不同,以便于材料选择和改造。然后,计算了外墙和屋面三层/四层保温材料的热工性能。

单个均质材料层的热阻用式(4.1)计算:

$$R = \frac{\delta}{\lambda} \tag{4.1}$$

式中,R 为材料层的热阻($m^2 \cdot K/W$);δ 为材料层的厚度(m)。对于上述 7 种隔热材料的厚度,最大为 0.100 m,间隔为 0.010 m,厚度大于 0.100 m 时,间隔为 0.020 m。此外,λ 是导热系数,其值为 0.033(EPS)、0.030(XPS)、0.024(PUR)、0.058(CP)、0.041(RW)、0.050(SW)和 0.035(GW)W/(m·K)。原墙体及屋面 λ 值见表4.2,抗裂砂浆外装饰层 λ 值为 0.93 W/(m·K)。

由多层均质材料组成的建筑围护结构平面墙的热阻方程表示为式(4.2)。考虑到采用式(4.1)计算的不同隔热材料厚度,将墙体和屋顶各层的 R 值代入式(4.2),以获得整体热阻。

$$R = R_1 + R_2 + \cdots + R_n \tag{4.2}$$

式中,R_1,R_2,$\cdots$,R_n 表示各材料层的热阻($m^2 \cdot K/W$)。

利用式(4.3)计算建筑围护结构的平面墙和屋顶的导热系数,有

$$K = \frac{1}{R_i + R + R_e} \tag{4.3}$$

式中,K 为建筑围护结构的传热系数[W/($m^2 \cdot K$)];R_i 和 R_e 为内表面和外表面的传热阻力值,分别为 0.11 和 0.05。

根据中国建筑标准设计图集中的建筑节能门窗选项,选择符合规范要求的传热系数低于 1.4 W/($m^2 \cdot K$)的案例窗户。

根据门窗图集,有 4 种窗的传热系数低于 1.4 W/($m^2 \cdot K$),符合规范的要求,见表 4.5。表 4.5 中的缩写含义如下:低投射率(Low-E)、空气(A)、氩气(Ar)和暖边(WE)。这些窗户的信息也输入到 BIM 数据库中,用于统计分析和后续管理。

因此,7 种外墙和屋顶材料选项 EPS((120+140) mm)、XPS((100+120) mm)、PUR((80+100) mm)、CP((200+240) mm)、RW((140+160) mm)、SW((180+200) mm)和GW((120+140) mm)与 65 PW、70 PARPW、80 PW 和 195 DPW 4 种窗户类型组合为 28种工况。

表 4.5　4 种窗户类型的玻璃配置和传热系数

窗户型号	玻璃配置	传热系数 /[W·(m²·K)⁻¹]
65 系列内平开塑料窗（65 PW）	5Low-E+9A+5+9A+5	1.4
70 系列聚酯合金增强塑料窗（70 PARPW）	5Low-E+9A+5+12A+5Low-E	1.0
80 系列聚氨酯窗（80 PW）	5Low-E+15Ar(WE)+5Low-E+15Ar(WE)+5	0.9
195 系列单框双塑料窗（195 DPW）	5+12A+5+68A+5+12A+5	1.2

4.4.4　用绿建节能设计 BECS 分析软件优化干打垒建筑绿色改造方案

将上述干打垒建筑 BIM 导入 EnergyPlus 软件和绿建节能设计 BECS 分析软件对建筑进行节能耗能分析,根据《绿色建筑评价标准》(GB/T 50378—2019)、《既有建筑绿色改造评价标准》(GB/T 51141—2015)、《民用建筑热工设计规范》(GB 50176—2016)、《严寒及寒冷地区居住建筑节能设计标准》(JGJ 26—2018)、《夏热冬暖地区居住建筑节能设计标准》(JGJ 75—2012)、《公共建筑节能设计标准》(GB 50189—2015)等相关标准,对建筑节能进行绿色改造。通过不同改造方案及不同改造参数工况下,各绿色建筑指标的对比分析,得出保护性建筑绿色改造的优化设计方案及改造措施。

结合 EnergyPlus 软件和绿建节能设计共同完成本研究的模拟能耗等工作。

4.4.5　干打垒建筑 1 围护结构节能改造研究

1. 干打垒建筑 1 能耗对比

由图 4.5 可知,6 种选定保温材料的墙体传热系数范围为 0.23~0.24 W/(m²·K),屋顶传热系数范围为 0.19~0.20 W/(m²·K)。墙体和屋顶加保温材料后的传热系数具体如下:加 EPS 后分别为:0.23、0.19;XPS:0.24、0.20;PUR:0.24、0.19;CP:0.24、0.19;RW:0.24、0.20;GW:0.24、0.20。

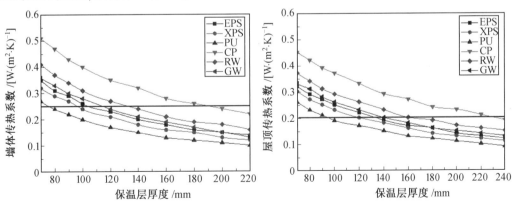

图 4.5　6 种保温材料墙体和屋顶的传热系数

本研究采用 EnergyPlus 模拟干打垒建筑遗产能耗,供热期为当年 11 月到下一年 4 月,共计 6 个月,室内温度设为 18 ℃。根据当地的气候特点,夏季不热,因此干打垒建筑遗产不需要空调制冷。冬季非常寒冷,需要供热。因此,我们通过 EnergyPlus 模拟了考虑 6 种保温材料和 4 种窗户的 24 种工况下的供热能耗,结果如图 4.6 所示。

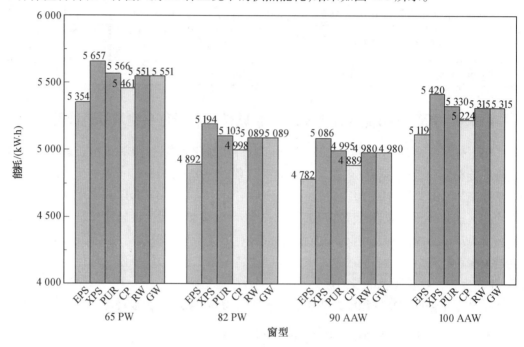

图 4.6　干打垒建筑 1 各种工况下的年供热期能耗

在 24 种工况中,EPS+90 AAW 工况下的每年供热能耗最低,而 XPS+65 PW 工况下的能耗最高,相差 18.3%。在采暖期,可比原水平降低能耗 71.3%,节能效果显著。因此,EPS+90 AAW 工况是最佳节能工况。

说明:这一结果与其他学者的研究成果的结果不同,但事实上并不矛盾。一般规律是,当其他条件保持不变时,保温材料的传热系数越低,能耗越低。从图 4.5 可以看出,在满足规范要求的情况下,EPS 的传热系数最低(墙体为 0.23 W/(m² · K),屋面为 0.19 W/(m² · K)),因此能耗最低。结果并未表明 EPS 的保温性能优于 XPS 和其他材料,因为其材料厚度不是最薄的。

2. 干打垒建筑 1 碳排放量估算与综合比较

根据确定的目标和工况分析,干打垒建筑遗产的生命周期碳排放量(QC_{LCC})可表示为物化阶段(QC_m)、运行阶段(QC_o)和拆除阶段(QC_d)的碳排放量之和。QC_m 是在物化阶段中的材料生产(QC_{mp})、材料运输(QC_{mt})和现场建造(QC_{mc})过程中碳排放量的总和。一般来说,QC_{mp}、QC_{mt} 和 QC_{mc} 的计算方法是将每个阶段的消耗量乘以相应的碳排放系数(CEF)。$Q_{mp,i}$ 是材料生产阶段第 i 种材料的消耗量,$EF_{mp,i}$ 是原料制备和生产两个过程中相应的 CEF。$Q_{mt,j}$ 为运输建筑材料的数量,$EF_{mt,j}$ 为运输工具的 CEF,D_j 为生产工厂与施工现场之间的距离。根据当地实际情况,本研究设置 D_j 为 50 km,采用 20 t 卡车运输,相应的 CEF 设置为 $3.46×10^{-5}$ t/(t·km)。Q_{mc} 很难确定,使用成本估算法,碳排放量设定为 0.794 t/万元。表 4.6 列出了干打垒建筑遗产在材料和窗户制作方面的 CEF 和碳排放量。

表 4.6　物化阶段的碳排放量

部位	材料或构件	生产中碳排放系数 $EF_{mp,i}$/(t·t^{-1})	运输中碳排放系数 $EF_{mt,j}$(t·t^{-1})	建造中碳排放量 Q_{mc}/t	物化阶段碳排放量 QC_m/t
保温材料	EPS	8.848	0.003	1.234	4.938
	XPS	8.602	0.003	1.551	5.078
	PUR	10.391	0.003	1.633	5.824
	CP	3.237	0.003	1.867	26.597
	RW	2.375	0.003	1.511	7.035
	GW	6.690	0.003	1.321	12.525
窗户	65 PW	1.400	0.003	0.130	3.413
	82 PW	1.400	0.003	0.171	3.454
	90 AAW	1.400	0.003	0.164	3.447
	100AAW	1.400	0.003	0.155	4.532
内表面装饰	抗裂砂浆	0.242	0.003	0.090	0.603

该建筑未来将作为展示馆,在运行阶段要满足游客参观的需要。因此,建筑运行阶段产生的碳排放量(QC_o)主要包括每年供热期煤炭供热产生的碳排放量(QC_{oc})、日常照明发电(QC_{oe})和维护(QC_{om})产生的碳排放量。QC_{oc} 是供热期煤消耗量和对应 CEF 的乘积。根据煤的平均热值 20 908 kJ/kg,每种工况下的耗煤量根据供热期的能耗计算,煤的 CEF 值为 1.99 t/t。根据现场调查,该区域采用在火力发电厂燃煤产生的热能转化为电能。为保持原貌,六个房间仍使用老式的 50 W 白炽灯,每天的照明时间约 2 h。每周关闭 1 d,春节休假 7 d,每年总共开发 305 d,照明年能耗 183 kW·h。根据 3 600 kJ/(kW·h) 的平均功率当量值,每年 QC_{oe} 值为 62.70 kg。建筑物维修的工作量和 CEF 难以详细计算。节能改造后,使用年限设为 50 年,QC_{om} 可按 $QC_m×0.2\%×50$ 估算。

QC_d 是拆除阶段的建筑物拆除(QC_{dd})和废物处理(QC_{dw})的碳排放量总和。改造后的建筑物拆除条件很难预测,QC_{dd} 可按 $QC_{mc}×90\%$ 估算。QC_{dw} 仅包括废物运输至处理场的碳排放量,计算公式为

$$QC_{dw} = \sum_{i=1} L \times M_i \times EF_{dw,i} \tag{4.4}$$

式中,L 为建筑现场至建筑垃圾处理场的平均运输距离,根据实际情况为 100 km。M_i 是第 i 种运输方式的废物质量。从整个生命周期的角度考虑建筑材料的再利用和再循环,窗户玻璃、金属和保温材料也可以部分或全部回收,但它们通常不能直接在建筑物中重复使用。因此,本书不考虑这些材料回收。$EF_{dw,i}$ 设置为与公路运输的 CEF 相同,为 3.46×

10^{-5} t/(t·km)。干打垒建筑 1 全生命周期碳排放量结果如图 4.7 所示。

图 4.7 比较了 24 种工况下建筑的碳排放总量和阶段量。同一种窗型,EPS 的碳排放量最低,CP 的最高,相差 50.0% ~ 54.8%。同一种保温材料,90 AAW 的碳排放量最低,65 PW 的 GGE 最高,相差 6.2% ~ 9.6%。这些结果表明,保温材料对于碳排放量的影响明显高于窗型。总体分析,EPS+90 AAW 工况的碳排放量最低,而 CP+65 PW 工况的碳排放量最高,差异为 64.4%。可见,从减少碳排放的角度来看,EPS+90 AAW 方案是最佳方案。

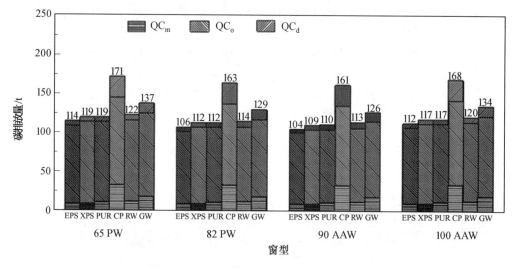

图 4.7　干打垒建筑 1 全生命周期碳排放量

然而,各种改造方案都在物化和拆除阶段增加了碳排放量,因此有必要研究是否可以在整个生命周期内降低碳排放量。原建筑在每年供热期的能耗为 16 662 kW·h,EPS+90 AAW 的能耗为 4 782 kW·h。经过数学转换后,在 50 年的整个生命周期内,总体节约了 204 t 碳排放,接近改造过程中产生碳排放量的两倍。因此,最佳方案可降低 50% 碳排放量,减少碳排放效果显著。

3. 干打垒建筑 1 经济性估算与综合比较

采用 Revit 软件将干打垒建筑遗产 BIM 的各种保温材料和窗型的信息输入后,自动计算工程量,然后,根据工程量清单和相应的当地市场价格,计算每种工况下的施工成本。窗户改造施工期间,免费现场安装,公司不收取任何人工费用。保温改造过程中,根据当地定额信息,人工费单价为 80 元/工日,人工消耗量为 4.14 工日/m^3,其他消耗量为5.50 工日/m^3。

干打垒建筑遗产的生命周期成本包括物化、运行和拆除阶段的成本。在运行阶段考虑现值系数,但在其他两个阶段不考虑该系数和价格变化。由于该建筑建于 50 年前,缺乏施工成本信息,因此难以估算初始成本。因此,本书仅分析保护性节能改造后的成本。为了评估每种工况的经济性,计算了考虑碳交易成本。根据中国碳排放交易网发布的中国七大碳市场实时 K 线趋势图,我们选择过去一年的平均价格,约为 80 元/t。通过式

(4.5)计算每种工况下的总成本(C_{LCC}),即

$$C_{LCC} = C_m + C_O \cdot F_{PW} + C_d \qquad (4.5)$$

式中,C_m 为物化阶段的成本,即施工成本;C_o 为运行阶段的成本,C_d 为拆除阶段的成本,通过乘以每种工况下的碳排放和碳交易的平均单价计算得出;F_{PW} 为对应的现值系数,是指将整个生命周期内的总能耗成本转换为直接成本的系数。该值通过以下方程式计算:

$$F_{PW} = \frac{1+P}{R-P}\left[1-\left(\frac{1+P}{1+R}\right)^n\right] \qquad (4.6)$$

式中,n 为按使用年限计算的年数(50);P 为能源单价的年增长比例(2.0%);R 为按银行基准贷款利率计算的贴现率(8.5%)。

表 4.7 列出了各种工况下主要建筑材料和构件的消耗量和成本。每种工况下的施工成本都是通过人工成本和相应的材料成本相加得出的。基于式(4.5)、式(4.6),所有工况的全生命周期成本结果如图 4.8 所示。其中,为简化计算,表中未考虑窗框,质量按全玻璃窗计算。

表 4.7　各种工况中主要建筑材料和构件的消耗量和成本

部位	材料或构件	消耗量	质量/kg	成本/元
保温材料	EPS	$18.15/m^3$	453.75	7 625
	XPS	$15.32/m^3$	444.28	12 872
	PUR	$12.50/m^3$	437.50	15 162
	CP	$30.65/m^3$	8 275.50	13 453
	RW	$20.97/m^3$	2 516.40	9 856
	GW	$18.15/m^3$	1 815.00	8 715
窗户	65 PW	$3.91/m^2$	1 466.25	1 642
	82 PW	$3.91/m^2$	1 466.25	2 151
	90 AAW	$3.91/m^2$	1 466.25	2 068
	100 AAW	$3.91/m^2$	1 955.00	1 955
内表面装饰	抗裂砂浆	$1.47/m^3$	2 352.00	1 168

图 4.8 显示了 4 种窗户的不同保温材料的生命周期成本的差异,规律性基本一致。发现在运行阶段占总成本份额最高,约 80%。各种工况比较中,EPS 的成本最低,CP 的成本最高,相差 21.7%～23.7%。在相同保温材料的情况下,不同窗型的成本差异规律相似。90 AAW 窗型成本最低,65 PW 窗型成本最高,相差 7.3%～7.9%。

上述结果表明,保温材料的成本比窗户的成本更为显著。在 24 个工况中,EPS+90 AAW 案例的成本最低,而 CP+65 PW 案例的成本最高,相差 32.7%。因此,从全生命周期成本角度看,EPS+90 AAW 方案是最佳方案。与最优的低能耗、低碳方案一致,因此,EPS+90 AAW 方案是最佳方案。

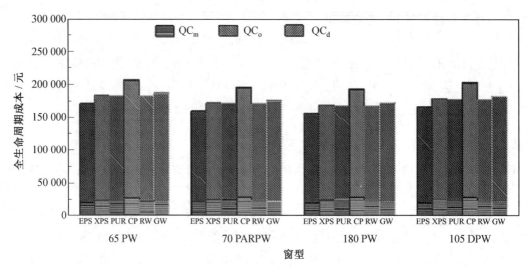

图4.8　干打垒建筑1各种工况的全生命周期成本

4. 干打垒建筑1节能最优建议方案

根据干打垒建筑遗产的特点,并考虑保护性节能改造要求,本书提出了外墙内侧和屋顶保温及更换窗户的方法,确定了保温材料和窗型多种组合工况。对整个生命周期内的能耗、碳排放和成本进行了模拟和估算,选出了最优工况。具体结论如下。

(1)在低碳节能改造过程中,考虑了保护方法、传热系数限制和当地市场材料等多个因素,选择了6种保温材料和4种窗型,并设计了24个工况。

(2)基于多个目标(节能、低碳排放和经济性)方法,利用 EnergyPlus 和绿建软件模拟了供热期各工况的能耗。估算整个生命周期内的碳排放量,其中,施工成本根据计算出的工程量及劳动力和材料的当地市场价格进行计算。基于现值系数,从碳排放量中转换操作和拆除成本,并获得每种工况下的生命周期成本。

(3)通过能耗、碳排放和经济性的比较,在24个工况中确定了最佳工况,即 EPS+90 AAW。发现基在运行阶段占总成本份额最高,约80%。本书的研究结果为后续降低碳排放和降低成本提供了依据,激励学者们进一步调整供热方式,采用新的、可行的低碳供热方式。

本书提出的干打垒建筑遗产保护性节能改造理念和多目标优化方法易于在各种遗产或历史建筑中实施,节能、减排和降低成本的效果明显。研究成果将直接应用于大庆红旗村的干打垒建筑遗产保护性节能改造项目,可以促进建筑节能和低碳改造创新设计的发展。

4.4.6　干打垒建筑2围护结构节能改造研究

1. 干打垒建筑2能耗对比

图4.9 显示,7 种选定保温材料的墙体传热系数范围为 $0.23 \sim 0.25$ W/($m^2 \cdot K$),屋顶传热系数范围为 $0.19 \sim 0.20$ W/($m^2 \cdot K$),例如,EPS:墙体为 0.23,屋顶为 0.19;XPS:

0.25,0.20;PUR:0.25,0.19;CP:0.24,0.19;RW:0.24,0.20;SW:0.23,0.20;GW:0.24,0.20。根据当地的气候特点,夏季不热,因此干打垒建筑不需要空调。此外,冬季非常寒冷,因此干打垒建筑在冬季需要加热。因此,通过 EnergyPlus 模拟了考虑 7 种保温材料和 4 种窗户的 28 种工况下的加热能耗,结果如图 4.10 所示。

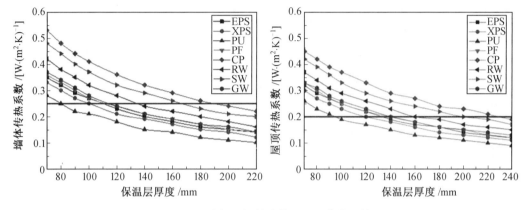

图 4.9 7 种保温材料墙体及屋顶传热系数

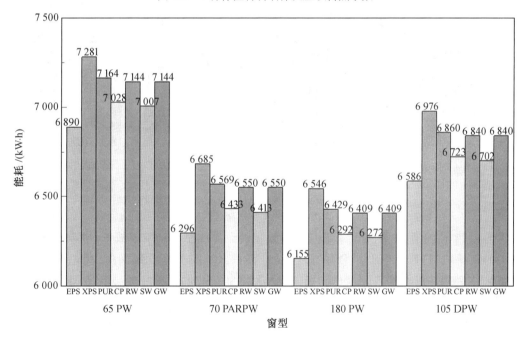

图 4.10 干打垒建筑 2 采暖期各工况年能耗

干打垒建筑能耗发生在物化、运营和拆除阶段。从整个生命周期的角度来看,应检查三个阶段的能源消耗。能源消耗与温室气体排放直接相关,下面详细比较各个阶段的数值。从传统的狭义角度来看,只需分析运行阶段的能耗。建筑所在地区夏季不热,不必考虑空调制冷的能耗。在运行阶段,我们只研究采暖期和日常照明的能耗。日常照明的能耗保持不变,在下面的案例比较中不考虑这一点。如图 4.10 所示,分析了供热期间所有工况下的年能耗规律。在 28 种工况中,EPS+80 PW 的能耗最低,而 XPS+65 PW 的能耗最高,相差 15.5% 。在采暖期,可比原水平降低能耗 72.0% ,节能效果显著。因此,EPS+80 PW 工况是最佳节能工况。

这一结果与其他研究报告的结果不同,但事实上并不矛盾。一般规律是,当其他条件保持不变时,绝缘材料的传热系数越低,能耗越低。从图 4.10 可以看出,在满足规范要求的情况下,EPS 的传热系数最低(墙体为 0.23 W/(m² · K),屋面为 0.19 W/(m² · K)),因此能耗最低。

2. 干打垒建筑 2 全生命周期碳排放量

应从建筑的整个生命周期的角度考虑建筑材料的再利用和再循环。窗户玻璃、钢和隔热材料也可以部分或全部回收,但它们通常不能直接在建筑物中重复使用。因此,本书不考虑这些因素。图 4.11 列出了干打垒建筑在材料和窗户制作方面的碳排放系数和温室气体排放量。

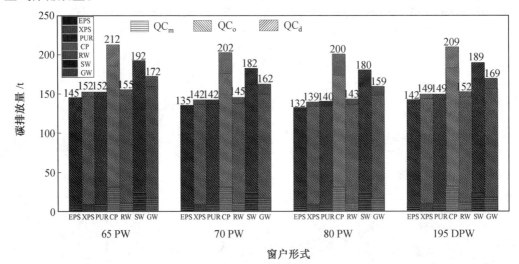

图 4.11　干打垒建筑 2 全生命周期内的碳排放量

图 4.11 比较了 28 种工况下干打垒建筑 2 的碳排放总量和阶段数量。4 种窗户不同材料的碳排放量规律相似。EPS 的碳排放量最低,CP 的碳排放量最高,相差 31.7% ~ 33.7%。7 种隔热材料的不同窗户的规律也相似。80 PW 的碳排放量最低,65 PW 的碳排放量最高,相差 5.8% ~ 8.6%。这些结果表明,隔热材料的碳排放量高于窗户的碳排放量。在 28 例工况中,EPS+80 PW 的碳排放量最低,而 CP+65 PW 的碳排放量最高,差异为 37.6%。因此,从减少碳排放的角度来看,EPS+80 PW 是最佳方案。

然而,在物化和拆除阶段,最优工况下的碳排放量增加,因此有必要研究是否可以在整个生命周期内降低碳排放量。干打垒建筑 2 在供热期的能耗为 22 021 kW · h,新方案下的能耗为 6 615 kW · h。经过数学转换,在 50 年的整个生命周期内,可节省 264 t 碳排放量,是保护性节能改造过程中产生的碳排放量的两倍。因此,最佳方案可将碳排放量降低 50% ,低于原始方案水平,可显著减少碳排放。

3. 干打垒建筑 2 动态全生命周期成本分析

Revit 软件基于干打垒建筑 2 的 BIM,在将各种保温材料和窗类型的信息输入程序后,将执行自动工程量测量。然后,根据工程量清单的报告预览和相应的当地市场价格,计算每种工况下的施工成本。窗户改造施工期间,窗户免费安装在现场,公司不收取任何人工费用。保温改造过程中,根据当地定额信息,人工费单价为 80 元/工日,改造工程消耗费为 4.14 工日/m³,其他费用合计为 5.50 工日/m³。

干打垒建筑的动态全生命周期成本包括物化、运营和拆除阶段的成本。在运营阶段考虑现值系数,但在其他两个阶段不考虑该系数和价格变化。由于干打垒建筑建于 50 年前,由于缺乏施工成本信息,因此难以估算初始成本。因此,本书仅分析了保护性节能改造实施后的成本。为了评估每种工况的经济性,计算了考虑碳交易成本的可再生能源汽车的全生命周期成本。根据中国碳排放交易网发布的中国七大碳市场实时 K 线趋势图,我们选择北京过去一年的平均价格,约为 80 元/t。通过式(4.5)计算每种工况下的全生命周期成本。

表 4.8 列出了各种工况下主要建筑材料和构件的消耗量及成本。每种工况下的施工成本都是通过人工成本和相应的材料成本相加得出的。基于式(4.5)、式(4.6),所有工况下的动态全生命周期成本结果如图 4.12 所示。

表 4.8　干打垒建筑 2 主要建筑材料和构件的消耗量及成本

部位	材料或构件	消耗量	质量/kg	成本/元
保温材料	EPS	16.74/m³	418.50	7 033
	XPS	14.13/m³	409.77	11 872
	PUR	11.52/m³	403.20	13 973
	CP	28.27/m³	7 632.90	12 408
	RW	19.36/m³	2 323.20	9 099
	SW	24.58/m³	1 720.60	22 737
	GW	16.74/m³	1 674.00	8 038
窗户	65 PW	6.24/m²	2 340.00	2 621
	70 PARPW	6.24/m²	2 340.00	3 432
	80 PW	6.24/m²	2 340.00	3 301
	195 DPW	6.24/m²	3 120.00	3 120
内表面装饰	Anti-crack mortar	1.31/m³	2 096.00	1 041

注:为简化计算,表中未考虑窗框,质量按全玻璃窗计算。

图 4.12 显示的 4 种窗户的不同保温材料的全生命周期成本的差异规律是相似的。EPS 的成本最低,SW 的成本最高,相差 18.8% ~ 20.2%。在相同保温材料的情况下,不同窗型的成本差异规律相似。80PW 窗型成本最低,65PW 窗型成本最高,相差 6.7% ~

8.3%。这些结果表明,保温材料的成本比窗户的成本更为显著。在 28 种工况中,EPS+80 PW 案例的成本最低,而 SW+65 PW 工况的成本最高,相差 25.5%。因此,从全生命周期成本的角度来看,EPS+80 PW 是最佳方案。

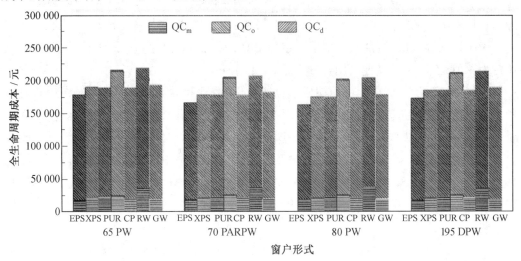

图 4.12　干打垒建筑 2 的全生命周期成本

4. 干打垒建筑 2 不同阶段的碳排放量和成本

从以上三个部分的分析来看,EPS+80PW 工况在能耗、碳排放和经济性方面都是最好的。在这三个目标中,碳排放与能源消耗有关,而碳减排是节能的最终目标,更为重要。考虑经济也是必要的,因此我们关注的是最佳工况下的碳排放量和成本。进一步分析了优化方案在整个生命周期不同阶段的碳排放和成本特征,为进一步节能优化提供依据。图 4.13 比较了干打垒建筑 2 整个生命周期中不同阶段的碳排放量和全生命周期成本比例。在干打垒建筑 2 的整个生命周期内,运营阶段产生的碳排放量占总金额的 89%,运营阶段的全生命周期成本占总金额的 88%。其中,在运营阶段,煤炭加热成本和碳排放量分别占全生命周期成本和碳排放量总额的 90%。因此,就整个生命周期的碳排放和成本而言,供热是非常重要的。这一方面也将成为未来建筑节能的重要组成部分,并表明开发新的供热方法势在必行。

5. 干打垒建筑 2 节能最优建议方案

根据干打垒建筑的特点,本书考虑各种保护性节能改造工况,即涉及内保温的外墙和屋顶及窗户的更换。根据当前节能改造标准和当地市场,选择了具体案例,对整个生命周期内的碳排放量和成本进行了能耗模拟和估算,得出了最优工况。根据这些结果,得出以下结论。

（1）在干打垒建筑保护性节能改造过程中,调查了多个因素（保护方法、传热系数限制和当地市场材料）。在综合考虑多种因素的基础上,选择了 7 种保温材料和 4 种窗型,并设计了 28 种工况。

（2）在这些工况下,对多个目标（节能、低碳排放和经济性）进行了模拟和分析。利用 EnergyPlus 软件模拟了加热期间各工况的能耗。估算整个生命周期内的碳排放量,包括物化阶段的材料生产、材料运输、现场改装和重建,运营阶段的供热、照明和维护措施,以及拆除阶段的建筑物拆除和废物处理。保护性节能改造施工成本根据计算出的工程量及劳动力和材料的当地市场价格进行计算。然后,基于现值系数,从碳排放量中转换操作和拆除成本,并获得每种工况下的全生命周期成本。

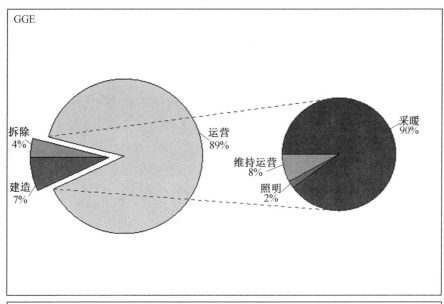

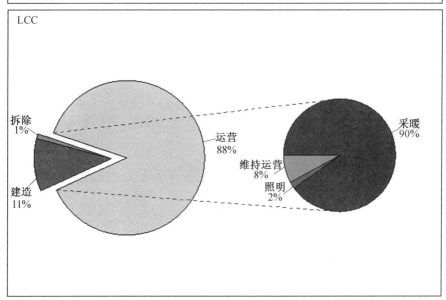

图 4.13　不同阶段的碳排放量和成本比例

　　(3)通过能源消耗、碳排放和经济性的比较,在 28 种工况中确定了最佳工况,即 EPS+80 PW。由于碳排放量和全生命周期成本是重要的目标,所以进一步分析了最优工况下每个阶段碳排放量和全生命周期成本的比例。在运营阶段,碳排放量和全生命周期成本分别约占总碳排放量和全生命周期成本的 90%,其中煤炭加热成本占运营阶段相应总成本的90%。这些结果为后续降低碳排放和成本提供了依据,使学者们能够进一步调整加热方式,采用新的、可行的低碳加热方式。

本书提出的干打垒建筑保护性节能改造概念和多目标优化方法易于在考虑各种建筑遗产或历史建筑的情况下实施,节能、减排和降低成本的效果明显。这些研究成果将直接应用于大庆红旗村的干打垒建筑保护性节能改造项目,这将是我们一直关注的问题。这项研究可以促进建筑节能和低碳改造创新设计的发展。

4.4.7　干打垒建筑遗产改造优化结论

根据干打垒建筑遗产的特点,并考虑保护性节能改造要求,本书提出了外墙内侧和屋顶保温及更换窗户的方法,确定了保温材料和窗型多种组合工况。对整个生命周期内的能耗、碳排放和成本进行了模拟和估算,选出了最优工况。具体结论如下。

(1)在低碳节能改造过程中,考虑了保护方法、传热系数限制和当地市场材料等多个因素,选择了多种保温材料和多种窗型,并设计了多个工况。

(2)基于多个目标(节能、低碳排放和经济性)方法,利用EnergyPlus软件模拟了供热期各工况的能耗。估算整个生命周期内的碳排放量,其中,施工成本根据计算出的工程量,以及劳动力和材料的当地市场价格进行计算。基于现值系数,从碳排放量中转换操作和拆除成本,并获得每种情况下的生命周期成本。

(3)通过能耗、碳排放和经济性的比较,在多种工况中确定了最佳工况,即EPS+90 AAW。发现其在运行阶段占总成本份额最高,约80%。本书结果为后续降低碳排放和降低成本提供了依据,激励学者们进一步调整供热方式,采用新的、可行的低碳供热方式。

本书提出的干打垒建筑遗产保护性节能改造理念和多目标优化方法易于在各种遗产或历史建筑中实施,节能、减排和降低成本的效果明显。研究成果将直接应用于大庆红旗村的干打垒建筑遗产保护性节能改造项目,可以促进建筑节能和低碳改造创新设计的发展。

4.4.8　总结干打垒建筑遗产保护性绿色节能改造示范性技术方法

1. 干打垒建筑围护结构节能改造技术

干打垒建筑建造年代相对比较久远,基本上在20世纪50~60年代建造。屋顶为平屋顶,防水和隔热性能差。屋顶的防水层已老化,充满空腔,出现不同程度开裂。建筑外窗为木窗框,玻璃为单层玻璃,保温性能差,冬天寒冷、夏天炎热,影响了建筑的使用和节能效果。

(1)干打垒建筑墙体节能改造技术。

保温材料在墙体节能方面起着关键作用。根据上述研究结果,推荐使用保温材料聚苯乙烯板做干打垒建筑外墙内保温材料。外墙内保温改造的具体做法如下。

①在原有墙板上刷胶黏剂,必要地方安装固定件。

②贴100 mm厚EPS板。

③在聚苯乙烯板上抹 3 mm 厚聚合物水泥砂浆一层,并随抹随铺增强网布。

④在网布上抹 12 mm 厚 1∶3 水泥砂浆。

⑤喷刷底涂料一遍。

⑥最后,喷刷涂料两遍(图 4.14)。

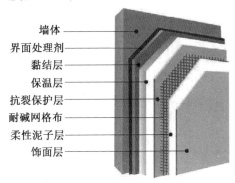

墙体
界面处理剂
黏结层
保温层
抗裂保护层
耐碱网格布
柔性泥子层
饰面层

图 4.14　外墙内保温改造示意图

(2)干打垒建筑屋顶节能改造技术。

屋顶在建筑物的负荷下消耗了大量的能源,尤其是顶层房间,其冷热负荷非常大,如果隔热性不好,将导致冬季屋顶露水,夏季热量辐射过大的情况。屋面与墙体的不同点在于,屋面可能需要承受荷载,尤其是雨雪天气的时候,需要材料有一定的力学强度。如果是平屋顶,通常采用的方式是将防水材料铺在下部,上部添加一层保温材料;如果是坡屋顶,可以铺设 EPS 和现场发泡聚氨酯进行保温节能改造。另外,还可以安装太阳能板,进行太阳能发电,满足既有建筑的用电需求。该建筑的改造主要是加强屋顶的保温隔热,并做好防水工作。具体做法如下。

①在原有钢筋混凝土板上部的水泥蛭石找坡层上贴 100 mm 厚 EPS。

②20 mm 厚 1∶3 水泥砂浆找平层。

③3 mm 厚高聚物改性沥青防水卷材。

④1.5 mm 厚合成高分子防水涂料。

(3)干打垒建筑门窗节能改造技术。

对于干打垒建筑来说,拆卸掉原来的普通玻璃窗,更换为两层或者三层的中空玻璃窗、镀膜 Low-E 玻璃等。窗框也可以由原有的铝合金窗框更换为塑钢窗框,在连接的空隙加装密封条,可以明显增强房屋的保温效果。而且对既有建筑的干预较小,施工成本低、周期短,采用这种方式可以节约大约 20% 的能耗。

还有一种方式是,在既有窗户的内侧或者外窗增加一扇新的窗户,采用双层窗户来提高保温性能,从而达到节能的目的。但是这种方式不利于通风,使用也不方便。因此,干打垒建筑采用密封外窗与原窗贴膜结合的手段进行外窗的节能改造。改造示意图如图 4.15 所示。

如图 4.15 所示,干打垒建筑采用 5Low-E+15Ar(WE)+5Low-E+15Ar(WE)+5 的 80 系列聚氨酯窗(传热系数为 0.9 W/(m^2·K))、5+12A+5+V+5Low-E 的 90 系列内平开隔热铝合金窗(传热系数为 1.0 W/(m^2·K))。外窗的具体参数见表 4.9。

图 4.15　外窗节能改造示意图

表 4.9　外窗参数

项目	技术指标
太阳能得热系数	0.600
玻璃传热系数/$[\mathrm{W} \cdot (\mathrm{m}^2 \cdot \mathrm{K})^{-1}]$	0.9~1.0
窗框传热系数/$[\mathrm{W} \cdot (\mathrm{m}^2 \cdot \mathrm{K})^{-1}]$	0.6~0.7
窗框宽度/m	0.128
间隔条热桥线性传热系数/$[\mathrm{W} \cdot (\mathrm{m}^2 \cdot \mathrm{K})^{-1}]$	0.040
窗户安装热桥线性传热系数/$[\mathrm{W} \cdot (\mathrm{m}^2 \cdot \mathrm{K})^{-1}]$	0.036

2. 干打垒建筑墙体加固改造技术

生土建筑是在有人类历史以来使用最广泛的建筑技术之一,且是迄今一直保留的建筑类型,几乎遍及全球。有些生土结构经过合理设计、选材施工后,具有很强的生命力,至今保存完好。

生土结构是我国村镇民居的主要结构类型之一。生土结构从建造技术的形式上有土坯、夯土两种不同的方式,每一种方式因所选土质、建筑技术不同而不同,在结构中的优点也各有侧重。具体形式有天然土拱窑洞、土坯叠拱、土坯墙和夯土墙等。生土建筑以就地取材为主,材料分布较广,且施工方便,造价低廉,有利于隔热保温。而经过合理设计的生土建筑具有舒适性高、施工简便、节能环保等优点。但是,生土结构自重较大,墙体抗剪强度较低,不耐水等缺点也使很多民居过早地发生了破坏。

我国生土建筑主要集中在西北部干旱地区,由于西部大开发战略的实施,给西部地区发展带来了巨大的经济活力与发展动力,改善西部地区的农村住房条件已成为当前重要目标。但由于社会经济发展水平等因素的限制,村镇一些房屋短期内仍将存在。而广大农村建筑的抗震设防问题应引起重视,如何将防震减灾工作纳入整个村镇规划、建设和管理中已经成为新农村建设的重要问题之一。

生土结构就地取材,施工简便,在技术上要求也不高。建筑形式多样,可在当地依山而建,也可就地开挖洞穴和地坑,有的则用土坯和夯筑结合的建造方式,并不需要复杂的设计。热稳定性能好:夯土材料有较大的蓄热性,吸热放湿,可以调节室内湿度,保证房屋冬暖夏凉。造价低,一般的居民都可以承担房屋的费用。具有可再生性,拆除后回收仍可作为农田土壤使用。正是由于夯土建筑的这些独有的优点,各国学者们研究生土建筑结构的热情一直没有降低。然而生土结构墙体自重较大,抗剪强度不高,生土材料脆性较大,洞口设置都较小,房屋采光不好,也是生土结构发展的制约因素。

很多国家的研究人员根据各国的不同土质特征,开展了大量的试验研究,寻找影响生土建筑功能的各种因素,提出了一整套的规范及标准,把建造不合格生土结构的事例扼杀在摇篮中。这不仅保证了生土建筑质量,而且还发挥了生土建筑的功能优势。

我国的生土结构建筑在建筑历史上有很大影响。现存下来很多优秀的生土建筑,如福建永定土楼(图4.16)、河北怀安的碹窑等,其建筑方法及建筑造型因地而异。福建永定方形遗经楼位于福建省永定县高破镇上洋村,建于清咸丰元年,方形土楼外墙东西宽136 m,南北长76 m,占地10 336 m²。其后座主楼高17 m,是永定现有土楼中最高的楼房图,建造高度达4~5层。由于在结构上进行了特殊处理,1918年永定发生大地震,此楼与环极楼一样仅在高楼处出现裂缝。河北怀安的碹窑,用晒干的泥土加其他物质筑成弧形而垒、建、盖,这是较为原始的改良土的特性的例子。碹窑除了就地取材、择地而生之外,又很好地解决了采光、用地、用水和改造生活环境等问题。

图4.16　福建永定土楼

生土结构历史悠久,且广泛分布于我国农村地区,建筑学者很少对生土结构抗震性能及构造措施进行研究,而多从历史、文化、社会、习俗等角度对传统生土建筑民居进行研究。现存的夯土墙承重房屋修建的年代较长,大约都有二三十年,除了一些屋架、门窗以外,多以生土为材料修建而成。但很多生土房屋所用的土料不同,有的在黏土中加入白灰,有的加入麦秸,以提高墙体强度。此外,木屋架的支撑形式也影响墙体的性能,其中有木柱支撑、砖柱支撑和夯土墙直接支撑等,这是我国农村最原始的材料改性及结构加固方法。

我国生土建筑开始有系统有组织的研究始于任震英先生创立的中国建筑协会生土分会。通过多年的发展历程,不仅成为国内外进行生土学术交流的平台,而且也为国内的生土研究机构指明了方向。

近些年,一些建筑师、学者对中国西北地区的窑洞类生土建筑这一节约能源的乡土建筑开展研究。生土建筑就地取材,造价低廉,技术简单,保温与隔热性能优越,房屋拆除后的建筑垃圾可作为肥料回归土地,这种生态优势是其他任何材料无法取代的。在普遍关注生态危机、能源危机、环境污染的今天,从人居环境可持续发展的观念,及生态文明的社会层面上,重新审视生土这一古老的建筑材料时,人们就清醒地认识到“生土”是最有发展前景的绿色建筑材料之一。

大庆干打垒式生土建筑同样颇具研究价值,虽有部分列为文物保护单位,但是缺少加固技术支持。经过课题组在大庆红旗村等地走访调查,2005 年大庆市林甸县花园乡发生5.1 级破坏性地震,紧邻大庆市的吉林省松原市近些年破坏性地震频发;2013 年接连发生的 5 个 $M \geqslant 5.0$ 地震,最大震级 5.8 级;2018 年 5 月 28 日发生 5.7 级地震,均属于浅源地震,震感强烈,对于大庆地区干打垒建筑产生极大破坏。墙体出现部分倒塌、开裂、倾斜及表皮脱离等现象,屋面严重变形,一些破坏严重的已成为危房。

既有使用价值,又有历史价值的干打垒建筑越来越少,主要原因在于缺少政策和技术的支持,这一局面亟待改善。本书重点研究大庆地区干打垒建筑的抗震性能和加固措施,完成承重墙体土料的物理与力学性能测试,进行抗震性能试验,构建承重墙体承载力计算方法与恢复力模型,为补充和完善相关规范、规程、行业标准及进一步研究提供参考,为大庆地区干打垒建筑的抗震加固改造提供经济可行、科学合理的实用技术。为了使干打垒建筑重获青春,持续发展,大庆地区干打垒建筑抗震加固技术研究迫在眉睫。

(1)干打垒建筑墙体加固原则。

为保证加固后的夯土墙体具有良好的强度、耐久性、抗震性能等指标,给墙体表面穿上铠甲,以抵御自然侵蚀的影响,同时经加固后的土体依然为土色,满足“修旧如旧”的基本原则。

通过在素土中添加高分子纤维来提高土体抗拉性能,同时内置铁丝网来提高墙体整体性,与墙体的拉结则采用墙体开孔(开孔点呈梅花形布置,间距为墙体厚度,水泥浆灌孔),内穿 6 mm 螺杆与铁丝网进行绑扎连接。采用纤维复合改性土内置钢丝网的方法,给墙体表面穿上铠甲,从而抵御盐蚀、紫外线老化、雨水冲刷、冻融等影响,且墙面依然为土色。鉴于此类建筑高度不高、质量有限,争取达到罕遇地震墙体不开裂,减少现代痕迹的目标。

作为加固用抹面材料,纤维复合改性土需具有以下性能。

①抗压、抗拉强度较高。

②抗雨水侵蚀、抗冻融、抗紫外线老化、耐盐蚀。

③与墙体表面的黏结牢固。

④抹面不开裂。

(2)干打垒建筑墙体加固推荐方法。

经过相关研究,纤维复合改性土抹面加固夯土墙,防止墙皮剥落效果很好,加固面与夯土墙体黏结紧密,且外观上依然表现为土色,符合历史建筑加固修复中“修旧如旧”的基本原则。

①兼顾夯土古建筑保护的基本原则,综合抗折强度、抗压强度、劈拉强度、弹性模量及各项耐久性评价指标。纤维复合改性土抹面材料推荐配合比:长度 15 mm、直径 25 μm 的 PVA 纤维体积分数 1.5%,Sinovis 液态固化剂质量分数 0.175%,聚合物质量分数 4.000%,水泥质量分数 10.000%,素土质量分数 86.885%,含水率 36.895%。

②液体固化剂可以与固化材料形成凝胶化合物,填充土壤间隙,将土壤颗粒和其他掺和料(水泥、聚合物、纤维)黏结起来,极大增加固化土的抗压强度和弹性,从而形成一个具有一定弹性且水无法渗透的整体板块。水和空气都无法进入,所以固化后改性土的水稳定性、抗冻融性、耐盐蚀及耐老化等性能都非常好.

③掺入适量合适长径比的 PVA 纤维可以直接提高改性土的抗折强度、抗压强度、弹性模量。掺入 2.000% 的熟石灰对纤维复合改性土的各项强度基本没有提高作用,对其耐久性的提高效果也不是很明显,故纤维复合改性土中掺入熟石灰的意义不大。

④纤维复合改性土是在修复历史夯土建筑的背景下进行研究的,造价相对较高,故不适用于农村夯土建筑加固。由于国内外对此类材料研究较少,因此还需在满足"修旧如旧"的前提下做更深入、更广泛、适用性更强的研究。

(3)干打垒墙局压加固设计建议。

①在屋架或檩条与土坯墙接触部位应放置不小于 400 mm×200 mm×60 mm(长×宽×高)的木垫板。

②砂浆抹面加固局压土坯墙体时,砂浆宜采用 M5 级以上,抹面厚度宜为 20 mm。水泥砂浆抹面时应分层抹灰,每层厚度宜为 10 mm。

③竖向木板加固局压土坯墙体时,木板与墙体间用泥浆找平,竖向木板顶部应采用刚度较大的钢垫板或其他垫板。竖向木板之间,宜采用直径为 10 mm 的通丝对穿连接,通丝间距宜为 300 mm,在实际加固当中竖向木板应作用于墙体基础顶面位置,并有可靠的锚固连接。

④横向木板加固局压土坯墙体时,木板与墙体间应用泥浆找平,墙体顶部"L"形木板连接处应采用抗拔性能较好的麻花钉连接,间距宜为 50 mm,必要时可加密木板宽度且厚度宜采用 80 mm、200 mm;为有效约束墙体的变形,两侧木板间宜采用直径为 10 mm 通丝对穿连接,通丝间距宜为 300 mm。

⑤竹板加固局压土坯墙体时,竹板宽度及厚度宜为 60 mm、8 mm;竹板凹侧应与墙体紧贴,且空隙间应塞满泥浆。由于试验时竹板水平开裂,实际加固时可考虑在竹板与墙体之间采用水泥砂浆塞满空隙,两侧竹板宜用直径为 10 mm 通丝对穿连接,通丝间距宜为 300 mm,其目的是使竹板与墙体达到共同受力。

(4)干打垒墙抗震加固设计建议。

①塑钢打包带加固土坯墙体时,土坯的抗压强度较低,墙体四角应设置尺寸为 L60×6 mm 的角钢打包带,宽度及厚度宜为 19 mm、1 mm;打包带的横向间距宜为 300 mm,必要时适当加密;打包带接头处的搭接长度宜为 400 mm;接头处至少采用 6 个卡口连接,采用打包机连接。

②钢丝网水泥砂浆加固干打垒墙体时,面层的砂浆强度等级宜采用 M5;钢丝网应用梅花状布置的 S 形穿墙筋固定于墙体上,S 形穿墙筋的间距宜为 800 mm;钢丝网四周采

用拉接筋与墙体可靠连接;钢丝网外保护层厚度不应小于 20 mm;钢丝网片与墙体之间的空隙不应小于 4 mm;网格间距应为 20 mm×20 mm。

③木板加固土坯墙体时,板与板面内连接宜采用扁铁及木螺丝,面外连接宜采用麻花钉,间距宜为 50 mm,必要时可适当加密,板与墙体宜采用对穿通丝连接。

④木柱木梁加固土坯墙体时,木柱与木梁交接处应各削薄一半平接,且用圆钉及扒钉连接,其中圆钉应呈三角形布置,木柱木梁与墙体宜采用对穿通丝连接。

⑤木柱木梁加斜撑加固土坯墙体时,木柱木梁交接处应各削薄一半平接,且用圆钉及 U 形钉连接,其中圆钉应呈三角形布置,X 形斜撑交接处宜采用扁铁及木螺丝连接,木柱木梁及斜撑与墙体宜采用对穿通丝连接。

第5章　基于被动保温和 BAPV 技术的
近零能耗干打垒农宅改造

建筑业是我国国民经济的重要支柱产业,正以超高速持续增长。据统计,我国每年约建成 16 亿～20 亿 m² 的房屋建筑,这样蓬勃发展的建设态势使得我国年新增建筑面积甚至高出了全部发达国家的总和。其中,我国新建建筑中 97% 以上均数高能耗、高消费的建筑。《中国建筑能耗研究报告(2018)》指出,农村住宅建筑能耗约占建筑总能耗的 23.76%。尽管近年我国逐渐重视农村建筑节能,但相较于发达国家,我国建筑在太阳能利用、建筑围护结构保温水平、采暖效率等方面研究仍有差距。尤其在我国东北地区,大多数农村住宅冬季采暖以燃烧煤炭、秸秆为主,不仅无法保证室内环境品质,还易造成温室效应、雾霾天气等污染。因此,在保证室内舒适度的同时,运用技术手段降低建筑能耗逐渐成为农村住宅的发展方向。目前,常见的建筑节能手段有优化建筑围护结构和利用可再生能源。

根据联合国可持续发展目标报告,所有国家和地区都需要采取进一步措施以于 2030 年实现能源目标。尤其如中国和澳大利亚这样的 20 多个能源消耗最高的国家应每年减少 2% 以上的能源消耗。就中国的建筑能效而言,通过严格的节能设计、施工和可再生能源利用,城市建筑的能源需求已变得越来越低。而在中国总建筑统计中,由于建筑技术落后,尽管农村房屋总量少于城市建筑,但平均能耗较高。农村住宅面积占比高达 35%,同时一次性能耗强度高达 1 527 kgce/户。因此对农村住宅建筑进行节能改造工作、降低建筑能耗现状对于"双碳"目标的达成具有重要意义。

东北严寒地区的农村住宅冬季采暖期长,在消耗了大量采暖能耗的同时,室内舒适性差,远达不到人们对热舒适的要求。造成这种现象的重要原因之一就是东北农村住宅外围护结构保温性能差,热量流失较多。作为住宅的重要组成部分,外围护结构保温性能的好坏直接影响到室内热舒适度。所以针对东北农村住宅外围护结构进行分析,进而提出改造策略具有重要的现实意义。蓄热相变材料作为一种高新储能材料,已经被广泛地应用到各个领域,尤其在建筑中应用最为普遍。目前将相变墙体技术应用在农村建筑上是严寒地区农村住宅的重要节能保温的新议题,其已成为严寒地区农村住宅建筑节能领域发展的热点之一。

与此同时,国家也逐步提出乡村建设等相关政策,环境友好、适宜居住、节约资源等成为建设总体要求。农村住宅是乡村建筑的重要组成部分,在政策驱动下各地逐步开展农村住宅节能工作。而严寒地区气候恶劣、采暖期长,农宅建筑基数大,存在冬季室内温度低、耗能高等问题,是农宅节能工作的重点区域。因此切合"双碳"目标及国家政策,对农村住宅建筑尤其是严寒地区农宅进行节能工作成为重中之重。

我国严寒地区由于独特的气候特性,为满足人居室内热环境需求,农村居民使用化石燃料能源——煤炭进行燃烧来取暖。农宅存在采暖能耗高、室内空气质量差、碳排放严重等问题。此外,严寒地区农宅多为自建建筑且年代久远,结构简单、无保温、冷风渗透严重,冬季室内温度仅为 5 ~ 10 ℃。目前,针对严寒地区农宅存在的问题,政府开展了供热计量工作及相应的节能改造工作,并取得了一定成就。但在节能改造工作中仍存在诸多问题,如改造内容和标准不统一,成本差别大;改造资金筹措难;适用节能改造技术不完善。

因此,本书在"双碳"目标的大背景下,聚焦于耗能高、碳排量高的严寒地区农宅,优化适用于该地区农宅节能改造工作中的被动式节能技术,构建由多要素耦合组成的围护结构、附加阳光间、综合节能改造方案,评价比选多种综合方案并计算其生命周期碳排放,为农宅改造工作推进提供理论支撑,同时为"双碳"目标的可实现性提供研究基础。

5.1　近零能耗农宅简介

据统计,农村房屋总能耗约占中国建筑总能耗的 23.70%。农村房屋围护结构的传热损失约占冷热负荷的 70%,在严寒气候地区更高。我国严寒地区农村住宅燃煤供热能耗高、碳排放高的问题已逐渐成为研究热点。

5.1.1　国内外严寒地区近零能耗农宅研究

近零能耗农宅是一个很好的研究思路。近零能耗农宅在一段时间内(通常是一年)发电,以满足农村房屋的能源使用,这可以将建筑能源强度和 CO_2 排放降至最低,在建筑运营的能源需求和自身产生的能源之间建立平衡。实现近零能耗农宅的一个常见策略是尽量减少现有建筑的能耗,并通过为建筑自身生产清洁能源来平衡剩余的能源需求。

通常,降低现有建筑能耗的常见方法是用节能改造来尽量减少室外温度对室内的影响。改造主要包括主动和被动改造。

主动改造包括照明、通风、地源热泵系统、供热、通风和空调(HVAC)系统、自由冷却等。在实施主动改造时,回弹效应、水力平衡和空气质量等问题也备受关注。Cansino 等研究了 2000 ~ 2014 年西班牙能源效率改善的案例,发现总反弹效应为 10% ~ 50%,经济范围反弹效应为 -4.51% ~ 40%。Du 等测量了中国住宅建筑的直接反弹效应。结果表明,城市住宅建筑的反弹效应为 79.43% ~ 110.00%,而农村地区的反弹效应从 115.28% 增加到 120.40%。Cholewa 等对多户建筑的热建筑改造的计算和实际节能进行了长期的现场评估。结果表明,使用经验证的工具可以提供准确的结果,并且测量出的实际节能值对比改造实施文件达到或超过预计节能的能耗。热改造后,供热系统水力再平衡的重大影响得到确认,由于实际节能和建筑能耗差距,对可用的现场数据进行了监测和研究。此外,室内的热舒适环境改善应当比改造有更高的优先级,尤其是室内空气质量。

被动改造包括采光,自然通风,通过隔热材料或相变材料提高建筑围护结构的储热能力。研究表明,被动改造的投资成本通常低于主动改造。因此,工程师更倾向于采用被动式节能设计。在建筑参数中,围护结构的传热系数对能耗的影响最大,其中屋顶和外墙的影响最为显著。目前,越来越多的建筑围护结构热性能研究主要是关于屋顶、墙壁和窗户等。使用隔热材料改善建筑墙体的热惰性被广泛认为是最有效的措施。从寒冷气候的经济性和可行性角度来看,屋顶的内部隔热被广泛使用。传统隔热材料主要包括膨胀聚苯乙烯、挤塑聚苯乙烯、岩棉、玻璃棉、酚醛泡沫、聚氨酯等。通过这些被动隔热措施,总体上将建筑能耗降至最低,节能效果显著。此外,还有创新材料,如气凝胶、真空、纳米和相变材料等。

5.1.2　国内外光伏建筑研究

要实现近零能耗农宅,仅将农村房屋的能源强度降至最低是不够的,还需要主动获取能量来满足供热、制冷、日常照明和其他电器的需要。太阳能十项全能比赛是推进零能耗建筑设计、模拟和优化研究的一个实验领域,是一项世界性的工程和建筑挑战。它给理论模拟和优化方法应用到现实中的试验应用提供了一个有效的过渡。光伏(PV)是一种利用丰富的可再生太阳能产生清洁能源的技术,通过建筑集成光伏(BIPV)或建筑附着/应用光伏(BAPV)技术,可以将光伏纳入建筑。BIPV 用光伏板等组件代替建筑围护结构的部分组件,并直接吸收太阳辐射,在现场产生电能。BIPV 的模块不仅应满足光伏发电的功能要求,还应考虑建筑的基本功能要求,适用于新建筑。BAPV 不会替换建筑围护结构。它直接安装在外壳上,仅用于发电。它在夏季具有遮蔽作用,有利于降低室内温度,这适用于现有建筑的能源优化。例如,Shen 等应用热电冷却和热电发电技术。Zhang 等提供了现有建筑中 BAPV 安装的评估方法。Zomer 等通过实验确定了屋顶型 BAPV 系统的性能,并比较了巴西机场 BAPV 的发电潜力和能量密度。Wu 等监测了上海家用电网连接的 BAPV 系统的发电性能,对 BAPV 系统中使用的低浓度光伏板进行了建模和实验分析。BAPV 技术相继应用于拉丁美洲的农村社区,在实际工程中,大部分落在光伏板上的太阳辐射都会损失。光伏面板吸收阳光,面板温度升高,导致电池的电效率下降,面板的结构性能减弱。学者们提出了一些改进光伏热(PVT)效率的研究。Chandrasekar 和 Senthilkumar 使用棉芯作为散热器,以降低光伏板温度。光伏板的温度降低了 12%,使光伏发电量增加了 14%。Elnozahy 等通过冷却和表面清洁将光伏板的效率提高了 2.7%。Rostami 等研究了高频超声,通过使用雾化氧化铜(CuO)纳米流体和纯水作为冷却液来增强太阳能板的冷却效果,其结论是,增加纳米流体浓度可以提高冷却效果。Ahmadi 等基于人工神经网络、最小二乘支持向量机和神经模糊的机器学习方法评估了光伏热太阳能集热器的电效率。据报道,提出的模型相关系数超过 0.92,均方误差小于 0.04。Alayi 等通过比例-积分-微分控制器,在风力发电机组和光伏能源存在的情况下,优化了多源微电网的负载频率控制,从而提供了调整微电网频率所需的响应,并在低谐波畸变的短瞬态时间后实现最终响应。Alayi 等全面分析了抛物线槽聚光光伏热系统的能源、环境和经济性,表明每年可减少 34~515 t CO_2 排放。

许多学者通过仿真分析和一些实验研究了近零能耗建筑。例如,Jin 等通过 Ecotect 为中国北方的能源平衡、金融和环境可持续性设计了近零能耗建筑。结果表明,一个 12.25 kW 容量的光伏系统和一个家庭使用的太阳能热水收集器可以供应几乎两天的电力。Stefanović 等为塞尔维亚的近零能耗建筑实施了光伏技术和翻新。结果表明,由于当地光伏板和逆变器的价格较高,目前的投资回报期在 8~12 年,不会吸引大量投资者。Zhou 等分析了中国近零能耗建筑办公室的光伏效率和能源使用情况。结果表明,由于天津大气环境影响,光伏发电量仅占建筑能耗的 58.9%。Sun 等研究了热带气候下近零能耗建筑的主动和被动改装设计的经济性。结果表明,通过照明改造和空调改进的主动解决方案在湿热气候下更具成本效益。Alajmi 等在美国通过 EnergyPlus 模拟开发了近零能耗建筑和集成光伏板及太阳能热水器。结果表明,26 m^2 的集成光伏板每年产生 4 053 kW·h,安装太阳能热水器将节省 2 045 kW·h,并减少 0.25 t CO_2 排放。Asee 等提供了将寒冷气候国家的住房存量转化为近零能耗建筑的见解。结果表明,能源改造和可再生能源技术是在寒冷气候下实现近零能耗建筑的有效措施。Moschetti 等研究了具有光伏面板和低碳隔热材料的挪威近零能耗建筑。结果表明,光伏板的使用在降低运行能量方面最为有效,而材料的能量存储和排放对近零能耗建筑至关重要。Feng 等审查了 34 个近零能耗建筑案例在湿热气候下的关键技术信息和操作条件。研究发现,在炎热和潮湿的气候条件下,近零能耗建筑通常采用被动设计和技术。Dong 等研究了近零能耗建筑的性能和光伏板在夏热冬冷地区的面积比。得出的结论是,通过适当增加光伏系统的碳抵消量,近零能耗建筑可以改装为一个全生命周期零排放建筑。Trofimova 等调查了中国近零能耗建筑的室内环境质量,使夏热冬冷地区保持舒适健康的室内条件。结果表明,夏季平均室内温度比近零能耗建筑的标准限值高 0.9 ℃。由于气候、经济、资源和农民环保意识的局限性,在中国严寒气候地区实现近零能耗农宅是一个巨大的挑战。关于严寒地区近零能耗农宅的研究很少。Wang 等全面评估了近零能耗农宅在中国寒冷地区和欧美国家的性能和方法。主要发现是,寒冷地区的被动技术受到了更多的关注,其次是光伏技术和可再生技术。Ni 等研究了中国严寒地区木质近零能耗农宅的运行性能和光伏系统。结果表明,在近零能耗农宅运行中,通过蓄水的木质结构墙减少了 62.9% 的能耗,剩余的能量由光伏系统提供。在中国北方,70% 以上的供热由煤炭这种不可再生资源提供,造成严重的环境污染。因此,在严寒地区,淘汰燃煤供热转为使用清洁供热也是近零能耗农宅需要解决的问题之一。

总而言之,近零能耗农宅是农村建筑节能研究的一个目标。中国幅员辽阔,民族众多,经济发展不平衡。气候、资源条件、经济、能源消费模式和生活习惯等方面的差异导致了我国各地区近零能耗农宅的复杂性和多样性,近零能耗农宅在严寒地区的研究和实践不足。中国严寒地区的大多数农村房屋使用煤炭发电和供热,需要将其转化为清洁和可再生能源的消费。本书以严寒地区的典型农村住宅为例,创新了研究理念:根据节能标准,采用现浇高保温材料的被动改造降低能耗,采用 BAPV 技术发电供应所有能耗,彻底消除不可再生能源,实现低成本改造和零碳运行。首先,选用保温性能优良、耐火性好、成本低的发泡水泥作为保温材料,采用现场浇筑施工,不需要脱模模板。其次,研究了隔热材料在外壳上的附加位置及窗户的更换。选择不同厚度的隔热材料和窗类型,以满足当地两项节能设计标准的传热系数要求,并使用 EnergyPlus 模拟相应的能耗。再次,对提供清洁和可再生能源的光伏发电进行了评估。PVsyst 软件用于根据当地气候模拟在建筑的南屋顶、南立面、东立面和西立面安装光伏板后的发电情况。根据不同位置光伏板的电能效率,设计了几个光伏方案。最后,讨论了各种光伏系统方案的发电量是未改造建筑和两种改造后建筑的能量消耗,确定了近零能耗农宅改造和 PV 系统的几个组合方案。比较组合方案的能耗和成本,以确定最佳近零能耗农宅方案。通过被动隔热改造和光伏系统,选择了近零能耗农宅能耗和成本最低的方案,并总结了经验结论,这是本书研究的主要目标。发泡水泥的施工工艺不复杂,本书研究采用常规安装光伏组件,易于推广应用。近零能耗农宅将发挥示范作用,彻底淘汰燃煤供热和燃煤发电,实现清洁运营和零碳排放,加快农村地区碳中和目标的实现步伐。

5.2　近零能耗干打垒农宅改造研究

本书研究的干打垒农宅位于中国黑龙江省哈尔滨市松北区对青山镇双丰村(北纬 45.99°,东经 126.42°),它被选为严寒地区(1B 区)的代表性农宅。该建筑不仅满足了当地居民的传统居住需求,也代表了中国东北严寒地区的传统农宅布局。

5.2.1　建筑模型与当地气候

1. 当地气候特征

哈尔滨地区冬季严寒,持续时间长,夏季短暂且温度不高。冬季室外空气相对干燥,年温差大,冰冻期长,冻土深厚,积雪厚,太阳辐射强度大,日照充足,风频繁。属中温带大陆性季风气候,冬长夏短,四季分明。冬季 1 月的平均气温约为−19 ℃,夏季 7 月的平均温度约为 23 ℃。该地区的建筑需要完全满足冬季的防寒、隔热和防冻要求。哈尔滨市年太阳辐射能约 5 400 MJ/m^2,有利于光伏发电。

2. 建筑原特征描述

本书所选农宅为一栋朝南的一层干打垒农宅建筑,建于 1995 年。农宅的简图如图 5.1(a)所示,建筑平面图如图 5.1(b)所示。建筑平面图为矩形,尺寸为 12 m×8 m×3 m(长×宽×高)。南北方向开有三扇窗户,南窗尺寸为 2.4 m×1.8 m,北窗尺寸为 1.2 m×1.8 m。该区域的供热期为 10 月 15 日至次年 4 月 15 日。原建筑是根据功能需求建造的,没有考虑节能设计,采用燃煤供热,供热能耗高,成本高。农宅主要围护结构见表 5.1,参考材料热物理特征值见表 5.2。

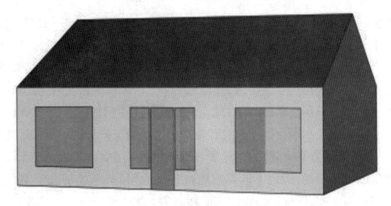

(a) 模型简图

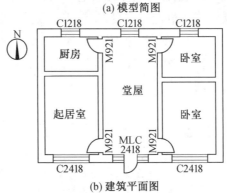

(b) 建筑平面图

图 5.1　中国北方代表性农宅

表 5.1　代表性农宅主要围护结构

建筑部分	结构(从外到内)
屋顶	5 mm 彩钢板,10 mm 沥青,10 mm 黏土和草,200 mm 钢筋混凝土
外墙	370 mm 黏土砖
地板	100 mm 钢筋混凝土

表 5.2　参考材料热物理特征值

建筑材料	密度/(kg·m^{-3})	导热系数/[W·(m·K)$^{-1}$]	比热容/[J/(kg·K)$^{-1}$]
钢筋混凝土	2 500	1.74	1 050
彩钢板	7 850	5.80	480
沥青	600	0.17	1 470
黏土和草	1 400	0.58	1 010
水磨石	1 400	1.74	840
水泥砂浆	1 800	0.93	1 050
黏土砖墙	1 700	0.50	990
发泡水泥	200	0.03	850

5.2.2 改造研究方法

上述文献分析表明通过围护结构的被动隔热和光伏系统发电相结合将传统干打垒农村住宅改造为近零能耗农宅是可行的。大多数传统的隔热材料是板材(如发泡聚苯乙烯)或带状隔热材料(如玻璃棉)。然而,板之间通常存在施工缝,板与墙连接不牢固,气密性差。这些缺陷导致隔热性能随时间衰减。因此,本书推荐现场浇注发泡水泥无脱模被动隔热技术,该技术可以克服传统材料的缺陷。此外,还应用了安装在外壳上的光伏组件的 BAPV 技术,这是一种主动的可再生能源利用技术。被动和主动技术一起应用是近零能耗农宅改造项目最可行和最合适的方式。

1. 发泡水泥物理参数和施工工艺

围护结构改造采用高保温发泡水泥,采用现场浇筑无脱模模板施工技术。该技术的显著优点是良好的隔热完整性和气密性,避免了板状隔热材料接缝处的弱隔热,防火等级为 A1 级。泡沫水泥由快硬硫铝酸盐水泥、普通硅酸盐水泥、粉煤灰、硅灰、碳酸锂、硬脂酸钙、甲基纤维素、分散乳胶粉、工程纤维、减水剂、水和过氧化氢制成。这些成分的质量占比如下:35.95%、9.80%、13.07%、3.27%、0.16%、0.98%、0.16%、0.13%、0.33%、0.20%、32.68% 和 3.27%。发泡水泥的导热系数和密度列于表 5.2 中。

本研究中的隔热改造施工采用无脱模的现浇施工工艺,与传统工艺相比,提高了完整性和气密性,并省略了脱模工艺。保温改造施工的主要过程如下:首先,根据保温层的厚度选择合适尺寸的轻钢龙骨,并进行测量,将轻钢龙骨固定在基础墙外或屋顶内,作为发泡水泥和面层的承重和连接构件。然后,在龙骨外侧粘贴隔热垫,以防止出现冷桥现象。随后,使用射钉将硅酸钙板表层锚固在龙骨上作为外模板,只留下上部灌浆开口。最后,采用分段浇注法和快速凝固技术浇注泡沫水泥。将快硬硫铝酸盐水泥、普通硅酸盐水泥、粉煤灰、硅灰、碳酸锂、硬脂酸钙、甲基纤维素、分散乳胶粉和工程纤维按配合比混合,然后加入减水剂和水。施工温度控制在 20 ~ 35 ℃,搅拌 15 ~ 30 s,然后加入过氧化氢,搅拌均匀,迅速倒入模具中,发泡,固化。3 ~ 5 min 达到初凝状态,20 ~ 40 min 固化,并具有一定的承载力。

2. 方案研究

为了进一步降低建筑能耗,中国制定了一些标准,适用于新建、扩建和改建建筑的节能设计。在中国严寒地区,将现有农村房屋改装成近零能耗农宅有两项节能标准:一是《严寒和寒冷地区居住建筑节能设计标准》(JGJ 26—2018);二是《近零能耗建筑技术标准》(GB/T 51350—2019),要求围护结构的传热系数较低,建筑能耗较低。最初的建筑的屋顶、外墙和窗户的传热系数不符合这两个标准,因此有必要对这些组件进行改造以实现节能。为了获得最佳的节能改造方案,本研究采用了这两个标准,并选择了不同的围护结构改造方案和光伏系统。不同的方案分析如下。

方案 1(围护):围护材料的导热系数值选自表 5.2。外墙和屋顶的发泡水泥厚度取值符合两个标准的传热系数要求,结果与标准的上限值一起显示在表 5.3 中。根据中国建筑标准设计图集中的建筑节能门窗选项,选择了两种传热系数符合标准要求的廉价窗户。根据表 5.3 中的参数,外墙和屋顶增加了相应厚度的发泡水泥保温层。在隔热改造期间,原有的主要结构没有改变。在外墙翻新工程中,移除外表面的水磨石板以露出水泥砂浆。轻钢龙骨安装在水泥砂浆外,硅酸钙板固定在龙骨外,泡沫水泥注入龙骨中间。外面抹水泥砂浆,贴水磨石板。在屋顶改造中,在钢筋混凝土板下安装轻钢龙骨,固定硅酸钙板,并注入泡沫水泥。方案 R1 和方案 R2 的外墙和屋顶的具体结构剖面如图 5.2 所示。

表5.3　主要围护结构保温层厚度及对应的传热系数

方案	围护结构	发泡水泥厚度/mm	实际传热系数 /[W·(m²·K)⁻¹]	标准传热系数 /[W·(m²·K)⁻¹]
R1	外墙	60	0.295	0.3
	屋顶	50	0.192	0.2
	外窗	—	1.4	1.4
R2	外墙	240	0.106	0.1~0.15
	屋顶	180	0.105	0.1~0.15
	外窗	—	1.0	≤1.0

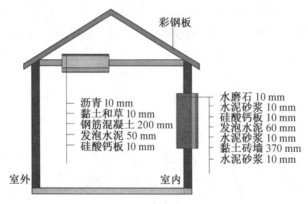

彩钢板

沥青 10 mm
黏土和草 10 mm
钢筋混凝土 200 mm
发泡水泥 50 mm
硅酸钙板 10 mm

水磨石 10 mm
水泥砂浆 10 mm
硅酸钙板 10 mm
发泡水泥 60 mm
水泥砂浆 10 mm
黏土砖墙 370 mm
水泥砂浆 10 mm

室外　　　　室内

(a) 方案 R1

方案 2(光伏板):采用单晶硅太阳能组件光伏板。光伏面板尺寸为 2.3 m×1.2 m,额定峰值功率为 430 W。建筑屋顶坡度为 30°。只有南坡有充足的阳光,所以屋顶上的光伏板只放在南坡上。屋顶南坡尺寸为 12 m×4.6 m,可安装 20 块光伏板,如图 5.3(a)所示。南立面可安装两块光伏板,东立面或西立面可安装 9 块光伏板,如图 5.3(b)所示。这些面板平行于屋顶或外立面安装。这些光伏组件需要由专业人员安装,以避免损坏光伏板和影响发电效率。经结构验算,原建筑可承受增加光伏板的荷载,不影响建筑安全。理论上,不同位置的光伏板的发电效率是不同的,并且有许多组合情况。为了使原建筑满足近零能耗农宅的要求,光伏板的布置基于每个光伏板的发电效率并得到了充分的讨论。

3. 能耗模拟和验证

本研究的能耗模拟全部由 EnergyPlus 软件完成。EnergyPlus 是一个开源的建筑能耗

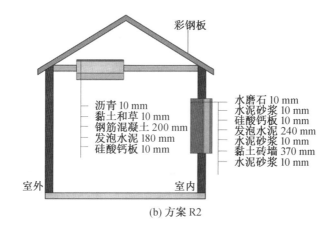

沥青 10 mm
黏土和草 10 mm
钢筋混凝土 200 mm
发泡水泥 180 mm
硅酸钙板 10 mm

水磨石 10 mm
水泥砂浆 10 mm
硅酸钙板 10 mm
发泡水泥 240 mm
水泥砂浆 10 mm
黏土砖墙 370 mm
水泥砂浆 10 mm

(b) 方案 R2

图 5.2　围护结构改造方案简介

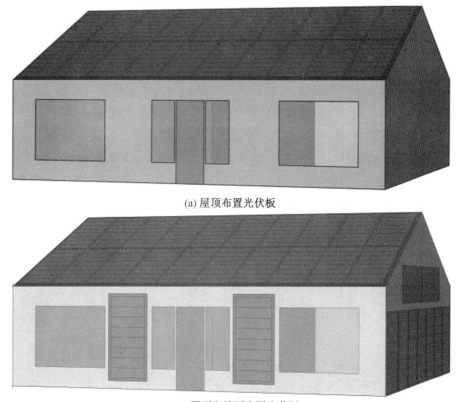

(a) 屋顶布置光伏板

(b) 屋顶和墙面布置光伏板

图 5.3　光伏板布置图

模拟和负荷分析软件,可用于模拟每小时和每年的建筑能耗,为暖通空调设计师提供适当的建筑空调系统。CTF 算法本质上是一种反应系数法,但它更准确,因为它基于墙的内表面温度,而不像通常基于室内空气温度的反应系数法。为了更准确地计算建筑物的年能耗,EnergyPlus 可以计算建筑物的照明、设备和空调的年能耗。计算内表面热流密度的 CTF 式为

$$Q_i = -Z_0 T_{i,\theta} - \sum_{j=1}^{nz} Z_j T_{i,\theta-j\delta} + Y_0 T_{0,\theta} + \sum_{j=1}^{nz} Y_j T_{0,\theta-j\delta} + \sum_{j=1}^{nq} \Phi_j Q_{ki,i-j\delta} \qquad (5.1)$$

外表面热流密度计算式为

$$Q_i = -Y_0 T_{i,\theta} - \sum_{j=1}^{nz} Y_j T_{i,\theta-j\delta} + X_0 T_{0,\theta} + \sum_{j=1}^{nz} X_j T_{0,\theta-j\delta} + \sum_{j=1}^{nq} \Phi_j Q_{k0,i,i-j\delta} \qquad (5.2)$$

式中，X_j 为外表面 CTF 系数；Y_j 为导热 CTF 系数；Z_j 为内表面 CTF 系数；Φ_j 为热流 CTF 系数；T_i 为内表面温度，℃；T_0 为外表面温度，℃；Q_i 为内表面导热传热流密度，W/m²；Q_0 为外表面导热传热流密度，W/m²；θ 为当前时间和日期；δ 为每个步骤间的时间间隔；j 为步骤数量。

为方便计算，不考虑人体、电器和光伏遮阳板等不稳定热源，同时忽略通过门进行的热交换。

本研究选择了一个模拟案例来研究农村住宅中卧室的室内温度，以验证 EnergyPlus 软件的准确性。验证研究中的建筑位于中国四川省广汉市（北纬 30°99′，东经 104°25′），处于夏热冬冷地区。这是一栋单层砖木建筑，面积为 51.12 m²。在给定参数的情况下，利用 OpenStudio 建立了三维模型，并将数值模拟结果与实测温度曲线进行了比较。模拟结果如图 5.4 所示。模拟验证温度曲线的变化趋势与实测温度曲线相似。模拟和测量偏差的原因如下。首先，EnergyPlus 软件中的天气模拟文件与验证区域 2014 年 8 月 24 日测得的天气参数不一致，软件中的气象数据代表平均值。其次，文献中给出的模拟条件不充分。例如，建筑物各部分的结构参数和热性能没有明确定义。最后，仿真软件不能完全建立被测建筑的建筑结构和周围环境。总体而言，由于数值模拟结果与测量结果之间的偏差在 5% 以内，最大差异仅为 1.5 ℃，因此 EnergyPlus 软件中的模拟方法可用于后续的模拟分析。

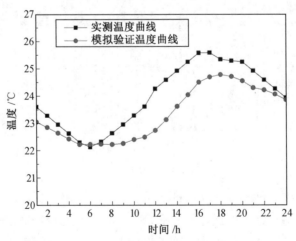

图 5.4　室内实测温度与模拟温度比较

4. 光伏板发电量模拟

PVsyst 是世界各地工程师使用的光伏发电仿真软件,其精度非常接近实际值。在本研究中,PVsyst(版本 7.2.3)用于模拟和分析屋顶及外立面的光伏发电。为了比较成本,分别设计和计算了并网系统和独立系统。选择哈尔滨作为地理位置,以便 PVsyst 软件自动匹配相应的气象数据,如月度全球辐射、漫反射、温度和风速。然而,一些参数仍需要更改,例如反照率。反照率是地球表面对阳光的漫反射系数。这是地球表面对阳光的反射能力,它影响光伏板接收的太阳辐射。反照率越大,表面对阳光的反射能力越强。一般地表的反照率在 0.15 ~ 0.25。当表面有特殊条件时,可超过该值。在大范围降雨或降雪的情况下,反照率将增加到 0.55 ~ 0.75。本研究中,从 11 月到次年 2 月,该地区有 4 个月被冰雪覆盖,反射率设置为 0.6,其他 8 个月的反射率设置为 0.2(Wang,2017)。光伏面板的电能输出通过式(5.3)进行计算:

$$E_{pv} = G\tau_g\eta_r[1 - 0.004\,5 \cdot (T_{pv} + 273.15 - T_e)] \tag{5.3}$$

式中,E_{pv} 为输出电量;G 为入射在光伏板垂直平面上的太阳辐射强度;T_g 为光伏玻璃板的透射率;η_r 为标准测试条件下光伏板的光伏转换效率;0.004 5 为光伏电池的温度系数;T_{pv} 为太阳能电池的表面温度;T_e 为环境中空气的干球温度。

5. 成本估算

本研究的目的是通过研究将提升能源效率技术与光伏技术相结合实现近零能耗农宅的可行性。作为初步项目方案的成本评估,回收期分析方法被广泛使用,也被用于本研究。在近零能耗农宅实际工程验证和运行监控的下一步中,将选择更准确的评估方法和指标,如净现值(NPV)分析和内部收益率(IRR)。

在实际施工过程中选择外墙保温层厚度和光伏板的布置位置时,综合考虑了节能效果和投资成本。经过仔细的比较,选出最科学、最合理、最经济的方案,然后进行进一步的技术实践和推广工作。

为评估改造方案和光伏系统的经济性,本书使用了主要与节能收入、材料成本、贷款年利率和其他因素有关的投资回收期作为衡量方案经济性的尺度,其计算方法为

$$C_T = C_R + C_P + C_A \cdot F_{PW} \tag{5.4}$$

式中,C_T 为各方案改造和加装光伏系统的总成本(元);C_R 为节能改造成本(元);C_P 为加装光伏系统的成本(元);C_A 为维持热舒适性的年采暖能耗成本,17.74 元/年;F_{PW} 为现值系数,其计算方法为

$$F_{PW} = \frac{1+L}{R-L}\left[1 - \left(\frac{1+L}{1+R}\right)^{n_1}\right] \tag{5.5}$$

式中,L 为逐年增长的能源比例,计算为 2%;R 为折现率,计算为 8.5%;n_1 为使用年限,中国通常为 15 年。

各方案相比于最初的建筑节省出的能耗以 kW·h 为单位,当地平时的用电成本为

0.56 元/(kW·h),年能源节约成本 C_s 单位为元/年,则投资回收周期 n(年)可表示为

$$n = \frac{C_T}{C_S} \tag{5.6}$$

主要建筑材料和组件的成本见表5.4。

表5.4　主要建筑材料和组件的成本

种类	发泡水泥/m³	窗户(传热系数为1.0/1.4)	施工花费	硅酸钙板	钢龙骨	外墙装饰	每块太阳能光伏板	并网逆变器(5 kW)	电池(1.2 kW)
价格/元	400	550/600	2 000	270	200	340	750	500	500

6. 分析方法

在方案分析过程中,首先模拟了最初的建筑的相应能耗,即方案 R1 和方案 R2。然后,进行不同位置的光伏发电模拟和发电效率分析,以获得满足方案 R1 和方案 R2 中的建筑的各种光伏布局方案下的能耗。最后,对每种情况进行成本比较,以选择改造和加装光伏系统的最佳组合方案。

5.2.3　结果分析

1. 改造前后能耗表现

干打垒农村住宅室内供热设计温度为18 ℃,以提供建筑的热舒适性。根据当地气候特点,10 月至 4 月需要供热。因此,执行 EnergyPlus 模拟以确定这 7 个月供热期的能源需求。另外 5 个月气候适宜,不需要制冷和供热。对原建筑、方案 R1 和方案 R2 的月供热能耗进行了估算,如图 5.5 所示。从图中可以看出,原建筑节能改造前的年供热能耗为 12 669.6 kW·h。通过节能改造,大大降低了建筑供热能耗。方案 R1 的年供热能耗为 6 670.9 kW·h,节能率为 47.35%。根据建筑面积和使用习惯,估计照明和电气设备的月耗电量,如图 5.6 所示。方案 R1 和方案 R2 的原建筑年总能耗分别为 19 460.1 kW·h、13 461.4 kW·h 和 11 519.9 kW·h。

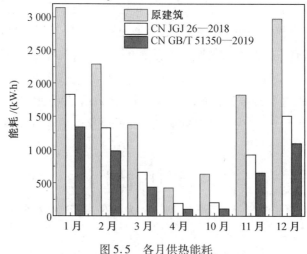

图5.5　各月供热能耗

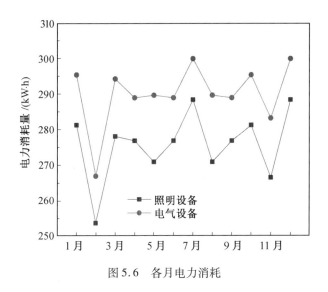

图 5.6　各月电力消耗

　　逐月统计建筑能耗总量和节能率如图 5.7 所示。从图中可以看出,方案 R2 的最高节能率出现在 12 月,建筑能耗为 1 684.98 kW·h,节能率为 52.68%。方案 R1 的最高节能率也出现在 12 月,建筑能耗为 2 102.62kW·h,节能率为 40.95%。

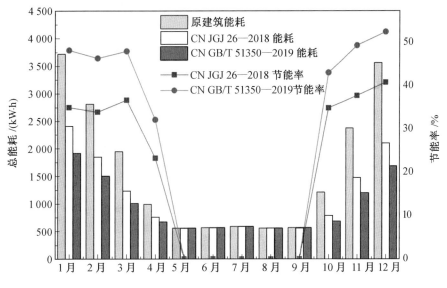

图 5.7　各月总能耗和节能率

2. 光伏系统发电量

　　本书通过 PVsyst 软件对不同位置的光伏板的发电进行了模拟和比较来获得更好的发电效率。屋顶、南立面、东立面和西立面上每个光伏面板的年发电量见表 5.5,月发电功率如图 5.8 所示。

表5.5　光伏系统年发电量

位置	光伏电池板数量/块	单块光伏板年发电量/(kW·h)	年总发电量/(kW·h)
屋顶	20	651.8	13 036.0
南立面	2	444.4	888.8
东立面	9	301.1	2 709.9
西立面	9	302.8	2 725.2

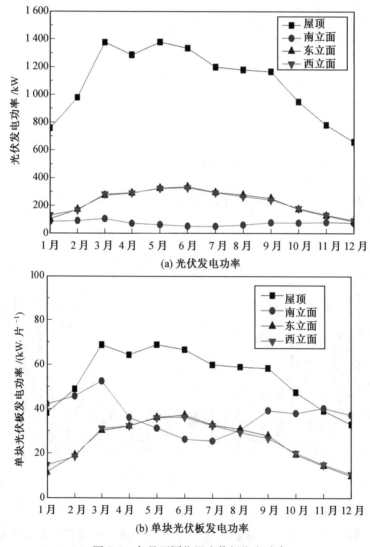

(a) 光伏发电功率

(b) 单块光伏板发电功率

图5.8　各月不同位置光伏板发电功率

　　表5.5显示,屋顶光伏板的电能效率最高,其次是南立面。西立面和东立面的电能效率接近且较低,东立面最低。它们的安装方法和成本相似。因此,为了实现能量平衡,首选屋顶光伏系统,其次是南立面,最后考虑西立面和东立面。根据安装位置的不同,本书

提出了 4 种光伏安装方案,各安装方案主要建筑材料和组件的成本见表 5.6。各方案间的发电量和能耗差异也得到了充分的计算。

表 5.6　主要建筑材料和组件的成本

光伏安装方案	安装位置	年发电量/(kW·h)	与原建筑差异/(kW·h)	与方案 R1 差异/(kW·h)	与方案 R2 差异/(kW·h)
PV1	屋顶	13 036.0	−6 424.1	−425.4	1 516.1
PV2	屋顶+南立面	13 924.8	−5 535.3	463.4	2 404.9
PV3	屋顶+南立面+西里面	16 650.3	−2 809.8	3 188.9	5 130.4
PV4	屋顶+东立面+西立面+南立面	19 360.2	−99.9	5 898.8	7 840.3

由表 5.6 可知,原建筑的能耗过高,无法通过添加 BAPV 系统实现近零能耗农宅。节能改造方案 R1 的能耗降低,通过案例 PV2、PV3 和 PV4 可以实现近零能耗农宅。节能改造方案 R2 的能耗显著降低,通过方案 PV1、PV2、PV3 和 PV4 可以实现近零能耗农宅。由此可见,被动节能改造是实现近零能耗农宅的必要手段。节能效果越好,就越容易实现近零能耗农宅。这 7 种组合方案,即方案 R1 和 PV2、方案 R1 和 PV3、方案 R1 与 PV4、方案 R2 与 PV1、方案 R2 和 PV2、方案 R2 和 PV3 及方案 R2 与 PV4,将在下文进行详细比较和分析。

在实际应用过程中,月发电量和能耗不一致,如图 5.9 所示。在该地区严寒的 11 月至次年 2 月的 4 个月中,供热能耗非常高,所有的光伏安装方案都无法弥补这一时期的能耗。在其他 8 个月中,每个光伏安装方案的发电量都超过了耗电量。将光伏并入电网或是与独立的电池相连可用来弥补光伏发电与耗电的季节性不平衡。

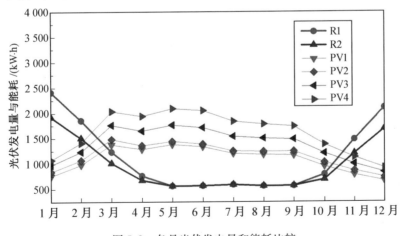

图 5.9　各月光伏发电量和能耗比较

3. 成本分析

根据表 5.4 和式(5.1),节能改造方案 R1 和方案 R2 的 C_R 分别计算为 7 143.44 元和 19 375.76 元。成本的差异主要是因为发泡水泥的用量不同。

在成本计算中,需要转换并网电价差异。根据图 5.9 中的月度光伏发电量和能耗,当月度光伏发电量大于能耗时,多余的电力按照并网价格(0.374 元/(kW·h))出售给国家。当发电量低于用电量时,按照用电价格(0.560 元/(kW·h))向国家购买电力。通过分别计算每个光伏案例的电价转换值获得相应的成本。当使用独立电池时,需要详细设计电池容量。不同的光伏建设时间将导致不同的电池容量。根据当地气候特点,于 4 月建设一个总体项目。改造和光伏系统安装预计将在 1 个月内完成。光伏系统自 5 月开始运行。从 5 月到 10 月,光伏发电量减去能耗为正值,总值作为电池的最大容量。方案 R1 的电池容量接近图 5.9 中方案 R2 的电池容量。经过计算,方案 PV1、PV2、PV3 和 PV4 的 1.2kW 电池数量分别为 3 个、3 个、4 个和 5 个。通过式(5.1)～(5.3)分别计算了 7 种方案下的 2 种电源系统的成本和回收期,见表 5.7。

表 5.7　7 种组合方案的成本和回收期

方案组合	并网系统		离网系统	
	成本/元	回收期/年	成本/元	回收期/年
R1 和 PV2	24 944.50	7.4	25 811.62	7.7
R1 和 PV3	30 577.34	9.1	33 061.62	9.8
R1 和 PV4	36 222.62	10.8	39 811.62	11.9
R2 和 PV1	22 826.84	5.1	36 543.94	8.2
R2 和 PV2	23 932.95	5.4	38 043.94	8.6
R2 和 PV3	29 515.80	6.6	45 293.94	10.2
R2 和 PV4	35 211.08	7.9	52 043.94	11.7

表 5.7 显示,在相同情况下,并网系统成本低于离网系统,回收期也更短。可以看出,虽然购电价格明显高于售电价格,但低于购买安装独立电池的成本。在实际运行过程中,电池需要维护,并且蓄电容量会随着时间的推移而下降。因此,建议采用并网系统。在 7 种并网系统的方案中,在相同的改造情况下,尽管发电量增加,但光伏板越多,成本越高,回收期越长。这表明光伏板的发电效率非常重要。然而,在西立面安装光伏的方案 PV3 和在东立面安装光伏的方案 PV4 的发电效率较低,增加光伏板并不经济。在所有改造方案组合中,方案 R2 和 PV1 系统的成本最低,回收期最短,是最佳方案。方案 R2 符合最新和最严格的节能标准《近零能耗建筑技术标准》(GB/T 51350—2019)的要求。这也表明,标准越严格,所建建筑越接近实现近零能耗农宅。倾斜屋顶的角度也有利于提高发电效率。

总结以上研究结果,首先,被动式节能改造是实现近零能耗农宅的重要技术。虽然被动改造的成本很高,但它具有出色的节能效果。其次,光伏板的发电效率也很重要。光伏板的位置和角度对发电效率有很大影响,这是设计的重点。最后,应通过实施严格的节能标准促进零能耗农宅的建成。

4. 结论

在本研究中,根据两项节能标准,采用了泡沫水泥围护结构保温和窗户更换。为了满足近零能耗农宅的要求,设计了几个围护结构改造和 BAPV 系统进行组合的方案并进行了能耗模拟,通过对光伏发电量和成本进行估算,得出了最优方案。

(1)主要发现和结论。

围护结构改造使用高保温发泡水泥,采用现场浇筑不脱模模板施工工艺可以提高围护结构整体保温效果,并减少建筑垃圾。

为满足两项节能标准的传热系数要求,方案 R1 和方案 R2 的泡沫水泥保温层厚度分别为 60 mm(外墙)和 50 mm(屋顶)、240 mm(外墙)和 180 mm(屋顶)。

屋顶加装光伏板的电能效率最高,其次是在南立面加装光伏板,在东立面加装效果最差。根据要求,在并网和离网系统中各设计了 4 种光伏面板加装方案。

通过成本比较,发现并网系统的成本低于离网系统。低传热系数包络线和屋顶并网光伏系统的方案 R2 和 PV1 是实现近零能耗农宅的最佳方案,其成本为 22 826.84 元人民币,回收期为 5.1 年。光伏系统发电量充足,既能满足电器的日常使用,又能满足冬季供热。它不需要原建筑的燃煤发电和供热,从而实现清洁运行。

通过表 5.6 可知,被动节能技术对实现近零能耗农宅至关重要,改造后的能耗由光伏系统发电提供。本研究投资回收期更短,经济效益显著。

这些结果为严寒地区传统干打垒农村住宅实现近零能耗农宅的低成本节能改造的可行性提供了依据。这项研究可以促进近零能耗农宅的环保改造建设和 BAPV 系统的加装设计,大大减少温室气体排放,并有助于农村碳中和。

(2)研究局限性和未来展望。

本研究的局限性在于缺少实际工程案例来验证理论方法。基于本研究建设近零能耗干打垒农宅的最大障碍是现场浇筑发泡水泥的免脱模技术实施起来困难,需要高水平的专业技术人员来进行施工,这将影响其推广速度。

今后的研究目标将会集中于实际工程验证。根据理论结果,工程师和学者建造了近零能耗农宅改造示范项目用于监测光伏组件的运行情况,进一步分析和测试我们的改造技术,并为大规模推广做好准备。

5.3　改造后农宅经济及环保效益评价

5.3.1　经济与环保效益评价理论

1. 经济效益分析

建筑经济性评价指标是建筑效益评价体系中最重要的部分之一,因为它综合考虑了建筑从设计、建造、施工到使用的全生命周期内发生的一切费用,在纵向的时间轴内评价了建筑在经济上所需支付的费用总和。而当前评价建筑经济性的分析指标一般以"静态回收期"为标准,即"投资增量回收期"。以该指标来评价建筑,即通过建筑的所有初始投资与在使用期限内每年所能节约的费用的比值得出,静态回收期即回收全部成本的年限。以此作为经济性评价标准完全忽略了设备在日后的维护和运行费用。因此本研究采用了动态建筑全生命周期成本的方法,是对包括成本投资和运行维护费用的总和计算,是更科学有效的。

2. 环保效益分析

随着社会和经济的飞速发展,能源短缺和环境污染问题日益严重。目前,我国积极面对这两个重要问题,不断引入法律法规以提供法制保护,同时积极采取有效的治理方法。针对能源短缺问题,当前有效的解决方案是改变能源消费结构,最大限度地利用可再生能源,并开发新的清洁能源。解决环境问题还有很长的路要走,减少能源消耗及废气排放,减少 CO_2 等温室气体和其他有毒气体的排放是目前解决环境问题的重点。

5.3.2　经济与环保效益评价数学模型

1. 经济效益评价数学模型

(1)动态建筑全生命周期成本。

动态建筑全生命周期成本包括两个方面:建筑的初始投资和年金,年金又分为能耗费用和运行费用(人工费和维修保护费用等)。用动态法计算生命周期内的总费用 LCC 包括初始投资费用 IC(Initial Cost)、运行费用 OC(Operating Cost)、维护费用 MC(Maintenance Cost),表示为

$$LCC = IC + (MC + OC) \cdot PWF \tag{5.7}$$

式中,PWF 称为现值系数,是指将全生命周期内总能耗成本转换为直接费用的系数,可由下式计算

$$PWF = \frac{1+L}{D-L} \Big[1 - \Big(\frac{1+L}{1+D} \Big)^n \Big] \tag{5.8}$$

式中,n 为年数,可取 15(一般国内为 15 年,国际上为 20 年);L 为每年能源单价上涨比例,可取 2%;D 为折现率,可按银行基准贷款利率上浮 1.5~2 个百分点,如可取 8.5%计算。

(2)年金计算。

①运行费用 OC。如用电动控制,则需持续耗电,计算中有运行费用 OC;若为人工开启,则无此费用。由单位采暖能耗的运行价格 ocp(单位:元/(kW·h))来作为对比评价的重要指标。其计算式为

$$ocp = \frac{OC}{\sum Q} \tag{5.9}$$

式中,Q 为全年运行天数。

②维护费用 MC。维护费用 MC 包括各种维护中所产生的损失费、零件更换等费用。由单位采暖能耗和维护价格 mcp(单位:元/(kW·h))来作为对比评价的重要指标。其计算式为

$$mcp = \frac{MC}{\sum Q} \tag{5.10}$$

(3)投资回收期。

投资回收期也称"投资回报期",用来表示项目收入达到总投资所需的时间限制。投资回收期等于整个生命周期成本与年度成本降低之比。综合前几节内容,这里给出投资回收期 P 的计算公式,即

$$P \cdot (Q_0 - Q_{PCM}) \cdot C_e \cdot \frac{PWF}{n} - C_{I,PCM} = 0 \tag{5.11}$$

式中,n 为全生命周期值。

2. 环保效益评价数学模型

若以标准煤计,常规能源 CO_2 排放量按下式计算:

$$Q_{CO_2} = \frac{Q_A \cdot n}{W_0 \cdot Eff} \cdot F_{CO_2} \tag{5.12}$$

式中,Q_{CO_2} 为系统寿命期内 CO_2 排放量,kg;Q_A 为热源提供热量,MJ;n 为系统寿命,15 年;W_0 为标准煤热值,29.308 MJ/kg;Eff 为常规能源利用率,燃煤锅炉为 0.77;F_{CO_2} 为 CO_2 排放因子,煤碳排放因子为 2.85。

5.3.3　经济与环保效益评价

1. 农宅阳光间围护结构性能提升技术研究效益评价

(1)初始投资。

本研究的初始投资为购买和安装阳光间及 PCM 所需要的投资。可分为购买和安装围护结构有 PCM 和无 PCM 的农宅所需的初始投资成本。在本研究中购买未填充 PCM 的农宅成本为 138 元/m²,填充 PCM 的农宅成本见表5.8。

表5.8　阳光间和 PCM 初始投资

相变温度/℃	14	16~18	20~22
初始投资成本/(元·m⁻²)	170	168	165

如表5.8所示,将无相变材料初始投资成本作为定值,有相变材料初始成本随着相变温度的提高而有所降低。

(2)年金计算。

本研究中所有研究对象的全生命周期内年平均采暖能耗见表5.9。

表5.9 阳光间和PCM全生命周期年平均采暖能耗

序号	种类			$Q_{PCM}/(kW \cdot h)$	$Q_{NonPCM-QPCM}$ /$(kW \cdot h)$	Q_{0-QPCM} /$(kW \cdot h)$
1	墙体	改变相变材料厚度/mm	10	7 309.58	136.10	1 093.65
2			20	7 269.63	176.05	1 133.60
3			30	7 251.37	194.31	1 151.86
4			40	7 235.22	210.46	1 168.01
5			50	7 224.77	220.91	1 178.46
6			60	7 215.13	230.55	1 188.10
7		改变相变温度/℃	14	7 504.54	−58.86	898.69
8			16	7 089.70	355.98	1 313.53
9			18	7 251.37	194.31	1 151.86
10			20	7 223.65	222.03	1 179.58
11			22	7 297.65	148.03	1 105.58
12		改变墙体内部位置方案	方案Ⅰ	7 384.35	61.33	1 018.88
13			方案Ⅱ	7 300.56	145.12	1 102.67
14			方案Ⅲ	7 142.92	302.76	1 260.31
15			方案Ⅳ	7 441.07	4.61	962.16
16			方案Ⅴ	7 135.18	310.50	1 268.05
17			方案Ⅵ	7 411.16	34.52	992.07
18		不同墙体填充方式	南墙	7 134.34	311.34	1 268.89
19			单面墙体Ⅰ	7 311.37	134.31	1 091.86
20			单面墙体Ⅱ	7 278.71	166.97	1 124.52
21			双面墙体Ⅰ	7 256.44	189.24	1 146.79
22			双面墙体Ⅱ	7 225.04	220.64	1 178.19
23			三侧墙体	7 251.37	194.31	1 151.86
24	屋顶	改变屋顶中的位置方案	方案Ⅰ-屋顶	7 248.90	196.78	1 154.33
25			方案Ⅱ-屋顶	7 203.28	242.40	1 199.95
26			方案Ⅲ-屋顶	7 226.26	219.42	1 176.97
27			方案Ⅳ-屋顶	7 334.69	110.99	1 068.54
28			方案Ⅴ-屋顶	7 234.43	211.25	1 168.80
29			方案Ⅵ-屋顶	7 311.38	134.30	1 091.85
30	天花板			6 901.27	544.41	1 501.96
31	地面			7 988.94	−543.26	414.29

将表 5.9 中的不同种类含 PCM 农宅全生命周期内的年平均采暖能耗,乘以电力费率便可算得全生命周期内的年平均电力成本,即年度运营成本。

图 5.10 所示为年平均采暖能耗降低值(相对于无 PCM 农宅),通过对比填充 PCM 农宅和未填充 PCM 农宅全生命周期内的年平均采暖能耗,发现将 PCM 填充到南墙中、相变温度为 16 ℃、墙体填充 PCM 方案 V、方案 Ⅱ–屋顶含 PCM 农宅为最佳选择。同时发现,相变温度为 14 ℃ 和地面填充 PCM 均比未填充 PCM 农宅全生命周期内的年平均采暖能耗高,不建议使用。同时,天花板填充 PCM 的方案年平均采暖能耗降低值最低,为544.41 kW·h,天花板面积大,前期投资高,投资回收期会较长,需进一步进行分析比较。

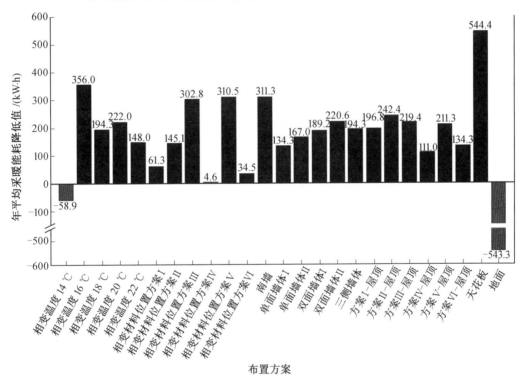

图 5.10　年平均采暖能耗降低值(相对于无 PCM 农宅)

(3)投资回收期。

经过计算,含 PCM 农宅的投资回收期 P 见表 5.10。

如表 5.10 所示,通过计算得到了含 PCM 农宅的投资回收期 P,从表格可以清晰地看到,地面填充 PCM 的回收期为 68.43 年,远超过全生命周期的 30 年,在全生命周期内不会回收成本。为了更直观地分析,剔除地面填充 PCM 的情况,绘制投资回收期 P 如图 5.11所示。

表 5.10　PCM 农宅投资回收期 P

序号	种类			$Q_{0-QPCM}/(kW \cdot h)$	$CI_{PCM}/$元	$P/$元
1	墙体	改变相变材料厚度/mm	10	1 093.65	5 292	10.80
2			20	1 133.6	5 292	10.42
3			30	1 151.86	5 292	10.26
4			40	1 168.01	5 292	10.11
5			50	1 178.46	5 292	10.02
6			60	1 188.1	5 292	9.94
7		改变相变温度/℃	14	898.69	5 355	13.30
8			16	1 313.53	5 292	8.99
9			18	1 151.86	5 292	10.26
10			20	1 179.58	5 197.5	9.84
11			22	1 105.58	5 197.5	10.49
12		改变墙体内部位置方案	方案 I	1 018.88	5 292	11.59
13			方案 II	1 102.67	5 292	10.71
14			方案 III	1 260.31	5 292	9.37
15			方案 IV	962.16	5 292	12.28
16			方案 V	1 268.05	5 292	9.32
17			方案 VI	992.07	5 292	11.91
18		不同墙体填充方式	南墙	1 268.89	5 292	9.31
19			单面墙体 I	1 091.86	3 628.8	7.42
20			单面墙体 II	1 124.52	3 628.8	7.20
21			双面墙体 I	1 146.79	8 920.8	17.36
22			双面墙体 II	1 178.19	8 920.8	16.90
23			三侧墙体	1 151.86	12 549.6	24.32
24	屋顶	改变屋顶中的位置方案	方案 I-屋顶	1 154.33	13 579.2	26.26
25			方案 II-屋顶	1 199.95	13 579.2	25.26
26			方案 III-屋顶	1 176.97	13 579.2	25.75
27			方案 IV-屋顶	1 068.54	13 579.2	28.37
28			方案 V-屋顶	1 168.80	13 579.2	25.93
29			方案 VI-屋顶	1 091.85	13 579.2	27.76
30		天花板		1 501.96	12 700.8	18.88
31		地面		414.29	12 700.8	68.43

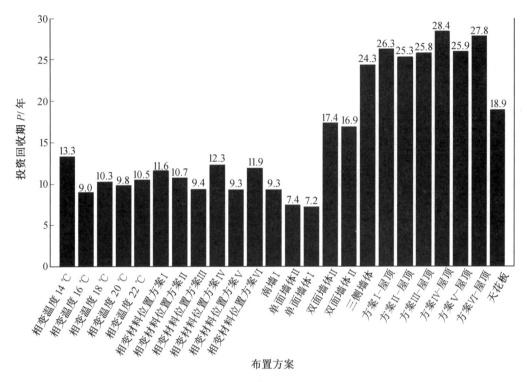

图 5.11　PCM 农宅投资回收期 P

从图 5.11 中可以看出,除地面填充 PCM 方案外,其余方案在全生命周期内均能回收成本。通过对比分析,相变温度为 16 ℃、墙体填充 PCM 方案 Ⅴ、PCM 填充到南墙中,这些方案的投资回收期在 9 年左右,为每种方案中的最佳选择。值得注意的是,单侧墙体 Ⅰ 和单侧墙体 Ⅱ 的投资回收期 P 虽然仅仅只有 7.4 年和 7.2 年。这主要是由于东、西单侧墙体的面积仅为 21.6m², 投资低故 P 值也随之降低,但是根据采暖能耗降低效果分析,南侧墙体依然是最佳方案。屋顶整体投资回收期比较高,是因为前期投资大造成的,最佳屋顶布置方案为方案 Ⅱ-屋顶。虽然前期天花板填充 PCM 的采暖能耗降低值很高,但是投资回收期 P 值达到了 18.9 年,是墙体最佳填充位置的 2 倍,投资成本略高,短期内无法回收成本。

综上所述,通过对比填充 PCM 农宅和未填充 PCM 农宅的全生命周期内的年平均采暖能耗,发现将 PCM 填充到南墙中、相变温度为 16 ℃、墙体填充相变材料位置方案 Ⅴ、方案 Ⅱ-屋顶含 PCM 的农宅为最佳选择。同时发现,相变温度为 14 ℃ 和地面填充 PCM 均比未填充 PCM 农宅的全生命周期内的年平均采暖能耗高,不建议使用。同时,天花板填充 PCM 的方案年平均采暖能耗降低值最高,为 544.41 kW·h,天花板面积大,前期投资高,投资回收期会较长,需进一步进行分析比较。相变温度为 16 ℃、墙体填充相变材料位置方案 Ⅴ、PCM 填充南墙中、天花板填充 PCM,这几种方案的年平均节约成本明显,相比无 PCM 农宅年节约成本均超过 100 元/年,更为节能。

对比分析投资回收期 P 值,得出结论:除地面填充 PCM 方案外,其余方案在全生命周期内均能回收成本。相变温度为 16 ℃、墙体填充 PCM 位置方案 V、PCM 填充南墙中,这些方案的投资回收期在 9 年左右,为每种方案中的最佳选择。PCM 填充到不同墙体中南侧墙体依然是最佳方案。由于前期投资大,屋顶整体投资回收期比较高,最佳屋顶布置方案为方案 Ⅱ-屋顶。天花板填充 PCM 的采暖能耗降低值很高,但是投资回收期 P 值达到了 18.9 年,是墙体最佳填充位置的两倍,投资成本略高,应根据需求进行选用。

(4)环保效益评价。

本研究中,使用填充 PCM 农宅带来的不仅仅是经济效益,同时达到了节能环保的目的,减少了农村地区的煤炭等化石燃料的消耗,进而降低了农村地区的 CO_2、氮硫化物和粉尘的排放。

其中,通过采暖能耗能够计算得到热源提供热量,等效后的热量见表 5.11。

如表 5.11 所示,我们将含 PCM 的农宅的能耗降低值等效为了标准煤值。我们发现,将 PCM 填充至天花板时,年节约标准煤值最高为 184.49 kg,等效为全生命周期内便可节省标准煤 5.53 t。除此之外,相变温度为 16 ℃、墙体填充 PCM 位置方案 V、PCM 填充到南墙中的年节约标准煤值也很高,分别为 161.35 kg、155.76 kg、155.86 kg,全生命周期内便可分别节省标准煤 4.84 t、4.67 t、4.68 t。利用表 5.11 计算的标准煤值便可以计算减排的 CO_2 排放量,如图 5.12 所示。

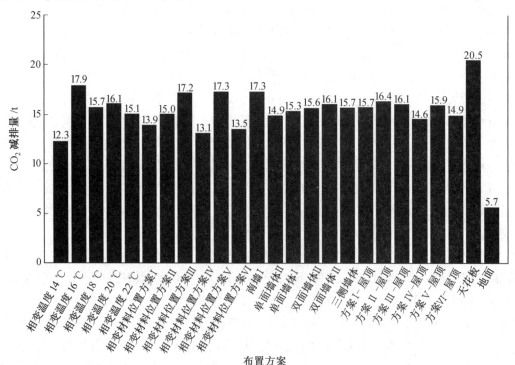

图 5.12　PCM 农宅 CO_2 减排量

表 5.11　PCM 农宅等效后的热量和标准煤值

序号	种类			$Q_{0-\mathrm{QPCM}}/(\mathrm{kW \cdot h})$	$Q_{\mathrm{A}}/\mathrm{MJ}$	标准煤/kg
1	墙体	改变相变材料厚度/mm	10	1 093.65	3 937.14	134.34
2			20	1133.60	4 080.96	139.24
3			30	1 151.86	4 146.70	141.49
4			40	1 168.01	4 204.84	143.47
5			50	1 178.46	4 242.46	144.75
6			60	1 188.10	4 277.16	145.94
7		改变相变温度/℃	14	898.69	3 235.28	110.39
8			16	1 313.53	4 728.71	161.35
9			18	1 151.86	4 146.70	141.49
10			20	1 179.58	4 246.49	144.89
11			22	1 105.58	3 980.09	135.80
12		改变墙体内部位置方案	方案 I	1 018.88	3 667.97	125.15
13			方案 II	1 102.67	3 969.61	135.44
14			方案 III	1 260.31	4 537.12	154.81
15			方案 IV	962.16	3 463.78	118.19
16			方案 V	1 268.05	4 564.98	155.76
17			方案 VI	992.07	3 571.45	121.86
18		不同墙体填充方式	南墙	1 268.89	4 568.00	155.86
19			单面墙体 I	1 091.86	3 930.70	134.12
20			单面墙体 II	1 124.52	4 048.27	138.13
21			双面墙体 I	1 146.79	4 128.44	140.86
22			双面墙体 II	1 178.19	4 241.48	144.72
23			三侧墙体	1 151.86	4 146.70	141.49
24	屋顶	改变屋顶中的位置方案	方案 I-屋顶	1 154.33	4 155.59	141.79
25			方案 II-屋顶	1 199.95	4 319.82	147.39
26			方案 III-屋顶	1 176.97	4 237.09	144.57
27			方案 IV-屋顶	1 068.54	3 846.74	131.25
28			方案 V-屋顶	1 168.80	4 207.68	143.57
29			方案 VI-屋顶	1 091.85	3 930.66	134.12
30		天花板		1 501.96	5 407.06	184.49
31		地面		414.29	1 491.44	50.89

如图 5.12 所示,地面填充 PCM 农宅相比无阳光间农宅,全生命周期内的 CO_2 减排量仅为 5.7 t,为最低,综合考虑不建议地面填充 PCM 方案应用到工程设计中。从图中可以明显看出,将 PCM 填充至天花板时,全生命周期内的 CO_2 减排量最高为 20.5 t。此外,相变温度为 16 ℃、墙体填充 PCM 位置方案 V、PCM 填充到南墙中,全生命周期内的 CO_2 减排量也很高,分别为 17.9 t、17.3 t,建议工程实际中采用这些含 PCM 农宅的设计方案。

2. 附加阳光间遮阳蓄热构件设计及应用研究效益评价

(1)初始投资。

工程应用设计方案的所有初始投资 IC 包含农村住宅外建造阳光间的价格及内侧添加相变百叶的价格,即进行附加阳光间前后及使用中空相变百叶前后的经济效益比较,目的是明确含相变百叶中空玻璃围护结构在经济效益方面的优势。值得注意的是,初始投资的计算不考虑工艺价格及地域性价格差异。

①阳光间价格。黑龙江地区农村住宅外附加阳光间的价格见表 5.12,根据尺寸、款式和材料的不同,阳光间的价格在 300~1 700 元不等。若在农村地区使用,主要考虑经济实用性,一般经济耐用的彩钢板阳光间价格在 300~500 元不等。表 5.12 所示为某公司提供的价格参考,实际价格还应以当季及当地的实物价格为准。

表 5.12　农宅外附加阳光间价格参考

	构造类别	尺寸	参考价格	总价/元
阳光间	方管宽度和厚度	100 mm×100 mm(2 mm 厚)	400 元/m²	400×30.24 = 12 096
	中空玻璃	6 mm+150 mm A+6 mm		
	彩钢板	5 mm		
	转角立柱	100×100 mm(3 mm 厚)	150 m	150×4 = 600
	拉弯(铝材和玻璃)	弯圆和弯钢	450 元/支	450×2 = 900
	无其他装饰性构造			13 596

②相变百叶价格。相变百叶主要分为两部分,外铝合金梭形百叶及内部填充 54# 工业石蜡。其中百叶价格根据某网站室内铝合金梭形百叶的报价计算,百叶面积大于等于 20 m² 时每平方米的单价为 50 元,包括百叶主体及其调控系统。其他材料还包括深色吸光涂料、遮阳反光板等主要构造,因材料工艺费用目前尚不统一,所以在此只能进行估算,见表 5.13。

表 5.13　相变百叶价格参考

	构造类别	尺寸	单价	总价/元
相变百叶	铝合金梭形百叶	1 mm 厚	50 元/m²	22×50 = 1 100
	石蜡	54# 工业石蜡	7 200 元/t	7.2×0.2×880 = 1 267.2
	无其他装饰性构造			2 367.2

③总计价格。初始投资计算的人工费用已经包含在产品的单价中,所以不另行计算,单位价格是指采暖房间单位面积的价格。该工程方案中的合计价格总结为表 5.14。

表 5.14　阳光间和相变百叶价格总计

构造类别	总价/元	单位价格/元
阳光间	13 596	142.8
相变百叶	2 367.2	28.1

（2）投资回收期。

本研究对于能耗的评价是以节约用电梯数 kW·h 计，这样更为直观，按照《黑龙江省物价监督管理局关于居民生活用电试行阶梯电价的通知》（黑价格〔2012〕163 号），当前非峰值期电力成本约为 0.6 元/（kW·h），以此数值计算年节约的电力成本。

按表 5.15 所示投资回收期，在不同的室内采暖设计温度（18 ℃和 20 ℃）下，建筑外附加阳光间及在阳光间中添加相变百叶中空玻璃围护结构，均能在使用期（15 年）内收回成本。

表 5.15　带与不带相变百叶阳光间投资回收期

	初始投资 IC	年金	全生命周期成本	年节约费用		投资回收期	
				18 ℃	20 ℃	18 ℃	20 ℃
阳光间	13 596	100	14 544.7	1 189.6	1 405.1	12 年	10 年
含相变百叶中空玻璃阳光间	2 667.2	50	3 141.5	214.5	809.0	14.6 年	4 年

但是在不同采暖设计温度下，采暖所消耗的电力基数不同。在阳光间投资回收期计算中，室内设计采暖温度为 18 ℃，比 20 ℃的采暖电力消耗足足多出 2 941.8 kW·h/年，多出成本 1 765.1 元/年，但节约费用只降低了 215.5 元/年。在相变百叶投资回收期计算中，室内设计采暖温度为 18 ℃，比 20 ℃的采暖电力消耗足足多出 1 951.0 kW·h/年，多出成本 1 170.6 元/年，节约费用降低了 594.5 元/年。对于严寒地区的农村住宅来说，采暖温度为 18 ℃时室内已达到热舒适性标准，采暖设计温度每提高 2 ℃，采暖能耗则成倍增加，可谓得不偿失。

虽然投资回收期会拉长，但成本节约，同时减少了 CO_2、氮硫化物及粉尘的排放，其利用所带来的效益与功能，以及室内舒适度的改善，远远不能用投资费用来比较和衡量。本次经济效益比较具有一些局限性和限制，仅仅比较初投资和全生命周期内费用差值，这是片面的也是单一的。

（3）环保效益评价。

本研究中，利用太阳能技术和蓄热相变技术所能带来的不仅仅是经济效益，更重要的是在农村地区减少了煤炭等化石燃料的消耗，减少了 CO_2、氮硫化物及粉尘的排放。同时达到了节能环保的目的。室内设计温度 18 ℃下，农宅附加阳光间节约采暖电力 1 982.6 kW·h，即 7 137.36 MJ，若换算成标准煤约为 243.6 kg；阳光间内附加百叶年节约采暖电力 357.4 kW·h，即 1 286.6 MJ，若换算成标准煤约为 43.9 kg。

根据计算，农宅附加阳光间和阳光间内使用相变百叶在全生命周期内 CO_2 减排量分别可达到 13.52 t 和 2.44 t。在系统寿命期内 CO_2 减排量可观,阳光间内使用相变百叶的环保效益明显。

3. 农宅通风蓄热构件设计效益评价

(1)初始投资。

新型阳光间的建筑建设初始投资 IC 包括阳光间与 PCM 烟囱的价格,其中所有建筑构件材料均以市场平均标准价为准,不考虑工艺水平的溢价与通货膨胀等因素的影响。

①阳光间价格。大庆市当地的农村住宅附加阳光间由于选择形式、尺寸与材料的不同,其造价也有差异,在 300 ~ 1 700 元不等。根据网络与实际调研,具体材料价格见表 5.16。

表 5.16　阳光间构件材料价格表

	构造类别	尺寸	参考价格	总价/元
阳光间	方管宽度和厚度	100 mm×100 mm(2 mm 厚)	400 元/m²	400×15 = 6 000
	中空玻璃	6 mm+150 mm A+6 mm		
	彩钢板	5 mm		
	转角立柱	100×100 mm(3 mm 厚)	150 元/m	150×4 = 600
	拉弯(铝材和玻璃)	弯圆和弯钢	450 元/支	450×2 = 900
	无其他装饰性构造			7 500

②烟囱价格。含 PCM 烟囱主要分为两部分,钢筋混凝土烟囱壁和中空玻璃组合,以及烟囱壁内部填充的 C16H34 工业石蜡。其中钢筋混凝土、中空玻璃价格根据网络与实际调研报价。还包括深色吸光涂料、遮阳保温帘等主要构造,因材料工艺费用目前尚不统一,所以在此只能进行估算,见表 5.17。

表 5.17　PCM 烟囱材料价格

	构造类别	尺寸	单价	总价/元
PCM 烟囱	混凝土	C25	255 元/m³	0.78×4 = 198.9
	石蜡	C16H34 工业石蜡	3 100 元/t	0.702×3 100 = 2 176.2
	钢筋	HPB300	3 400 元/t	0.106 6×3 400 = 362.44
	中空玻璃	6 mm+150 mm A+6 mm	400 元/m³	8.4×400 = 3 360
	其他装饰性构造		300 元	6 397.54

③总计价格,见表 5.18。

表 5.18　PCM 烟囱和阳光间方案中用材价格总计

构造类别	总价/元	总和/元
阳光间	7 500	13 897.54
PCM 烟囱	6 397.54	

（2）投资回收期。

本研究对于能耗的评价以节约用电数 kW·h 计，这样更为直观，按照《黑龙江省物价监督管理局关于居民生活用电试行阶梯电价的通知》，当前非峰值期电力成本约为 0.6 元/（kW·h），以此数值计算年节约的电力成本。

如表 5.19 所示，虽然传统阳光间全生命周期成本低于新型阳光间，但是年节约费用方面传统阳光间高于新型阳光间。传统阳光间在第 5 年左右达到了投资回收期，而新型阳光间在第 6 年达到了投资回收期。两者在第 9 年达到了收益总费用持平，在第 10 年新型阳光间的收益大于传统阳光间。可以看出，两种阳光间均在 6 年内达到了投资回收期，在使用年限为 50 年的基础上，阳光间的收益高于预期。而在长期的使用中，新型阳光间的经济效益与热环境舒适度更好。因为太阳能技术利用所带来的效益不能仅仅用钱来衡量，所以本次经济效益比较具有一些局限性和限制。只是简单比较初始投资和全生命周期内费用差值，这是片面的也是单一的，因为太阳能技术的利用所带来的效益远不止金钱费用，其带来的居住舒适度、环境效益等是不可忽略的。

表 5.19　带与不带 PCM 烟囱阳光间投资回收期

	初始投资/元	年金/元	全生命周期成本/元	年节约费用（18 ℃）/元	投资回收期/年
传统阳光间	7 500	100	9 496	1 781.8	5.3
相变烟囱阳光间	13 897.5	50	15 147.5	2 317.4	6.5

（3）环保效益评价。

被动式建筑的初衷主要是节能与环保。与节能所密切相关的是经济性，而与环保密切相关的就是可持续发展。故一个合格的被动式建筑不仅仅要讨论它的经济性，更要考虑其环保效益。在冬季，大庆市传统农宅通常以烧煤作为供热的方式。在煤燃烧的过程中除产生大量烟尘外，在燃烧过程中还会形成 CO、CO_2、SO_2、氮氧化物、有机化合物及烟尘等有害物质。可以说，当地冬季的空气污染主要就是由烧煤供热产生的。

利用太阳能通风技术和蓄热相变技术所能带来的不仅仅是经济效益，更重要的是在农村地区减少了煤炭等化石燃料的消耗，减少了污染物的排放，进而达到节能环保的目的。冬季室内设计供热温度 18 ℃，农宅附加传统阳光间建筑年节约采暖电力 1 497.7 kW·h，即 5 391.9 MJ，若换算成标准煤约为 184.1 kg；农宅附加新型阳光间建筑年节约采暖电力 1 858.4 kW·h，即 6 690.1 MJ，若换算成标准煤约为 228.3 kg。

根据计算，农宅附加传统阳光间和农宅附加新型阳光间在寿命期内 CO_2 减排量分别可达到 10.21 t 和 12.67 t。在全生命周期内，新型阳光间的 CO_2 减排量可观，阳光间内使用含 PCM 烟囱的环保效益明显。

通过对经济效益与环保效益的计算，新型阳光间的年节约费 2 317.4 元，年碳减排量 12.76 t，回收年限为 6.5 年。可以看出新型阳光间的节能减排与减少经济负担起到了积极的作用，对新型农宅的发展提供了经验与指导作用。

4. 农宅阳光间主动太阳能利用性能提升技术效益评价

（1）初始投资。

初始投资费用包括附加阳光间及太阳能空气集热器的所有初始购买费用（表5.20，其中包括人工费及安装费），运行费用为太阳能空气集热器风机在开启时所耗电能，维护费用为太阳能空气集热器在运行期间所产生的损失费用，还包括零件消耗等费用。

太阳能空气集热器符合农村地区低成本、相对高效、维护简便的要求，估算每年需要投入50元维护费用。

表5.20　主动太阳能利用农宅和附加阳光间初始投资

	材料	初始投资/元
附加阳光间	中空玻璃 彩钢板 方管和转角立柱	9 000
主动太阳能利用 （安装太阳能空气集热器）	透明盖板 保温板 吸热板及外壳	6 000
人工费用	安装附加阳光间	3 500
	安装空气集热器	1 500

（2）投资回收期。

根据《黑龙江省物价监督管理局关于居民生活用电试行阶梯电价的通知》，当前非峰值期电力成本约为0.6元/（kW·h），以此数值计算年节约的电力成本，见表5.21。

表5.21　附加阳光间和主动太阳能利用投资回收期

建筑工况	初始投资/元	年金/元	全生命周期成本/元	年节约费用/元	投资回收期/年
附加阳光间	12 500	50	12 975	790.1	16.4
主动太阳能利用农宅	20 000	100	20 950	1 918.6	10.9

从表5.21中可知，附加阳光间农宅和主动太阳能利用农宅的投资回收期分别为16年和11年。主动太阳能利用农宅在初始投资时费用较被动采暖建筑多7 500元，但每年节约费用是仅有附加阳光间农宅的2.4倍，改善农宅室内热环境的同时，可以提前5年收回初始投资成本。

（3）环保效益评价。

附加阳光间农宅与主动太阳能利用农宅的全年建筑能耗分别为8 151.4 kW·h和6 270.6 kW·h，根据《建筑碳排放计量标准》（CECS 374—2014）计算，两种农宅分别消耗标准煤1 001.8 kg和770.65 kg。

　　根据计算,附加阳光间农宅和主动太阳能利用农宅在全生命周期内分别减少 CO_2 排放量 3.8 t 和 9.1 t,主动太阳能利用农宅减少碳排放量效益可观。

　　综上所述,主动太阳能利用农宅虽然在初期建造成本增加,但从全生命周期考虑节能效果明显,比附加阳光间农宅提前收回投资成本。因此,从经济和环境效益方面来说,主太阳能利用农宅能够实现较好的经济效益和取得明显的节能环保效果。

第 6 章　PCM 阳光间在干打垒农宅节能改造中的应用

随着我国社会经济水平的提高,居民对建筑室内热舒适性提出更高的要求,导致建筑能耗迅速增加。而我国东北地区冬季寒冷、采暖期长,能源消耗巨大。而附加阳光间由于构造简单、易于施工,近年来被广泛应用于农村建筑节能改造,可减少建筑采暖能耗。但传统附加阳光间由于热容较小,热惰性较差,改善农宅室内热环境效果有限。因此本书提出将具有蓄热能力的相变材料(PCM)和具有良好透光性与保温性能的轻质 SiO_2 气凝胶材料应用于阳光间,以提升阳光间热工性能,并开展新型阳光间在农宅中的应用研究。

本章以含 SiO_2 气凝胶相变材料(SiO_2–PCM)阳光间为研究对象,探究其对农宅室内热环境及采暖能耗的影响。首先,对大庆杏树岗村农宅进行调研分析,获得典型农宅形式,应用 EnergyPlus 软件模拟分析附加阳光间典型农宅室内热环境。搭建含(SiO_2–PCM)附加阳光间木箱热传输实验台,实验探究 PCM 及 SiO_2 气凝胶在附加阳光间建筑中的适用性。其次,模拟分析 PCM 在附加阳光间农宅中的应用,探究含 PCM 阳光间构造和 PCM 物性对农宅室内热环境及建筑能耗的影响。在此基础上,模拟分析 SiO_2 气凝胶在阳光间玻璃围护结构中的应用,并探究 SiO_2 气凝胶物性参数对农宅室内热环境及建筑能耗的影响。最后,对 SiO_2–PCM 阳光间玻璃围护结构进行优化,并对农宅经济及环保效益进行评价分析,为 SiO_2–PCM 阳光间在大庆地区农宅中的应用提供理论依据。

6.1　SiO_2–PCM 附加阳光间适用性分析

基于目前被动式阳光间在我国东北严寒地区住宅中的广泛应用,对被动式阳光间类型及性能进行归纳分析,并根据大庆杏树岗村农宅调研结果,分析现有农宅围护结构现状,应用 EnergyPlus 软件建立典型附加阳光间农宅模型,并通过模拟分析典型农宅室内热环境现状,为后续关于农宅室内热环境及能耗研究提供基础。

6.1.1　被动式阳光间形式研究

根据《被动式太阳能建筑技术规范》(JGJ/T 267—2012),被动式太阳能采暖适宜气候分区以南向辐射温差比及南向垂直面太阳辐照度作为参考,大庆地区属于被动式太阳能采暖适宜气候分区。附加阳光间在建筑中的应用是目前较为普遍的被动式太阳能利用形式,由于施工简便、造价经济,易于在新建及改扩建建筑中应用,在村镇住宅中被广泛推广。

1. 被动式阳光间类型

在建筑外附加阳光间是被动的太阳能获取与利用,以空气作为媒介,通过空气的循环流通和热辐射向室内供热,提高室内热舒适性,按照其对相邻房间供热的形式可以分为通风阳光间和封闭阳光间。

(1)通风阳光间。

如图 6.1 所示,通风阳光间通常通过被动式自然通风或主动式机械通风形成阳光间与室内空气对流,对流将阳光间中被太阳辐射加热的空气传递到室内,且部分热量以热辐射的形式通过墙体传递到室内,以达到太阳能的高效利用和改善室内热舒适性的效果。

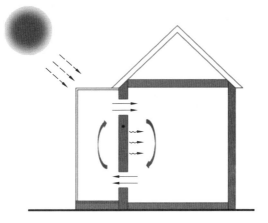

图 6.1　通风阳光间

(2)封闭阳光间。

如图 6.2 所示,封闭阳光间通常将入射的一部分太阳能通过热辐射传递到室内,另一部分太阳能储存在阳光间蓄热墙和地板上,并通过热辐射形式传递到室内,为建筑供热。

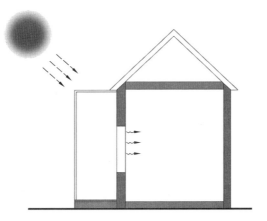

图 6.2　封闭阳光间

2. 阳光间与建筑的关系

阳光间通常与建筑一体化作为建筑的一部分或毗邻于建筑立面作为建筑的附属空间。根据阳光间与建筑的关系,阳光间可以分为垂直阳光间和屋顶阳光间两种类型。

（1）垂直阳光间。

垂直阳光间即指阳光间位于建筑垂直立面,作为建筑室内与室外的过渡空间。将入射在太阳能储存在阳光间中,通过热辐射或主被动形式的机械通风将热量传递到室内。如图6.3所示,垂直阳光间不仅可作为缓冲空间,同时也是居住者的生活空间,通常用于晾晒,休闲等。

图6.3　垂直阳光间

（2）屋顶阳光间。

屋顶阳光间即指在建筑的顶部附加被动式阳光间,屋顶阳光间包括屋顶阳光房、庭院阳光间(图6.4)及屋顶温室。屋顶阳光间通常在平屋顶建筑顶部架设阳光间,作为建筑的保温隔热层,同时作为建筑的附属生活用房。庭院阳光间是指在庭院式建筑的庭院中架设玻璃幕墙,从而与建筑围合成封闭的空间。冬季阳光间内空气被太阳辐射加热而升高,为毗邻房间提供热量。在夏季,庭院阳光间可以增加室内通风,为房屋降温。与垂直阳光间相比,庭院阳光间打破了方向的限制,使建筑布局更加灵活。屋顶温室指种植屋面和建筑空间的结合,在保证两个空间的空气保持流通的情况下,利用温室调节室内温度环境,白天入射的太阳辐射被屋顶温室吸收并转化为潜热,在夜晚没有太阳辐射时释放,通过种植植物与建筑形成能量与空气的循环,达到节能和改善室内环境的目的。

(a) 屋顶阳光房

(b) 庭院阳光间

图6.4　屋顶阳光间

3. 阳光间材料分析

由于造价经济,施工方便,易于在建筑改造中应用等特点,阳光间在我国东北地区尤其是村镇传统住宅中应用广泛。而阳光间根据主要构造材质不同,可分为:玻璃阳光间、薄膜阳光间、含PCM阳光间。

(1)玻璃阳光间。

玻璃阳光间是附加阳光间中应用最为广泛的一种,如图6.5所示。玻璃阳光间主要由玻璃、空腔、墙壁三部分构成。空腔作为缓冲区,将建筑室内外环境分开。此外,阳光间与建筑之间对流传热,在冬季为室内提供热量,从而减少建筑的热量损失和能耗。

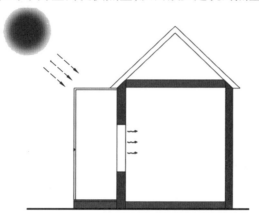

图6.5　玻璃阳光间

(2)薄膜阳光间。

薄膜阳光间是由透明聚氯乙烯薄膜与龙骨搭建的简易空间,如图6.6所示,薄膜阳光间由薄膜、空腔、墙壁组成,由于其质量轻、形式灵活、易于在旧建筑改造中应用等优点,在经济条件相对落后的农村住宅中应用较为广泛。但其与建筑主体不能够紧密结合,密封性差且薄膜易破损、透光性差,影响室内采光效果。

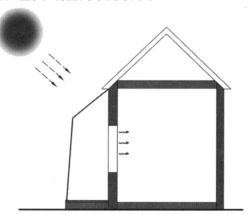

图6.6　薄膜阳光间

(3)含PCM阳光间。

阳光间墙体和地板是阳光间重要的蓄热构件,在传统的阳光间中,能量以显热的形式储存在墙体或地板上,其储热量有限。如图 6.7 所示,在含 PCM 阳光间中,能量以潜热的形式储存在储热墙或地板上,提高了墙体或地板的储热能力,进而调节室内热环境。

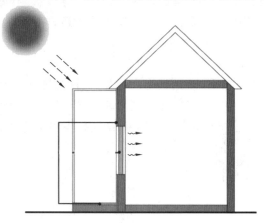

图 6.7　含 PCM 阳光间

由以上分析可知,垂直阳光间更易于与新老建筑结合,且适用于不同屋顶形式的建筑,玻璃阳光间透光率较高,造价较低,寿命较长,使用效果较好,因此本研究选择玻璃垂直阳光间作为后续研究的阳光间基本形式。

6.1.2　典型农宅附加阳光间适用性研究

1. 典型农宅确定

本节以大庆杏树岗村农宅为研究对象,调研分析当地农宅现状,从而获得大庆地区典型农宅形式,为后续研究奠定基础。对杏树岗村农宅建筑构造的调研结果见表 6.1,农宅墙体多为砖混结构,且大多无保温构造层,建筑外窗多采用塑钢窗,入户门以不锈钢门为主。农宅屋顶多为在平屋顶的基础上做闷顶形式的坡屋顶形式。屋面采用彩钢板作为农宅保温的重要形式。农宅地面通常为夯实硬土,其中地砖为主要装饰面层。根据调研得出的杏树岗村典型农宅建筑构造相关参数见表 6.2,图 6.8 所示为通过 OpenStudio 软件建立的杏树岗村典型农宅模型。

表 6.1　杏树岗村典型农宅建筑构造相关参数

建筑构造	构造分布
建筑结构	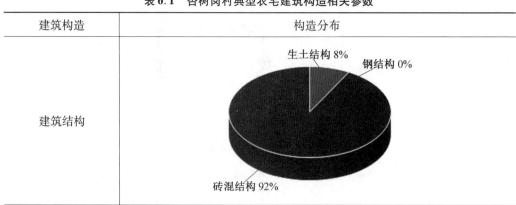

续表 6.1

建筑构造	构造分布
窗户形式	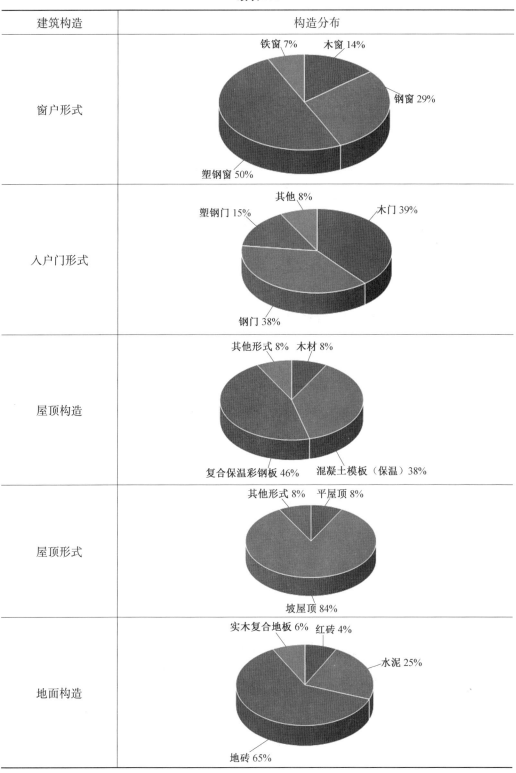
入户门形式	
屋顶构造	
屋顶形式	
地面构造	

表 6.2　杏树岗村典型农宅建筑构造参数

	建筑构造	传热系数/$[W \cdot (m^2 \cdot k)^{-1}]$
外墙	10 mm 水泥砂浆+490 mm 黏土实心砖+10 mm 水泥砂浆	1.3
内墙	10 mm 水泥砂浆+120 mm 黏土实心砖+10 mm 水泥砂浆	3.1
坡屋面	1 mm 彩钢板+木屋架+100 mm 秸秆+ 100 mm 钢筋混凝土楼板+10 mm 水泥砂浆	0.4
窗	单层塑钢窗	2.3
门	不锈钢门	2.2
地面	夯土+8 mm 地砖	0.8

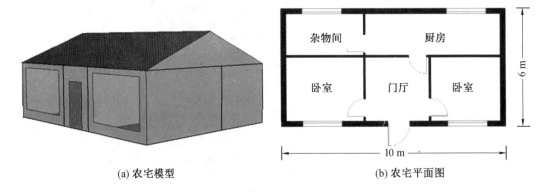

(a) 农宅模型　　　　　　　　　　(b) 农宅平面图

图 6.8　杏树岗村典型农宅模型

2. 模拟软件验证

为探究农宅室内热环境及建筑能耗,需要应用仿真模拟软件,计算在一定天气条件下农宅在长周期情况下建筑室内温度及用能情况。目前,有很多能源分析软件,例如 DOE-2、TRNSYS、EnergyPlus 等。本书将应用 SketchUp 和 OpenStudio 软件,对杏树岗村典型农宅建立三维模型,联合 EnergyPlus 软件模拟分析农宅在采暖期室内热环境建筑能耗。

为验证该模拟软件的准确性,对 Li 等的传统围护结构及含 PCM 围护结构轻型建筑室内热环境研究进行验证。本书以该研究为参照组,建立含 PCM 轻型建筑模型并对室内热环境进行模拟计算,将模拟结果与参照组进行对比。

(1)建立模型。

参照组建立了 0.8 m×1 m×1.3 m 的含 PCM 轻型建筑模型。该模型无门窗,仅探讨含 PCM 围护结构对轻型建筑室内热环境的影响。两种工况轻型建筑围护结构构造层次表 6.3,其中工况一为传统围护结构,工况二为含 PCM 围护结构,构造参数见表 6.4。

表 6.3　建筑围护结构构造层次

建筑类型	建筑构造(由外到内)
工况一	金属板(1 mm)+聚苯板(40 mm)+金属板(1 mm)+石膏板(8 mm)
工况二	金属板(1 mm)+聚苯板(40 mm)+金属板(1 mm)+PCM(20 mm)+石膏板(8 mm)

表 6.4　建筑围护结构构造参数

构造层	厚度 /mm	导热系数 /[W·(m·K)$^{-1}$]	密度 /(kg·m^{-3})	比热 /[J·(kg·K)$^{-1}$]	相变温度 /℃	相变材料潜热 /(kJ·kg^{-1})
金属板	1	13.31	7 966	470	—	—
聚苯板	40	0.037	20	1 330	—	—
石膏板	8	0.18	580	870	—	—
PCM	20	0.25(相变) 0.5(固态或液态)	1 300	1 780	18~26	178.5

（2）参数设置。

在 EnergyPlus 软件中对于 PCM 的计算采用一维传导有限差分（CondFD）求解算法，该求解算法中使用了绝对差分格式，模拟相关参数及室内热扰设置见表 6.5。

表 6.5　模拟参数设置

室内热扰	计算方法
室外气象条件	选取 EnergyPlus 官方天气数据
系统运行时间	1 月 1 日至 12 月 31 日
每天运行时间	全天运行
室内人员设置	无人员
室内照明功率设置	无照明
室内设备功率设置	无

（3）模拟结果对比。

图 6.9 所示为验证组与参照组室内温度变化对比。由图中可以看出，验证组与参照组中工况一及工况二均呈现相同的变化趋势，即在轻型建筑围护结构中添加 PCM 构造层较普通围护结构相比，室内温度波动明显减小。在工况一情况下，验证组及参照组室内温度均随着室外温度变化而不断变化，在室外温度达到最高值时，室内温度随之达到峰值，之后直到夜间，随着室外温度的下降，室内温度呈现下降趋势。其中参照组室内平均温度为 29.2 ℃，室内温度最高为 40.2 ℃，最低为 19.2 ℃，室内温差达 20 ℃。验证组室内平均温度为 29.9 ℃，室内温度最高为 40.7 ℃，最低为 20.1 ℃，室内温差达 20.6 ℃。在工况二情况下，参照组与验证组虽均呈现室内温度随室外温度变化的趋势，但整体温度波动相对较小，即达到了削峰填谷的作用，其中参照组室内平均温度为 29.6 ℃，室内温度最高为 34 ℃，最低为 24.8 ℃，室内温差为 9.2 ℃。而参照组是室内平均温度为 24.9 ℃，室内温度最高为 26.2 ℃，最低为 23.5 ℃，室内温差为 2.7 ℃。

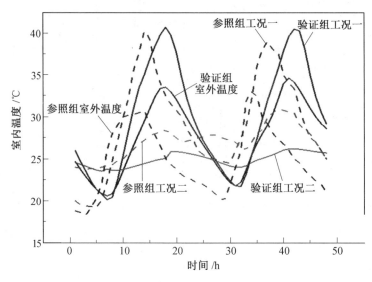

图 6.9　建筑室内温度变化对比

从数据对比中可以看出,两种室内温度变化规律相同。与参照组相比,验证组在 6 月 13 日至 6 月 14 日期间,室内温度最大值与最小值出现的时间均晚于参照组,造成以上结果的原因为如下。

①参照组室外天气数据为实际测量,而验证模拟室外温度为 EnergyPlus 软件中天气文件中近年来气象数据的平均值,选取的室外温度与参照组虽整体趋势相同但存在一定差异。

②建筑材料其他参数设置差异的影响。

通过验证组与参照组的结果对比可以看出,EnergyPlus 软件可以准确地模拟建筑受室外环境影响下室内热环境。

3. 适用性探讨

玻璃垂直阳光间在农宅中的应用优势明显,以典型农宅为基础,在农宅南侧附加玻璃阳光间,并对典型农宅及阳光间农宅建筑能耗和室内热环境进行对比分析。如图 6.10 所示为应用 OpenStudio 软件建立的附加玻璃阳光间典型农宅模型,并通过 EnergyPlus 软件模拟农宅室内热环境及建筑能耗。

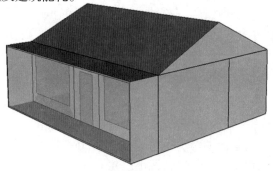

图 6.10　附加玻璃阳光间典型农宅模型

大庆杏树岗村位于我国严寒地区。根据当地气象资料显示,该地区冬季漫长寒冷,年平均气温仅为 3.2 ℃,但日照充足,月平均日照时间约 240 h,太阳年辐射量达 5 400 MJ/m²,属于典型的北温带大陆性季风气候。因此,为被动式附加阳光间在农宅中的应用提供了条件。

根据 EnergyPlus 官方网站中的天气数据可知,大庆地区冬季长达 6 个月。根据政府规定,供热时间为 10 月 19 日至次年 4 月 10 日,室外空气干球温度及太阳辐射强度如图 6.11 所示。最冷日(1 月 20 日)农宅室外温度和太阳辐射强度的变化如图 6.12 所示,可以看出,太阳辐射在 12:00 左右达到最大值,室外温度在 14:00 左右达到最大值。建筑室内人员、照明设备等热扰是建筑室内热环境的重要影响因素。根据杏树岗村调研实际情况,将农宅模型室内人员设为 3 人,照明热扰为 7 W/m²。《严寒和寒冷地区农村住房节能技术导则(试行)》要求农宅冬季主要房间室内设计温度 14 ~ 18 ℃。建筑室内设计温度模拟设置为 18 ℃,农宅通风换气次数设置为 1 ACH。

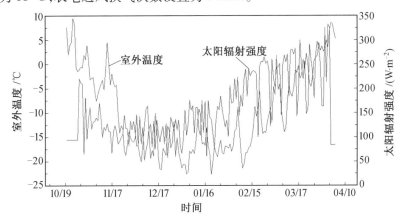

图 6.11　采暖期室外干球温度及太阳辐射强度

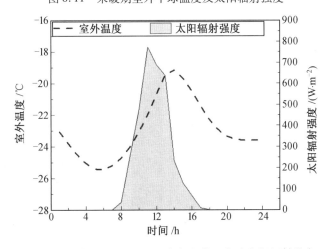

图 6.12　最冷日(1 月 20 日)农宅室外温度及太阳辐射强度

图 6.13 所示为最冷日(1 月 20 日)典型农宅及附加阳关间农宅室内温度对比。由图

可知,在典型农宅外附加阳光间,能够有效提高农宅室内温度,降低室内温度波动。与典型农宅相比,附加阳光间农宅室内昼夜温差降低了 2.6 ℃,室内日平均温度提高了 1.8 ℃。这是由于附加阳光间作为缓冲空间减缓室内外热量的交换,同时,附加阳光间内的空气,由于受太阳辐射作用,白天储存热量并在夜间为室内供热,为农宅室内提供较稳定的热环境。由此可以说明,农宅外附加阳光间可以有效改善室内热环境。

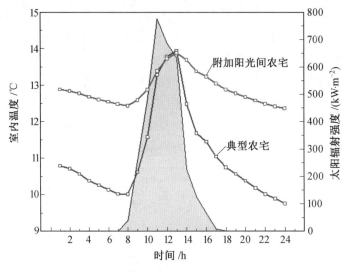

图 6.13　农宅室内温度对比

　　图 6.14 所示为采暖期典型农宅及附加阳光间农宅采暖能耗对比。由图可知,整个采暖期附加阳光间农宅能耗明显低于典型农宅,其中典型农宅采暖期总能耗为 6 582.8 kW·h,附加阳光间农宅采暖总能耗为 4 558.5 kW·h,附加阳光间农宅节能率达 30.7%,节能效果显著。

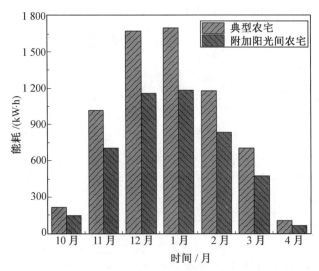

图 6.14　农宅采暖能耗对比

由以上研究结果可以看出,附加阳光间对建筑改善室内热环境和降低建筑能耗都起到了积极作用。因此后续研究将以附加阳光间农宅为基本模型,探究新型建筑材料在附加阳光间农宅中的应用。

6.1.3　SiO₂-PCM 附加阳光间适用性实验

以前文研究结果为基础,探究 PCM 和 SiO₂ 气凝胶在附加阳光间建筑中的适用性。本节通过建立附加阳光间实验木箱,搭建附加阳光间实验木箱室内热环境实验装置,探究在相同太阳辐射条件下,添加 PCM 及 SiO₂ 气凝胶对附加阳光间木箱内热环境的影响,确定 PCM 及 SiO₂ 气凝胶在附加阳光间木箱中的适用性,为后续的模拟分析提供理论基础并相互验证。

1. 实验装置

图 6.15 所示为附加阳光间建筑室内热环境实验装置图和实验系统示意图。实验装置主要由附加玻璃阳光间木箱、光源模拟系统、数据采集系统构成。其中附加玻璃阳光间木箱中除阳光间立面由玻璃构成,其余立面均为木板和聚苯乙烯保温板构成,充当具有保温隔热作用的建筑墙体,木箱尺寸为 1 m×1 m×1 m。光源模拟系统由氙灯和主机两部分组成的 TRM-PD 人工太阳模拟器(光照强度范围 200 ~ 12 000 W/m²),数据采集系统由(安捷伦)温度巡检仪、辐射自记仪、分光谱辐射表构成。

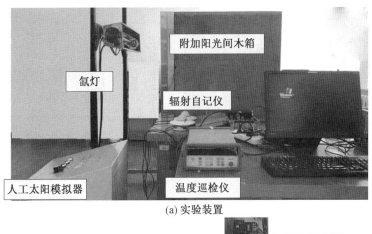

(a) 实验装置

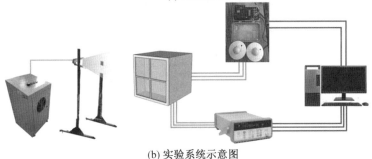

(b) 实验系统示意图

图 6.15　附加阳光间建筑室内热环境实验装置图和实验系统示意图

图 6.16 所示为附加阳光间木箱示意图,其中(a)为中空玻璃阳光间木箱,其中玻璃厚度为 5 mm,玻璃间空气层厚度为 9 mm;(b)在(a)模型的基础上,在阳光间内放置 PCM;(c)在(a)模型基础上,在阳光间中空玻璃中填充颗粒状 SiO₂ 气凝胶,(d)在(c)基础上在阳光间内放置 PCM,其中相变材料及 SiO₂ 气凝胶材料物性参数见表 6.6。

(a) 中空玻璃阳光间木箱

(b) 含 PCM 中空玻璃阳光间木箱

(c) SiO₂ 阳光间木箱

(d) SiO₂-PCM 阳光间木箱

图 6.16　附加阳光间木箱示意图

表 6.6　相变材料和 SiO₂ 气凝胶材料物性参数

材料	密度 /(kg·m⁻³)	导热系数/ [W·(m·K)⁻¹]	比热/ [J·(kg·K)⁻¹]	折射率	吸收系数 /m	潜热 /(kJ·kg⁻¹)
相变材料	885(固) 880(液)	0.2(固) 0.21(液)	2 320(固) 2 240(液)	1.3	80(固) 20(液)	205
SiO₂ 气凝胶	100	0.018	1 500	1.01	10	—

2. 实验测量误差分析

由于实验元件存在一定误差,因此对辐射自记仪、温度巡检仪、热电偶、分光谱辐射表

等元件的测量误差进行相对不确定度计算,计算式为

$$\mu = \sqrt{\mu_1^2 + \mu_2^2 + \mu_3^2 + \mu_4^2} \tag{6.1}$$

式中,μ_1 为热电偶测量精度;μ_2 为温度巡检仪测量精度;μ_3 为辐射自记仪测量精度;μ_4 为分光谱辐射表测量精度。

查询相关实验元件参数资料,得到实验系统误差相对不确定度为

$$\mu = \sqrt{(0.5\%)^2 + (1\%)^2 + (1\%)^2 + (2\%)^2} = 2.5\% \tag{6.2}$$

为确保本实验测量数据的可信度和准确性,对同一组附加阳光间木箱在同一实验条件下两个监测点进行三组重复性温度监测,并利用式(6.3)~(6.6)计算结果的相对不确定度。

每次温度监测结果记为 $x_i(i=1,2,\cdots,n)$,则其每次测量的标准差为

$$\delta = \sqrt{\dfrac{\sum\limits_{i=1}^{n}(x_i - \bar{x})^2}{n-1}} \tag{6.3}$$

其中,样本的算数平均值 $\bar{x}$ 可通过下式计算:

$$\bar{x} = \frac{1}{n}\sum_{i=1}^{n} x_i \tag{6.4}$$

则实验测量结果的不确定度为

$$V_{s,1} = \frac{\sigma}{\sqrt{n}} \tag{6.5}$$

实验相对不确定度为

$$V_{1,s} = \frac{V_{s,1}}{\bar{x}} \tag{6.6}$$

由图 6.17 可知,整个实验过程中相对不确定度均小于 5%。因此采用本实验方法进行附加阳光间木箱热传输实验具有一定的可靠度和准确性。

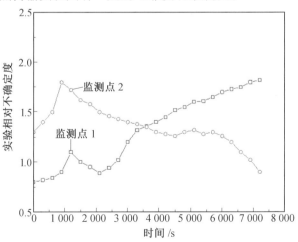

图 6.17　实验相对不确定度

3. 实验结果

图 6.18 所示为有无 PCM 阳光间木箱内温度随时间变化的对比。实验过程中太阳模拟器太阳辐射强度均为 800 W/m²,附加阳光间玻璃厚度为 5 mm,中空玻璃空腔厚度为 9 mm,光照时间相同,且在 PCM 完全融化时关闭太阳模拟器,监测木箱内温度变化。由图中看出,虽然两种木箱内温度均呈现先升高后降低的趋势,但含 PCM 阳光间内温度明显低于中空玻璃阳光间木箱,在开启太阳辐射模拟器后,木箱内温度随着时间变化不断升高,在 10 000 s 时,PCM 完全融化,关闭太阳能模拟器,两种木箱内温度随之下降,但值得注意的是,含 PCM 阳光间木箱室内温度下降相对缓慢,与中空玻璃阳光间木箱相比延长 1 000 s 左右。这是由于 PCM 在有太阳辐射时吸收并储存热量,而在无太阳辐射时,放热维持木箱内温度在相对较高水平,减缓了木箱内温度的下降速度。

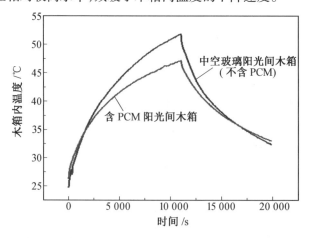

图 6.18　有无 PCM 阳光间木箱内温度随时间变化对比

图 6.19 所示为在含 PCM 阳光间中空玻璃空气层中填充 SiO_2 气凝胶木箱内温度变化规律对比。由图可知,在相同太阳辐射强度下,当开启太阳辐射模拟器后,两种附加阳光间木箱内温度均随着时间变化不断升高,但与含 PCM 阳光间木箱相比,填充 SiO_2 气凝胶 PCM 阳光间木箱内温度增速有所降低,且木箱内最高温度较含 PCM 阳光间木箱低 2.1 ℃。在 11 000 s 时,PCM 完全融化,此时关闭太阳辐射模拟器,木箱内温度随时间不断降低,但填充了 SiO_2 气凝胶的 PCM 阳光间木箱内温度下降速率相对较小,木箱内温度下降至 28 ℃ 的时刻较含 PCM 阳光间木箱延迟了约 2 000 s。

由以上实验结果可知,在附加阳光间木箱内添加 PCM 构造层,可以有效改善木箱内环境,木箱内温度波动受相变材料的吸热放热过程影响而减缓。而在含 PCM 阳光间中空玻璃的空气层中填充 SiO_2 气凝胶,其保温性能与 PCM 蓄热性能耦合,进一步改善木箱内热环境,并延迟木箱内温度下降到较低水平。

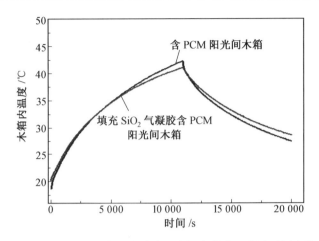

图 6.19　是否填充 SiO₂ 气凝胶玻璃阳光间木箱内温度随时间变化对比

6.2　含 PCM 阳光间在农宅中的应用分析

基于上述研究结果,将 PCM 应用于传统农宅阳光间,通过 PCM 相态变化实现对建筑室内热环境的调节,进而提出将 PCM 应用于农宅阳光间内墙中,并探究在严寒地区冬季气候条件下,含 PCM 阳光间农宅室内热环境及建筑能耗的影响。本节进一步探究阳光间内墙窗墙比、阳光间进深、阳光间采光面及 PCM 物性对农宅室内热环境及建筑能耗的影响。

6.2.1　农宅模型建立及能耗分析

1. 农宅模型建立

典型附加阳光间农宅室内热环境差,具体表现为保温性能较差、室内热舒适度不能满足居民生活水平的要求,且建筑能耗较大,能源浪费较为严重。因此根据《农村居住建筑节能设计标准》(GB/T 50824—2013)中严寒地区农宅围护结构传热系数限值规定(表 6.7),对建筑围护结构进行优化,并在此基础上探讨 PCM 在农宅附加阳光间中的应用。

表 6.7　严寒地区农宅围护结构传热系数限值规定

建筑气候分区	围护结构部位的传热系数/$[W \cdot (m^2 \cdot K)^{-1}]$					
	外墙	屋面	吊顶	外窗		外门
				南向	其他方向	
严寒地区	0.50	0.40	0.45	2.2	2.0	2.0

根据《农村单体居住建筑节能设计标准》(CECS 332—2012)对农宅建筑围护结构进行优化,优化后获得新型农宅布局与典型农宅一致,并在阳光间内墙增加 PCM 构造层。

农宅平面图如图 6.20(a)所示,农宅总面积为 60 m²(10 m× 6 m),面阔 10 m,进深 6 m,附加阳光间进深为 1.5 m。主要功能用房位于建筑南侧以获得更多的阳光。其他朝北的空间在冬天保护建筑免受来自西北的寒风。对大庆杏树岗村调研得出,为了减少冬季降雪带来的屋面荷载和便于排水,该村农宅大多为坡屋顶建筑。图 6.20(b)所示为应用 OpenStudio 软件对含 PCM 附加阳光间农宅进行建模。

根据设计标准,农宅透明围护结构应为双层玻璃,本书选取玻璃厚度为 5 mm、空气厚度为 9 mm 的双层中空玻璃。表 6.8 列出了优化后含 PCM 附加阳光间农宅建筑构造参数。

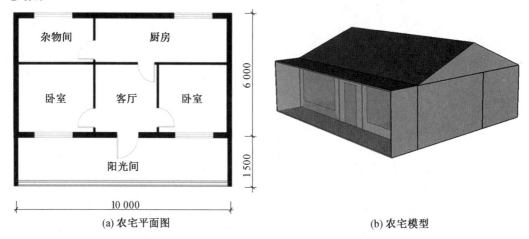

(a) 农宅平面图　　　　　　　　　　　　　　(b) 农宅模型

图 6.20　寒区典型农宅

表 6.8　含 PCM 附加阳光间农宅建筑构造参数

围护结构		建筑构造	密度 /$(kg \cdot m^{-3})$	导热系数 /$[W \cdot (m \cdot k)^{-1}]$	传热系数 /$[W \cdot (m^2 \cdot k)^{-1}]$
外墙		20 mm 水泥砂浆	1 800	0.93	0.17
		120 mm 膨胀苯板	35	0.024	
		20 mm 水泥砂浆	18 00	0.93	
		490 mm 黏土砖砌块	1 800	0.81	
内墙		10 mm 水泥砂浆	1 800	0.93	2.88
		120 mm 黏土砖砌块	1 800	0.81	
		10 mm 水泥砂浆	1 800	0.93	
坡屋顶	屋面	2 mm 彩钢板	7 850	58.2	—
		20 mm 沥青油毡	600	0.17	
	吊顶	100 mm 钢筋混凝土楼板	2 500	1.74	
		100 mm 聚苯板	35	0.024	

续表6.8

围护结构	建筑构造	密度 /(kg·m⁻³)	导热系数 /[W·(m·k)⁻¹]	传热系数 /[W·(m²·k)⁻¹]
窗	5 mm 平板玻璃	2 500	0.76	1.84
	9 mm 空气	1.3	0.024	
	5 mm 平板玻璃	2 500	0.76	
PCM 外墙	10 mm 水泥砂浆	1 800	0.93	0.18
	120 mm PCM	880	0.208	
	10 mm 水泥砂浆	1 800	0.93	
	490 mm 黏土实心砖	1 800	0.81	

在 EnergyPlus 中,对建筑及供热系统的设置情况如下。

(1)建筑主动供热仅由空调系统提供。

(2)建筑内无人员、照明设备等热扰。

(3)空调系统的采暖设计控制温度为 18 ℃。

2. 数理模型

近年来,利用 EnergyPlus 软件对 PCM 进行数值模拟的精度已经通过了模拟和实验验证。

本书采用热平衡法对建筑热负荷进行计算。该方法计算室内外所有表面的热平衡,模拟建筑物在给定时间内的瞬态传热。在模拟中,时间步长设为 10 min。在 EnergyPlus 软件中,对 PCM 算法采用一维传导有限差分(CondFD,CFD)求解算法,该求解算法使用了绝对差分格式,用户可以选择 Crank-Nicholson 或者全隐式格式。全隐式格式计算方法为

$$C_{\mathrm{p}}\rho\Delta x \frac{T_i^{j+1}-T_i^j}{\Delta t}=\left(K_{\mathrm{W}} \frac{(T_{i+1}^{j+1}-T_i^{j+1})}{\Delta x}+K_{\mathrm{E}} \frac{(T_{i-1}^{j+1}-T_i^{j+1})}{\Delta x}\right) \tag{6.7}$$

式中,T 为节点温度;i 为模型某一节点;$i+1$、$i-1$ 为与节点 i 相近的内部节点;$j+1$ 为新时间步长;j 为上一个时间步长;Δt 为计算总时间步长;Δx 为有限元差分算法层厚度;C_{p} 为材料比热;K_{W} 为节点 i 与节点 $i+1$ 之间内表面传热系数;K_{E} 为节点 i 与节点 $i-1$ 之间内表面传热系数;ρ 为材料密度。

根据式(6.7)计算焓值和温度,有

$$h_i=\mathrm{HTF}(T_i) \tag{6.8}$$

式中,HTF 是输入的焓值-温度函数,它用于在每个步长中产生一个等效的比热,即

$$C_{\mathrm{p}}=\frac{h_{i,\mathrm{new}}-h_{i,\mathrm{old}}}{T_{i,\mathrm{new}}-T_{i,\mathrm{old}}} \tag{6.9}$$

在 CFD 算法中,根据空间离散化数(C)、材料的热扩散率(α)和时间步长(Δt)自动划分或离散所有元素,有

$$\Delta x=\sqrt{C\alpha\Delta t} \tag{6.10}$$

3. 农宅能耗分析

本部分讨论在优化后的农宅附加阳光间农宅南向墙体中填充 PCM 构造,并模拟对比典型农宅(工况一)、传统玻璃附加阳光间农宅(工况二)、含 PCM 阳光间农宅(工况三)的室内热环境及建筑能耗。

图 6.21 显示了 3 种工况采暖期逐月能耗。建筑能耗与室外温度直接相关,12 月和 1 月由于室外温度较低,建筑能耗远高于其他月份,几乎是 11 月和 2 月的两倍。由图可以看出,在整个采暖期,与传统农宅相比,附加阳光间农宅能够明显降低建筑能耗,且 PCM 的添加对建筑有明显的节能作用,在最冷月 1 月,工况一采暖能耗为 1 698.8 kW·h,同一时间工况二和工况三建筑能耗分别降低了 30.4% 和 58.6%。此外,在采暖期最热月 4 月,工况一、工况二、工况三的采暖能耗分别为 101.3 kW·h、62.5 kW·h、35.4 kW·h,与工况一相比,工况二节能率为 38%,工况三节能率为 60%。由此可以说明,即使在温度较高的月份,工况二和工况三依然有较好的节能效果。

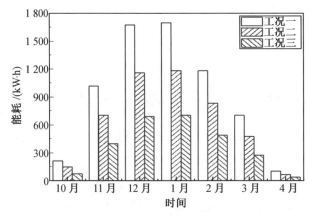

图 6.21　3 种工况采暖期逐月能耗对比

建筑在最冷日(1 月 20 日)的逐时能耗变化是建筑热通量及太阳辐射强度变化的另一体现,如图 6.22 所示,在最冷日 3 种工况下农宅逐时能耗虽然总体变化趋势相似,但存在显著差异。从图中可以看出,在白天的大部分时间及夜间,工况二和工况三能耗明显低于工况一,且工况三农宅能耗最低。但在 11:00 ~ 13:00,工况一能耗在短时间内低于工况二,这是由于在这一时间段内,太阳辐射强度较大,太阳辐射没有附加阳光间的遮挡作用可以直接进入农宅。在 8:00 时,3 种工况下农宅建筑能耗达到最大值,之后随着太阳辐射的增强,建筑能耗呈现下降趋势;11:00 时,太阳辐射出现峰值,之后急剧下降;到 13:00 时呈现缓慢下降趋势。尽管在这一时间段太阳辐射强度有所下降,但建筑获得的热量不断累积,因此建筑能耗并没有随着太阳辐射的降低而立即呈现上升趋势,工况一室内温度在 13:00 左右呈现快速上升趋势,而工况二和工况三在 14:00 左右开始呈现上升趋势,且增长幅度远低于工况一。工况三由于 PCM 的吸热放热作用,能耗上升幅度相对普通阳光间农宅更为缓慢。值得注意的是,工况三在一天中的所有时段能耗都远远低于工况二和工况一,这表明 PCM 阳光间较传统玻璃附加阳光间节能效果更好。

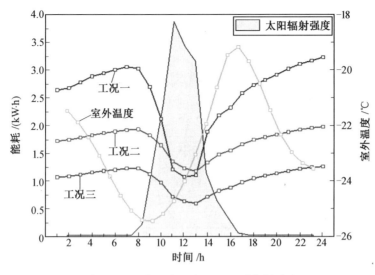

图 6.22　3 种工况 1 月 20 日逐时能耗对比

除了建筑能耗外,温度也是评价居民生活的重要指标。建筑能耗的调节不应影响居民的生活,而应以提高建筑的热舒适为目标。图 6.23 所示为工况二和工况三阳光间温度变化对比。模拟结果表明,两种模型的温度值存在显著差异,工况二、工况三阳光间日平均温度分别为 6.2 ℃和 6.6 ℃,随着太阳辐射强度及室外温度的变化,工况三阳光间内温差明显小于工况二,其中,工况二阳光间内温差达 19.4 ℃,而工况三阳光间内温差为17.4 ℃,温差降低了 2 ℃,由此可以说明在阳光间墙壁和地面添加 PCM 构造层能够明显提高阳光间内热舒适性。由图 6.24 可以看出,3 种工况下室内温度由高到低依次为工况三、工况二、工况一,且工况三和工况二室内温度明显高于工况一。以上研究表明,含PCM 阳光间能明显改善农宅室内热环境,同时节能效果显著。

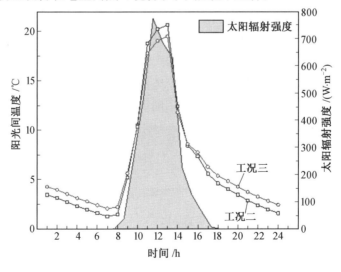

图 6.23　2 种工况阳光间温度对比

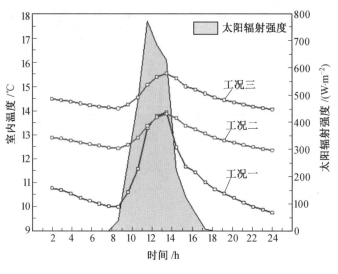

图 6.24　3 种工况室内温度对比

6.2.2　含 PCM 附加阳光间优化

由以上分析结果可以看出,含 PCM 阳光间虽然在节约建筑能耗、提高农宅室内温度方面有较好的效果,但其对于农宅室内温度波动的改善效果不够明显,产生这种现象的原因:一是 PCM 液相率较低,PCM 材料不能完全融化,吸热、放热量有限;二是农宅失热量过大,PCM 蓄热墙面积较小。因此本部分对含 PCM 阳光间农宅窗墙比、阳光间构造及阳光间进深进行探究,对阳光间进行优化,从而进一步改善农宅室内环境,降低农宅采暖能耗。

1. 阳光间内墙窗墙比

窗墙比是指建筑窗户洞口面积与房间立面单元面积之比,根据《农村居住建筑节能设计标准》规定严寒地区农宅(无阳光间)南向窗墙比应≤0.4。本部分通过改变附加阳光间农宅南向窗户面积,对窗墙比分别为 0.25、0.35、0.45 的含 PCM 阳光间农宅室内热环境及建筑能耗进行模拟,探究阳光间内墙窗墙比对农宅室内热环境及建筑能耗的影响。图 6.25 所示为应用 OpenStudio 建立的 3 种不同窗墙比附加阳光间农宅模型。

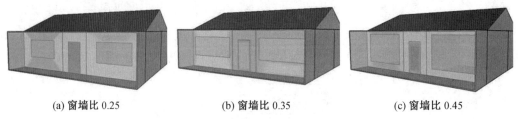

(a) 窗墙比 0.25　　　　　　(b) 窗墙比 0.35　　　　　　(c) 窗墙比 0.45

图 6.25　不同窗墙比附加阳光间农宅模型

图 6.26 所示为不同窗墙比附加阳光间农宅采暖期室内逐月平均温度对比。由图可以看出,采暖期不同窗墙比附加阳光间农宅室内温度变化与太阳辐射强度有关,在太阳辐

射强度较低的 11 月~1 月,农宅室内平均温度随着窗墙比增大,呈现出先升高后降低的趋势;而在太阳辐射强度较高的 10 月及 2~4 月,农宅室内温度随着窗墙比的增大而不断升高,这是由于随着窗墙比的升高,通过透明玻璃围护结构进入室内的太阳能增加,但由于玻璃围护结构导热系数较大,随着窗墙比的增大,农宅失热量增加。

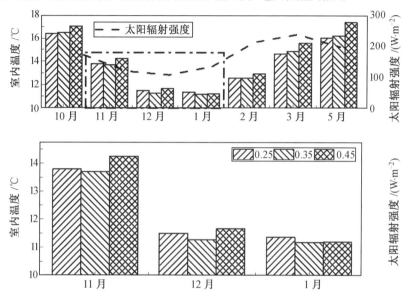

图 6.26　不同窗墙比附加阳光间农宅采暖期室内逐月温度对比

图 6.27 所示为不同窗墙比附加阳光间农宅最冷日室内温度对比。由图可知,采暖期农宅室内温度随窗墙比增大,在夜间和白天呈现出不同的变化趋势,白天在 10:00~17:00,太阳辐射充足,室内温度快速升高且随着窗墙比的增大而升高,在 13:00 室内温度达到最高值,其中窗墙比 0.45 时,农宅室内温度达到最高,为 12.8 ℃。在太阳辐射强度较低的 0:00~10:00 及 17:00~24:00,不同窗墙比附加阳光间农宅室内温度呈现相反趋势,随着窗墙比的增大室内温度降低。这是由于这一时间段太阳辐射强度较低,室内热量通过窗户大量向室外传递,此时窗墙比越大,热量散失越快,室内平均温度下降越快。由 3 种不同窗墙比附加阳光间农宅室内温度变化曲线可以看出,窗墙比越大室内温度波动越大,在最冷日,窗墙比为 0.25~0.45 的 3 种附加阳光间农宅室内平均温度依次降低,分别为 11.4 ℃、11.2 ℃、11.1 ℃,而室内温差则随着窗墙比增大而升高,依次为 1 ℃、1.6 ℃、2.5 ℃。因此,在研究范围内窗墙比越大,室内温度波动越大,室内热舒适性越差。

图 6.28 所示为不同窗墙比附加阳光间农宅采暖期建筑能耗对比。由图可知,窗墙比为 0.25~0.45 的 3 种附加阳光间农宅采暖期总能耗分别为 5 122.4 kW·h、5 240.2 kW·h、4 927.7 kW·h,即在研究范围内随着窗墙比的增加,建筑能耗呈现先升高后降低的趋势。由图 6.29 可以看出,在最冷日不同窗墙比附加阳光间农宅能耗变化与太阳辐射强度有关,在太阳辐射强度较高的 10:00~17:00,农宅能耗随窗墙比增大而降低,即窗墙比为 0.45 时能耗最低,窗墙比为 0.35 和 0.25 的农宅能耗依次次之;13:00 时,3 种阳光间农宅

能耗达到最低值,分别为 1.550 87 kW·h、1.507 69 kW·h、1.316 5 kW·h。而在太阳辐射强度较小时,农宅采暖能耗与窗墙比呈正相关,即窗墙比从 0.25 提高到 0.45 的农宅建筑能耗依次增加。因此本书结合以上研究,综合农宅室内热舒适性及建筑能耗,选取附加阳光间农宅窗墙比为 0.35。

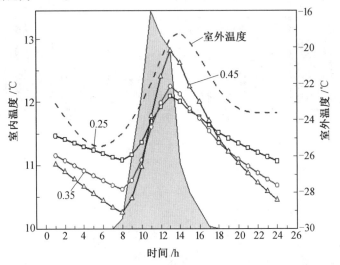

图 6.27　不同窗墙比附加阳光间农宅最冷日室内温度对比

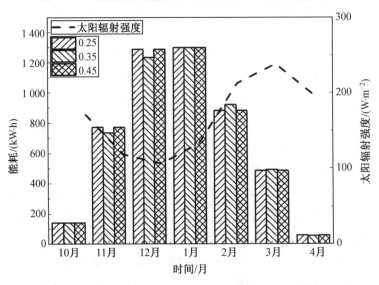

图 6.28　不同窗墙比附加阳光间农宅采暖期建筑能耗对比

2.阳光间进深

阳光间作为建筑室内与室外环境的缓冲区域,增大了建筑的热阻,因此阳光间的进深是农宅室内热环境及建筑能耗的重要影响因素。阳光间进深过小则其保温隔热作用不明显,而阳光间过大则会出现阳光间空气对流,加剧对流换热,从而增大建筑热损失。本部分采用控制变量法,保持含 PCM 附加阳光间农宅其他参数不变,分别对 4 种常见进深

(0.9 m、1.2 m、1.5 m、1.8 m)附加阳光间农宅采暖能耗及室内热环境进行分析,从而获得含 PCM 阳光间农宅的最优解。由图 6.30 可以看出,在采暖期,随着建筑进深增大,建筑能耗也随之增大,4 种进深(0.9 m、1.2 m、1.5 m、1.8 m)阳光间农宅采暖期总能耗依次为 5 072.7 kW·h、5 161.9 kW·h、5 240.2 kW·h、5 314.6 kW·h。其中阳光间进深为 0.9 m 时,建筑能耗最小,与进深为 1.8 m 阳光间能耗相比降低了 241.5 kW·h,节能率达 4.5%。

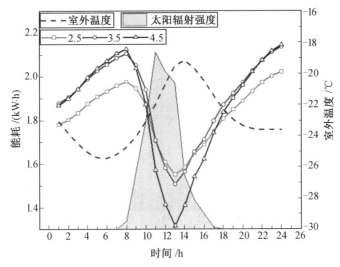

图 6.29　不同窗墙比附加阳光间农宅最冷日建筑能耗对比

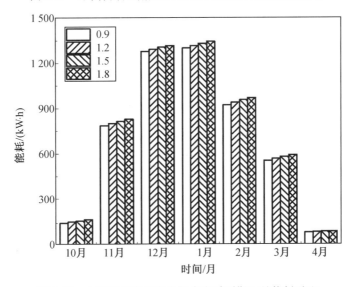

图 6.30　4 种进深附加阳光间农宅采暖期逐月能耗对比

图 6.31 所示为 4 种进深阳光间农宅采暖期室内逐月平均温度的对比,由图中温度可以看出,在研究范围内,随着阳光间进深增大,农宅室内平均温度随之降低。其中在最冷月 1 月,阳光间进深为 0.9 m 时农宅室内平均温度为 11.4 ℃,与进深为 1.8 m 时相比,室

内平均温度高出 0.3 ℃。图 6.32 所示为 4 种进深附加阳光间农宅最冷日室内逐时温度对比。由图中可以看出,4 种进深附加阳光间农宅在太阳辐射强度较小时,室内逐时温度差距不明显,但在 10:00 ~ 14:00,随着太阳辐射强度的不断增大,4 种农宅室内逐时温度差增大,在 14:00 室内温度达到最高,阳光间进深为 0.9 m 时,室内温度达 12.6 ℃,与进深为 1.8 m 时相比,室内温度高出 0.6 ℃。

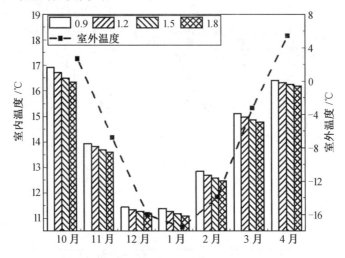

图 6.31　4 种进深附加阳光间农宅采暖期室内逐月平均温度对比

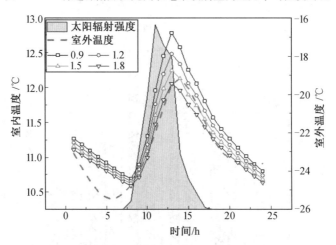

图 6.32　4 种进深附加阳光间农宅最冷日农宅室内逐时温度对比

　　由以上分析可以得出,采用进深为 0.9 m 的阳光间农宅,在建筑节能和室内热环境方面均有较好表现。

3. 阳光间采光面

　　由以上研究可知,阳光间采光面是决定阳光间热性能的重要因素。如图 6.33 所示,建立 3 种常见的不同构造附加阳光间农宅模型,并模拟分析 3 种不同构造附加阳光间农宅室内热环境及建筑能耗。

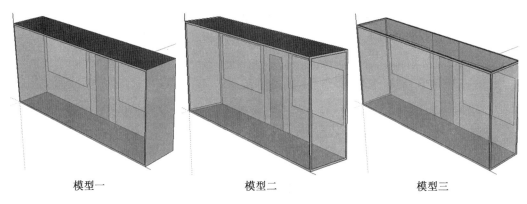

模型一　　　　　　　模型二　　　　　　　模型三

图 6.33　附加阳光间农宅玻璃位置

图 6.34 所示为 3 种不同构造阳光间农宅采暖能耗对比。由图中可以看出,整个采暖期模型一、模型二、模型三建筑采暖能耗依次降低,其中模型三采暖期总能耗为 4 723.7 kW·h,较模型一和模型二分别降低了 438.3 kW·h 和 218.7 kW·h。

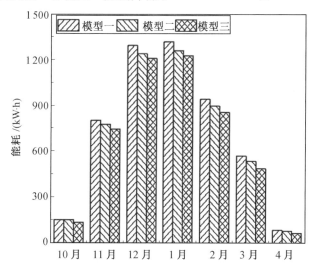

图 6.34　3 种不同构造阳光间农宅采暖能耗对比

图 6.35 所示为最冷日 3 种不同构造阳光间农宅室内温度对比。由图中可以看出,随着太阳辐射强度变化,三种农宅室内温度呈现相同的变化趋势,但模型一室内温度明显高于模型二和模型三。其中模型一、模型二、模型三室内平均温度分别为 11.5 ℃、11.2 ℃、11.1 ℃。但可以明显看出,随着太阳辐射的变化,模型二室内温度变化幅度最小,室内温差仅为 1.6 ℃,较模型一和模型三室内温差分别降低 0.8 ℃ 和 0.9 ℃。

由以上分析可得,模型二在建筑节能和改善室内热环境方面均有良好表现。因此选取模型二中附加阳光间构造形式作为后续研究的基础。

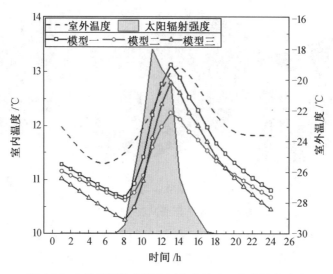

图 6.35　3 种不同构造阳光间农宅最冷日室内温度对比

6.2.3　相变材料阳光间优化

1. 相变材料温度

本节对不同相变材料温度 PCM 对室内热环境及建筑能耗的影响进行模拟分析,从而确定在大庆地区农宅应用 PCM 蓄热阳光间的最佳相变材料温度。为满足室内环境热舒适性,采暖期室内温度控制在 18 ℃左右。因此选择相变材料温度与室内平均温度一致的PCM(14~26 ℃),并进一步探究 PCM 相变材料温度对建筑能耗及室内温度的影响。4 种相变材料参数见表 6.9。

表 6.9　4 种相变材料参数

种类	峰值融化温度/℃	峰值凝固温度/℃	导热系数（液态/固态）/$[W \cdot (m \cdot K)^{-1}]$	潜热/$(J \cdot kg^{-1})$	密度/$(kg \cdot m^{-2})$	比热(液态/固态)/$(J \cdot kg \cdot K^{-1})$
PCM15	15	13	0.2/0.2	231 000	770/880	2 800/3 200
PCM19	19	17	0.2/0.2	231 000	770/880	2 800/3 200
PCM23	23	21	0.2/0.2	231 000	770/880	2 800/3 200
PCM27	27	25	0.2/0.2	231 000	770/880	2 800/3 200

图 6.36 所示为 4 种 PCM 阳光间农宅采暖期建筑总能耗对比。由图可知,在研究范围内,随着相变材料温度的升高,农宅采暖能耗呈现先升高后降低的趋势,采用 PCM23 时能耗最低,为 4 154.4 kW · h,与能耗最高的 PCM15 相比,能耗降低了 444.3 kW · h,节能效果显著。

图 6.37 所示为 4 种 PCM 阳光间农宅采暖期逐月能耗对比。由图可知,在温度较低的 12~2 月,在研究范围内,随着相变温度的升高,建筑能耗呈先降低后上升趋势,在相变

温度为 22 ℃时,PCM23 采暖能耗最低,12 月、1 月、2 月能耗分别为 1 111.4 kW·h、1 132.3 kW·h、777.1 kW·h。但在室外温度较低的 10 月、11 月、3 月及 4 月,随着相变温度升高,建筑能耗不断升高。

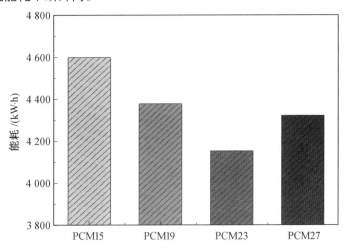

图 6.36　4 种 PCM 阳光间采暖期总能耗对比

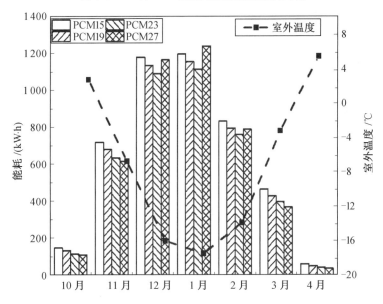

图 6.37　4 种 PCM 阳光间采暖期逐月能耗对比

在无空调系统情况下,模拟对比分析不同相变材料温度 PCM 阳光间农宅室内温度变化,由图 6.38 可知,相变材料温度的选择受室外环境温度的影响,在温度较低的 12 ~ 2 月,室内温度随着相变材料温度的升高而升高,当相变材料为 PCM19 时,室内温度达到最高,当 PCM 相变材料温度超过 PCM19 时,室内温度下降,随后保持不变。这说明,由于 PCM 相变材料温度过高,而室内温度较低,相变材料不易相变,从而不能发挥其吸热放热作用。在其余几个月份,由于室外温度相对较高,当相变材料为 PCM23 时室内温度最高,随后随着相变材料温度升高,室内温度趋于稳定。

　　由以上研究结果可以看出,虽然在温度较低的几个月选取 PCM19 时室内温度较高,但从整个采暖期室内平均温度及建筑能耗考虑,采用 PCM23 时,农宅采暖能耗最低,且室内平均温度最高,因此选取 PCM23(相变材料温度为 22 ℃),进行下文的探究。

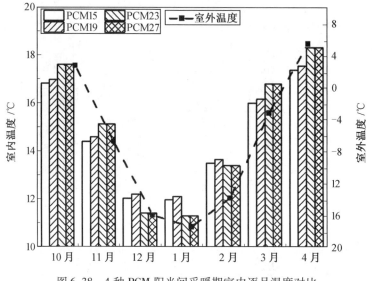

图 6.38　4 种 PCM 阳光间采暖期室内逐月温度对比

2. 相变材料潜热

　　为探究相变材料潜热对农宅采暖能耗及室内热环境的影响,保持相变材料其他参数不变,模拟分析相变材料潜热为 100 kJ/kg、150 kJ/kg、200 kJ/kg、250 kJ/kg、300 kJ/kg 对农宅能耗及室内热环境的影响。如图 6.39 所示,在太阳辐射强度较低的 1～2 月,建筑能耗随着相变材料潜热的增大而不断降低,这是由于随着相变材料潜热增大,PCM 蓄热量增加,从而能够在室内温度降低时放热,有效降低建筑能耗。但值得注意的是在太阳辐射较强的 3 月、4 月,PCM 潜热对建筑能耗的影响相对较弱,建筑能耗随着相变材料潜热增大趋于稳定。这是由于,太阳辐射强度相对较高,建筑室内温度较高,相变材料处于融化状态,PCM 放热量较小,因此这一阶段建筑能耗受相变材料潜热影响较小。

　　相变材料潜热对室内热环境的影响如图 6.40 所示,采暖期农宅室内温度随相变材料潜热的增大而不断升高,尤其在室外温度较低的 11～2 月。这是由于在这一时间段,室外温度较低,室内外温差较大,随着相变材料潜热增大,相变材料吸热量更大,从而更好地改善农宅室内热环境,提高室内温度。但在室外温度相对较高的 10 月、3 月及 4 月,相变材料潜热农宅室内温度影响较弱。这是由于室内温度较高,PCM 放热量较小,对室内环境加热作用不明显。

　　由以上研究可以看出,虽然相变材料潜热越大,建筑能耗越小,室内温度越高,但由于潜热越大的 PCM 价格往往越高,潜热为 200 kJ/kg 的 PCM 与潜热为 300 kJ/kg 的 PCM 年总能耗差距不大,因此地区附加阳光间添加 PCM 的潜热应尽量接近 200 kJ/kg。

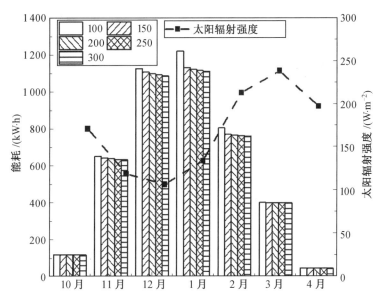

图6.39　不同相变材料潜热 PCM 阳光间采暖期建筑能耗对比

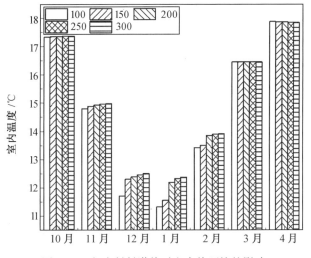

图6.40　相变材料潜热对室内热环境的影响

3. 相变材料厚度

为探究相变材料厚度对农宅能耗及室内热环境的影响,获得的相变材料参数不变,对填充厚度分别为 30 mm、60 mm、90 mm、120 mm、150 mm 情况下对农宅能耗及室内热环境进行模拟分析。图6.41 所示为不同厚度相变材料 PCM 阳光间采暖期农宅能耗对比。在太阳辐射强度较低的 11 ~ 1 月,随着 PCM 厚度的不断增加,建筑能耗呈下降趋势,但在太阳辐射强度较高的 10 月及 2 ~ 4 月,建筑能耗整体较低,随着 PCM 厚度的增加呈现先上升后降低的趋势。在研究范围内,当 PCM 厚度为 180 mm 时,采暖期建筑总能耗最低,为 4 158.6 kW·h,与 PCM 厚度为 30 mm 时相比,建筑能耗降低 253.2 kW·h,节能效果显著。值得注意的是,PCM 厚度在 90 ~ 180 mm 之间,建筑能耗变化不大,PCM 厚度为

90 mm时建筑能耗为 4 232.2 kW·h,与 PCM 为 180 mm 时仅差 73.5 kW·h。

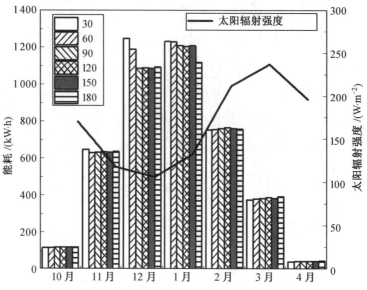

图 6.41　不同厚度相变材料 PCM 阳光间采暖期农宅能耗对比

图 6.42 所示为不同厚度相变材料时采暖期农宅室内逐月平均温度对比。由图可以看出,在 10~12 月,随着室外逐月平均温度下降,农宅室内月平均温度随着 PCM 厚度的增加呈上升趋势,但在 1 月后,随着室外逐月平均温度不断上升,农宅室内温度随 PCM 厚度的增加而呈现下降趋势。整个采暖期,在 PCM 厚度为 180 mm 时室内逐月平均温度达到最高,为 14.8 ℃,但与 PCM 厚度为 90 mm 时室内温度仅差 0.04 ℃。因此综合考虑室内热环境及经济环保因素,采用 90 mm 厚 PCM 进行后续研究。

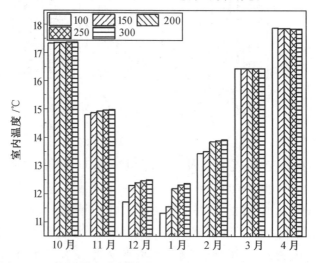

图 6.42　不同厚度相变材料采暖期农宅室内逐月平均温度对比

6.3　SiO$_2$-PCM 阳光间在农宅中的应用分析

阳光间玻璃围护结构是阳光间热工性能的决定因素,将玻璃围护结构与透明保温材料结合是建筑节能领域被广泛推广的一项关键技术。气凝胶作为一种透明轻质保温材料,在建筑保温领域应用广泛。基于前文研究结果,将 SiO$_2$ 气凝胶填充在含 PCM 阳光间玻璃围护结构中,模拟分析在大庆地区冬季气候条件下,含 PCM 阳光间与含 SiO$_2$-PCM 阳光间对农宅室内热环境及建筑能耗影响,并进一步探究物性参数及窗体构造对农宅室内热环境的影响。

6.3.1　室内热环境分析

1. 模型建立

以所得 PCM 阳光间农宅各参数为基础,在阳光间中空玻璃围护结构中填充透光 SiO$_2$ 气凝胶为应用 EnergyPlus 软件建立附加阳光间农宅模型。其中阳光间进深为 0.9 m。

玻璃围护结构热阻和阳光间的热容是影响阳光间热性能的关键。本部分探究在阳光间内墙添加 PCM 构造层,并在阳光间玻璃围护结构中填充 SiO$_2$ 气凝胶,探究 SiO$_2$ 气凝胶 PCM 耦合作用阳光间(SiO$_2$-PCM)农宅与仅含 PCM 阳光间(SPCM)农宅及普通双层中空玻璃阳光间(SDP)农宅室内热环境和建筑能耗的关系。PCM 和 SiO$_2$ 气凝胶的材料构造参数见表 6.10。

表 6.10　材料构造参数

材料	$\lambda/[W \cdot (m \cdot K)^{-1}]$	$\rho/(kg \cdot m^{-3})$	$C_P/[J \cdot (kg \cdot K)^{-1}]$	α/m	n	$T_m/℃$	$\gamma /(kJ \cdot kg^{-1})$
玻璃	1	2 700	840	10	1.5	—	—
PCM	0.2(固态) 0.21(液态)	882.5	2 230	80(固态) 20(液态)	1.3	21~23	185
SiO$_2$ 气凝胶	0.020 8	100	1 500	12	1.01	—	—

2. 数学模型

虽然基于 EnergyPlus 软件的气凝胶玻璃模拟研究相对较少,但 Ibrahim 等提出了对含硅气凝胶窗户的建筑的冷热负荷模拟。此外,Belloni 等拟并比较了气凝胶玻璃单元与一种双层玻璃标准溶液的能量行为。

本书应用 EnergyPlus 软件模拟含 SiO$_2$ 气凝胶玻璃和 PCM 墙的附加阳光间农宅室内热环境及建筑能耗。含 SiO$_2$ 气凝胶玻璃围护结构的透光率和吸收率是影响建筑得热的关键因素。因此对玻璃层的透光率和吸收率进行计算,公式为(6.11)~(6.14),并将计算结果输入 EnergyPlus。假设玻璃和 SiO$_2$ 气凝胶各向同性介质且 SiO$_2$ 气凝胶的热性能与温度无关。

$$\tau_{g1} = \frac{(1-R_1)(1-R_2)\exp(-A_g L_1)}{1-R_1 R_2\exp(-2A_g L_1)} \tag{6.11}$$

$$\alpha_{g1} = 1-R_1-\frac{(1-R_1)R_2\exp(-2A_g L_1)}{1-R_1 R_2\exp(-2A_g L_1)}-\tau_{g1} \tag{6.12}$$

$$\tau_{g2} = \frac{(1-R_1)(1-R_3)\exp(-A_g L_2)}{1-R_1 R_3\exp(-2A_g L_2)} \tag{6.13}$$

$$\tau_{g2} = \frac{(1-R_1)(1-R_3)\exp(-A_g L_2)}{1-R_1 R_3\exp(-2A_g L_2)}$$

$$\alpha_{g2} = 1-R_3-\frac{(1-R_1)R_3\exp(-2A_g L_2)}{1-R_1 R_3\exp(-2A_g L_2)}-\tau_{g2} \tag{6.14}$$

式中,R_1、R_2、R_3 分别为空气与外玻璃的界面反射率、气凝胶与外玻璃的表面反射率、气凝胶与内玻璃的界面反射率;τ_{g1} 和 τ_{g2} 为外部玻璃和内部玻璃层的太阳透过率;α_{g1} 和 α_{g2} 为外部玻璃和内部玻璃层的太阳吸收率;A_g 为玻璃材料的消光系数。

对 SiO_2 气凝胶的透光率及吸收率进行计算,即

$$\tau_{sa} = \frac{(1-R_2)(1-R_3)\exp(-A_{sa} L_{sa})}{1-R_2 R_3\exp(-2A_{sa} L_{sa})} \tag{6.15}$$

$$\alpha_{sa} = 1-R_2-\frac{(1-R_2)R_3\exp(-2A_{sa} L_{sa})}{1-R_2 R_3\exp(-2A_{sa} L_{sa})}-\tau_{sa} \tag{6.16}$$

式中,A_{sa} 为 SiO_2 气凝胶的消光系数;τ_{sa} 表示 SiO_2 气凝胶的太阳透光率;α_{sa} 表示 SiO_2 气凝胶的太阳吸收率。

根据菲涅尔公式计算界面反射率,即

$$R_1 = \frac{(n_g-1)^2}{(n_g+1)^2} \tag{6.17}$$

$$R_2 = \frac{(n_g-n_{sa})^2}{(n_g+n_{sa})^2} \tag{6.18}$$

$$R_3 = \frac{(n_{sa}-n_g)^2}{(n_{sa}+n_g)^2} \tag{6.19}$$

式中,n_g 和 n_{sa} 分别为玻璃和 SiO_2 气凝胶的折射率。

透射率 τ、吸收率 α 和太阳反射率 R 等光学参数的计算式为

$$\tau = \tau_{g1}\tau_{g2} \tag{6.20}$$

$$\alpha = \alpha_{g1}+\tau_{g1}\alpha_{sa}+\tau_{g1}\tau_{sa}\alpha_{g2} \tag{6.21}$$

$$R = 1-\alpha-\tau \tag{6.22}$$

3. 农宅能耗分析

为确定 SiO_2-PCM 的节能潜力,本节对 SDP 农宅、SPCM 农宅和 SiO_2-PCM 农宅 3 种不同附加阳光间农宅采暖期建筑能耗进行模拟分析。由图 6.43 可以看出,3 种农宅在采暖期的逐月能耗变化趋势相同,农宅能耗与室外环境温度密切相关,随着室外温度的降低,农宅逐月能耗呈上升趋势,在 12 月和 1 月达到最高且在 4 月达到最低。但 SiO_2-PCM 农宅逐月能耗明显低于 SDP 农宅、SPCM 农宅,其在整个采暖期建筑总能耗为

5 029.34 kW·h,较 SDP 农宅、SPCM 农宅分别降低了 14% 和 4%,尤其在 12 月和 1 月,
与 SDP 相比,SPCM 的节能率 11%,而 SiO_2-PCM 的节能率则达 16%。由以上结果可知,
SiO_2-PCM 能有效降低建筑的采暖能耗。这是由于当白天温度较高,太阳辐射充足时,
PCM 可以吸收和储存热量。当夜间温度降低时,PCM 会通过释放热量来辐射并加热房
间。而 SiO_2 气凝胶玻璃增加了阳光间热阻,减少了阳光间的热损失,与 PCM 产生协同作
用,有效降低了建筑能耗。

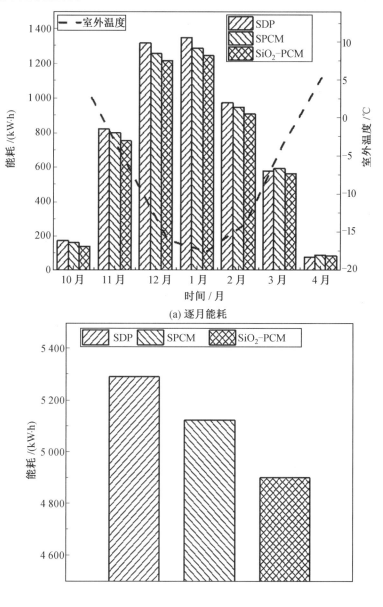

(a) 逐月能耗

(b) 总能耗

图 6.43　3 种农宅采暖期建筑能耗

　　为探究3种农宅一天中逐时能耗变化,对3种农宅最冷日(1月20日)建筑能耗进行模拟分析。从图6.44可以看出,一天内建筑能耗的变化不仅与室外温度有关,而且与太阳辐射也密切相关。在7:00~12:00,随着太阳辐射强度不断增加,室外温度持续上升,建筑能耗呈下降趋势,在13:00达到最低,其中SiO_2-PCM农宅能耗最低,为1.4 kW·h;在13:00后,建筑能耗呈上升趋势。此外,可以看到SiO_2-PCM农宅的建筑能耗始终都低于SDP农宅和SPCM农宅。但值得注意的是,这3种农宅在最冷日白天(1月20日7:00~17:00)和夜晚(18:00~次日7:00)的采暖能耗呈现不同趋势。由图6.45可以看出,与SDP农宅相比,SiO_2-PCM农宅节能率在夜间较高(4.9%),而在日间较低(3.9%)。这是由于在玻璃围护结构中填充SiO_2气凝胶,日间降低了玻璃围护结构的透过率,从而减少了太阳能的传输,同时,在夜间也有效地减少了农宅的热量损失。因此在日间和夜间呈现出不同的变化趋势。

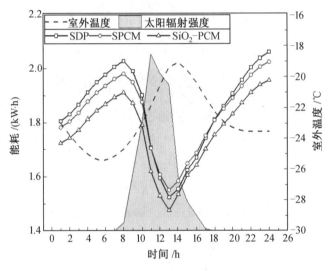

图6.44　3种农宅1月20日建筑能耗

4. 农宅室内热环境分析

　　除了建筑能耗外,农宅室内温度也是热舒适度的关键指标。因此,作为一种谨慎的工程方法,降低建筑能耗应以保持室内热舒适性为前提。SDP农宅、SPCM农宅和SiO_2-PCM农宅3种农宅室内温度变化如图6.46所示。模拟结果表明,3种农宅室内温度值存在显著性差异。SDP农宅、SPCM农宅和SiO_2-PCM农宅的日平均温度分别为2.3 ℃、4.4 ℃和5.9 ℃。结果表明,含PCM墙的蓄热能力和SiO_2气凝胶优异的保温性能可以使温差从25.5 ℃降低到14.3 ℃。同时,在玻璃中填充SiO_2气凝胶使PCM阳光间温度下降速率变小,与SPCM农宅相比,室内温度下降到同一温度的时间延迟了约2 h。结果表明,SiO_2-PCM具有良好的储热能力和优异的保温性能。

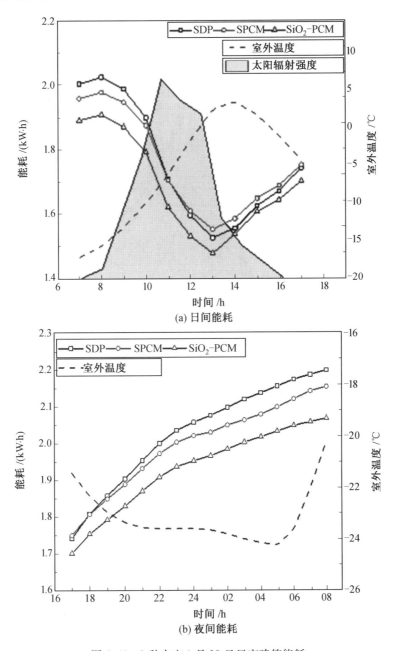

图 6.45　3 种农宅 1 月 20 日昼夜建筑能耗

　　此外,图 6.47 显示了 3 种农宅最冷日(1 月 20 日)的室内温度变化。从图中可以看出,SiO_2-PCM 农宅的室内温度较 SPCM 农宅高 0.3 ℃,较 SDP 高 0.5 ℃。可以推断,SiO_2-PCM 具有良好的热屏障效应,并在日间和夜间提供更高的室内温度,从而可有效改善冬季室内热舒适性。

　　以上研究可以得出,使用 SiO_2-PCM 对改善农宅室内热环境和降低建筑能耗都能起到积极作用。

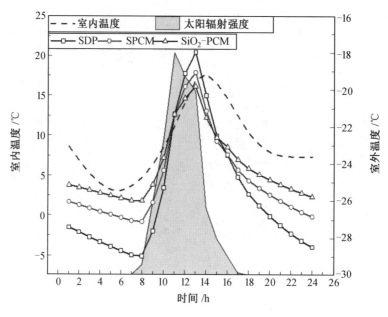

图 6.46　3 种农宅室内温度变化

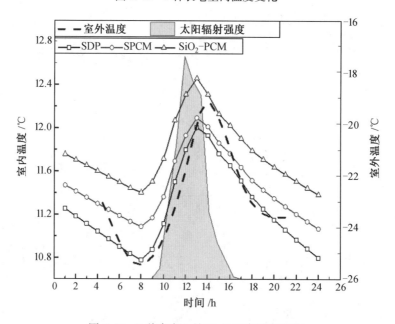

图 6.47　3 种农宅 1 月 20 日室内温度变化

6.3.2　SiO₂ 气凝胶优化

由以上研究可知在阳光间玻璃中填充 SiO₂ 气凝胶可以有效改善农宅室内热环境,降低建筑能耗。填充 SiO₂ 气凝胶增加了玻璃围护结构热阻,因此 SiO₂ 气凝胶热物性是农宅室内热环境及建筑能耗的重要影响因素。本部分对 SiO₂ 气凝胶厚度、导热系数对农宅室内热环境及建筑能耗的影响进行探究,从而确定 SiO$_2$ 气凝胶厚度及导热系数的最优值。

1. SiO$_2$ 气凝胶厚度

(1)能耗分析。

为探究阳光间填充 SiO$_2$ 气凝胶厚度对农宅室内热环境及建筑能耗的影响,模拟对比了不同厚度 SiO$_2$ 气凝胶(3 mm、6 mm、9 mm、12 mm、15 mm、18 mm)对建筑室内热环境及建筑能耗的影响。

图 6.48 所示为填充不同厚度 SiO$_2$ 气凝胶阳光间采暖期建筑总能耗。由图可知,在研究范围内,随着 SiO$_2$ 气凝胶厚度的增加,建筑采暖能耗呈先减小后增大的趋势。当 SiO$_2$ 气凝胶厚度为 3 ~ 9 mm 时,随着 SiO$_2$ 气凝胶厚度的增加,建筑能耗呈现下降趋势,当 SiO$_2$ 气凝胶厚度为 9 mm 时,建筑能耗达到最低,为 4 899.88 kW·h。然而,当 SiO$_2$ 气凝胶厚度超过 9 mm 时,建筑能耗随着气凝胶厚度的增加而呈现上升趋势。这是由于随着 SiO$_2$ 气凝胶厚度的增加,热阻增加且玻璃单元的透光率降低,减少了太阳能的传输。

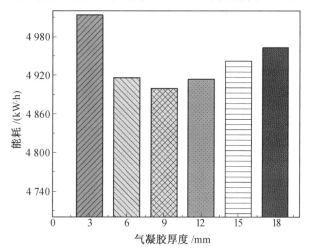

图 6.48　填充不同厚度 SiO$_2$ 气凝胶阳光间采暖期建筑总能耗

图 6.49 所示为不同厚度 SiO$_2$ 气凝胶阳光间在最冷日(1 月 20 日)的建筑总能耗。由图可知,随着太阳辐射和室外温度的变化,当阳光间玻璃填充不同厚度的 SiO$_2$ 气凝胶时,采暖能耗呈现相同的趋势。即随着太阳辐射强度的升高,建筑能耗逐渐降低,随着太阳辐射的降低,建筑采暖能耗随之升高。但从图中可以明显看出,SiO$_2$ 气凝胶的厚度对建筑能耗有显著影响,建筑能耗在 13:00 达到最低,在 SiO$_2$ 气凝胶厚度为 9 mm 时采暖能耗达到最低,但值得注意的是,从 8 时到 12 时,受太阳辐射的影响,使用不同厚度的 SiO$_2$ 气凝胶农宅采暖能耗的差异不明显,而 9 mmSiO$_2$ 气凝胶相比其他厚度,节能效果更为明显。随着 12 点后太阳辐射的下降,建筑能耗存在明显差异。这是由于 SiO$_2$ 气凝胶是影响太阳能透过量的重要因素,因此对探究 SiO$_2$ 气凝胶厚度对建筑室内热环境及建筑能耗研究有重要意义。

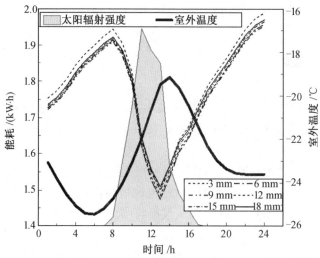

图 6.49　不同厚度 SiO_2 气凝胶阳光间 1 月 20 日建筑总能耗

注:从线条最高点位置看,从高到低依次为 3 mm、18 mm、15 mm、12 mm、6 mm 和 9 mm。

(2)室内热环境分析。

图 6.50 所示为 SiO_2 气凝胶厚度对采暖期农宅室内月平均温度的影响。从图可以看出,随着 SiO_2 气凝胶厚度的增加,室内温度呈先下降后上升的趋势。当气凝胶厚度为 3 ~ 9 mm 时,农宅室内温度随着气凝胶厚度的增加而升高,厚度为 9 mm 时,室内温度达到最高,在室外温度相对较低的 12 月和 1 月,室内平均温度达 11.7 ℃,与 SiO_2 气凝胶为 3 mm 时相比室内平均温度增加了 0.2 ℃。图 6.51 所示为不同厚度 SiO_2 气凝胶时,阳光间和农宅 1 月 20 日室内温度变化。仿真结果表明,在研究范围内,当厚度为 9 mm 时,阳光间和农宅室内温度均达到最大值。与 3 mm 相比,阳光间内日平均温度增加了 1.4 ℃,农宅室内平均温度增加了 0.15 ℃。

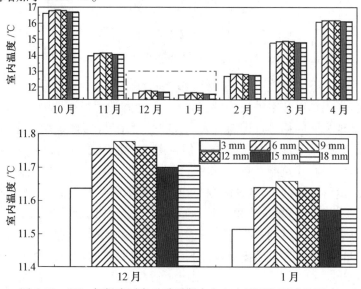

图 6.50　SiO_2 气凝胶厚度对采暖期农宅室内月平均温度的影响

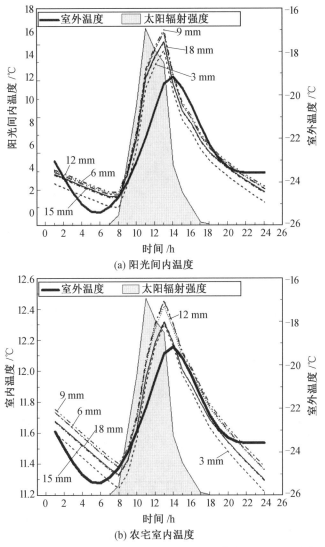

(a) 阳光间内温度

(b) 农宅室内温度

图 6.51　填充不同厚度 SiO_2 气凝胶时阳光间及农宅 1 月 20 日室内温度

注:(a)中,从最高点的位置看,从上至下依次为 9 mm、12 mm、6 mm、18 mm、15 mm 和 3 mm,其中 12 mm 和 6 mm 及 18 mm 和 15 mm 有近乎重合之处;(b)中,从最高点的位置看,从上至下依次为 9 mm、6 mm、12 mm、18 mm、15 mm 和 3 mm,其中 9 mm 和 6 mm 及 18 mm 和 15 mm 有近乎重合之处。

综上所述,在大庆等严寒地区农宅中应用 SiO_2-PCM 能够有效改善农宅室内热环境并降低建筑能耗。此外,SiO_2 气凝胶厚度也是农宅室内热环境及建筑能耗的重要影响因素,在研究范围内,SiO_2 气凝胶厚度为 9 mm 时,农宅室内温度最高,同时能最大限度降低建筑采暖能耗。

2. SiO_2 气凝胶导热系数

为探究 SiO_2 气凝胶导热系数对建筑室内热环境的影响,在不改变模型其他参数的条件下,对导热系数为 0.015 W/(m·K)、0.02 W/(m·K)、0.025 W/(m·K)、0.03 W/(m·K)的 4 种不同 SiO_2 气凝胶相变材料阳光间室内热环境及建筑能耗进行模拟。

（1）能耗分析。

图 6.52 所示为不同导热系数 SiO_2-PCM 农宅采暖期总能耗。由图可知,在所研究范围内,随着 SiO_2 气凝胶导热系数的升高,建筑采暖期总能耗不断增加。其中导热系数为 0.02 W/(m·K)、0.025 W/(m·K)、0.03 W/(m·K)时,较 SiO_2 气凝胶导热系数为 0.015 W/(m·K)时农宅采暖期总能耗依次提高了 22.9 kW·h、40.4 kW·h、53.5 kW·h。这是由于随着 SiO_2 气凝胶导热系数增大,含 SiO_2 气凝胶玻璃保温隔热性能降低,阳光间热损失增加。

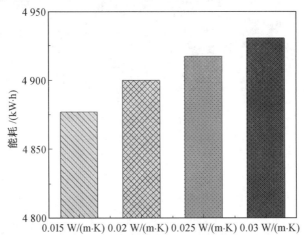

图 6.52　不同导热系数 SiO_2-PCM 农宅采暖期总能耗

图 6.53 所示为不同导热系数 SiO_2-PCM 农宅最冷日建筑能耗对比。由图可知,在研究范围内,导热系数为 0.015 W/(m·K)时农宅采暖能耗最低,与导热系数为 0.03 W/(m·K)时,采暖期日总能耗降低 53.6 kW·h。同时,4 种不同导热系数 SiO_2-

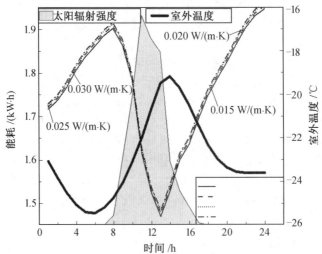

图 6.53　不同导热系数 SiO_2-PCM 农宅最冷日建筑能耗对比

注:从最高点的位置看,由高至低依次为 0.030 W/(m·K)、0.025 W/(m·K)、0.020 W/(m·K)和 0.015 W/(m·K)。

PCM 农宅采暖能耗变化呈现相同趋势,即随着室外温度及太阳辐射强度的变化,0:00~8:00 能耗呈上升趋势,8:00 后随着太阳辐射强度不断增大,室外温度不断提高,建筑的热量增加,建筑能耗呈现下降趋势,13:00 太阳辐射强度最大,建筑能耗达到最低水平。13:00 后,随着太阳辐射强度不断下降直至为 0,建筑能耗呈上升趋势。

（2）室内热环境分析。

图 6.54 所示为不同导热系数 SiO_2-PCM 农宅室内逐月温度对比。在整个采暖期,随着 SiO_2 气凝胶导热系数的升高,农宅室内月平均温度降低,其中导热系数为 0.015 W/(m·K) 时农宅采暖期室内平均温度为 14.1 ℃,较导热系数为 0.03 W/(m·K) 时高出 0.1 ℃。图 6.55 所示为不同导热系数 SiO_2-PCM 农宅最冷日（1 月 20 日）室内逐时温度对比。由图可以看出,在阳光间玻璃中填充 4 种不同导热系数的 SiO_2 气凝胶,室内温度变化趋势相同,即在 0:00~8:00,受室外温度的影响,室内温度随时间变化呈下降趋势,这是由于这一时间段太阳辐射几乎为零,在 8:00 后,随着太阳辐射强度不断升高,透过玻璃进入室内的热量增加,室内温度在 13:00 达到最高,并在 13:00 后,随着室外温度和太阳辐射强度下降,不断降低。

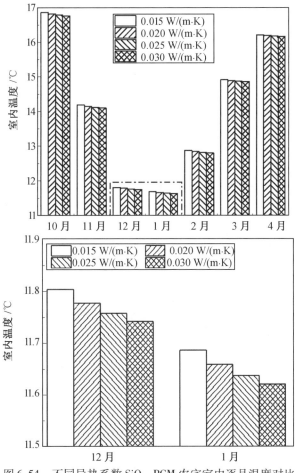

图 6.54　不同导热系数 SiO_2-PCM 农宅室内逐月温度对比

因此在研究范围内,SiO$_2$ 导热系数为 0.015 W/(m·K)时,冬季室内温度最高,节能效果最好。

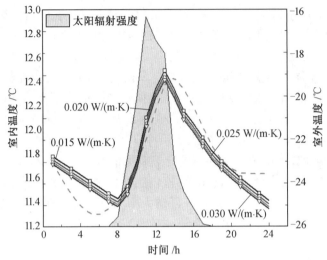

图 6.55　不同导热系数 SiO$_2$-PCM 农宅 1 月 20 日室内逐时温度对比

注:从最高点的位置看,从上至下依次为 0.030 W(m·K)、0.025 W(m·K)、0.020 W(m·K)、

　　0.015 W(m·K)。

6.3.3　玻璃围护结构优化

1.玻璃类型

由以上研究可知,在阳光间中空玻璃中填充 SiO$_2$ 气凝胶,可以减少建筑失热量,降低建筑能耗,改善建筑室内热环境。含 SiO$_2$ 气凝胶玻璃围护结构的光学性能是其传热性能的重要影响因素,在研究范围内 SiO$_2$ 气凝胶层可见光透过率为 72% ~ 83%,在中空玻璃中填充 SiO$_2$ 气凝胶,提高玻璃围护结构保温性能的同时降低了玻璃围护结构的可见光透过率,因此提高玻璃的可见光透过率是十分必要的。低铁玻璃,又称超白玻璃,其透过率达 91.5% 以上,反射率在 1% 以下。因此本节采用低铁玻璃(透过率 91%,反射率 8%)代替普通玻璃,探究其对农宅能耗及室内热环境的影响。

如图 6.56 所示,无空调采暖系统时,采暖期低铁玻璃附加阳光间农宅室内月平均温度均高于普通玻璃附加阳光间农宅。低铁玻璃阳光间农宅室内平均温度为 14.2 ℃,较普通玻璃提高了 0.2 ℃,最高温度达 17 ℃。这是由于采用低铁玻璃时,进入阳光间的太阳能增加,且反射率的降低减少了太阳辐射的热量损失,这些热能通过辐射、对流的方式传递到室内空气中,从而提高了室内温度。值得注意的是,在一天中随着太阳辐射强度变化,两种阳光间农宅室内温度差不同。如图 6.57 所示,低铁玻璃附加阳光间农宅室内逐时平均温度明显高于普通玻璃。白天随着太阳辐射强度的不断升高,低铁玻璃附加阳光间农宅与普通玻璃阳光间农宅室内平均温度差不断升高,且在 15:00,温差达到最大,为 0.26 ℃,此时采用低铁玻璃农宅室内平均温度为 12.3 ℃,而采用普通玻璃室内平均温度为 12.1 ℃。15:00 后,随着太阳辐射强度的降低,温差减少。

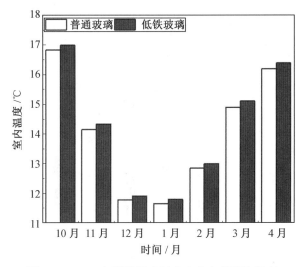

图 6.56　SiO$_2$ 气凝胶阳光间农宅室内月平均温度

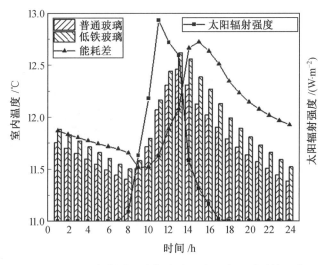

图 6.57　SiO$_2$ 气凝胶阳光间农宅室内温度逐时平均温度

图 6.58 所示为两种玻璃 SiO$_2$ 阳光间农宅采暖期逐月能耗对比。由图中可以看出，低铁玻璃附加阳光间农宅整个采暖期采暖能耗明显低于普通玻璃；低铁玻璃附加阳光间农宅整个采暖期总能耗为 4 771 kW·h，较普通玻璃附加阳光间农宅降低了 127 kW·h，节能率达 2.6%。与室内温度变化相同，两种玻璃附加阳光间农宅采暖能耗差随太阳辐射强度而不断变化。如图 6.59 所示，在最冷日（1 月 20 日）应用低铁玻璃的阳光间农宅建筑能耗明显低于普通玻璃阳光间农宅，且两种玻璃阳光间农宅能耗与太阳辐射强度有关，白天随着太阳辐射强度的不断升高，低铁玻璃附加阳光间农宅与普通玻璃阳光间农宅采暖能耗差不断升高，在 14:00 时，能耗差达到最大值，为 0.16 kW·h；14:00 后，随着太阳辐射强度的降低，能耗差减少。由此可以得知，使用低铁玻璃能够通过提高可见光透过率而降低建筑能耗，同时提高采暖期农宅室内温度。

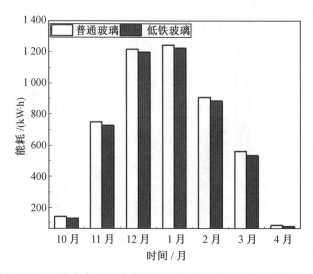

图 6.58　两种玻璃 SiO_2 气凝胶阳光间农宅采暖期逐月能耗对比

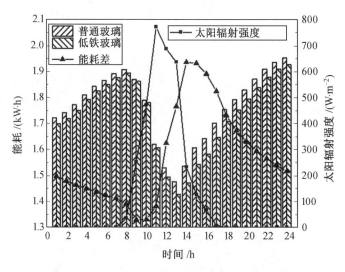

图 6.59　两种玻璃 SiO_2 气凝胶阳光间 1 月 20 日建筑能耗对比

2. 围护结构构造

　　由以上研究结果可以看出玻璃围护结构的光热性能是农宅室内热环境和建筑能耗的重要影响因素。当前我国东北地区常用的玻璃窗类型主要有双层玻璃窗及三层玻璃窗,因此本部分在上述研究的基础上,对阳光间玻璃围护结构构造进行优化,对比 3 种不同构造阳光间对农宅室内热环境及建筑能耗的影响。表 6.11 所示为 3 种工况下阳光间玻璃围护结构构造参数。图 6.60 所示为 3 种工况下附加阳光间玻璃围护结构。

　　图 6.61 所示为 3 种工况下农宅最冷日室内温度对比。由图可知,在最冷日(1 月 20 日)工况三农宅室内温度最高,室内平均温度为 11.9 ℃;工况一次之,室内平均温度为 11.8 ℃;工况二最低,室内平均温度为 11.7 ℃。由此可以说明,阳光间玻璃围护结构中填充 SiO_2 气凝胶在冬季可以有效提高农宅室内温度;此外,三层玻璃含二氧气凝胶玻璃

阳光间,即在工况一基础上在外侧增加中空玻璃层,能够有效提高农宅室内温度。

表 6.11　阳光间玻璃围护结构构造参数

工况	阳光间玻璃围护结构构造层
工况一	6 mm 低铁玻璃+9 mmSiO₂ 气凝胶+6 mm 低铁玻璃
工况二	6 mm 低铁玻璃+9 mm 空气层+6 mm 低铁玻璃+9 mm 空气层+6 mm 低铁玻璃
工况三	6 mm 低铁玻璃+9 mm 空气层+6 mm 低铁玻璃+9 mmSiO₂ 气凝胶+6 mm 低铁玻璃

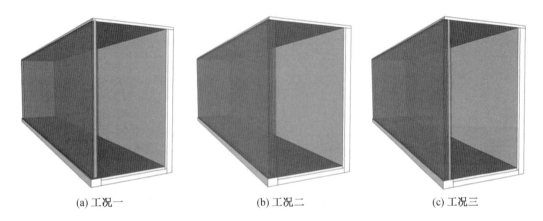

(a) 工况一　　　　　　(b) 工况二　　　　　　(c) 工况三

图 6.60　3 种工况下附加阳光间玻璃围护结构

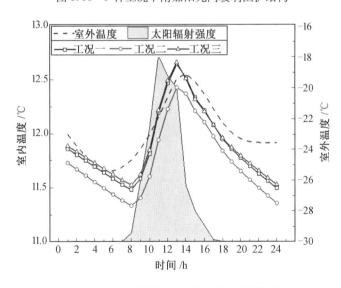

图 6.61　3 种工况下农宅最冷日室内温度对比

图 6.62 所示为 3 种工况下农宅采暖期总能耗对比。其中,工况一总能耗为 4 803.9 kW·h,工况二总能耗为 4 917.2 kW·h,工况三总能耗为 4 797.2 kW·h。工况三采暖能耗最低,工况二能耗最高。产生这种现象的原因是,工况二为三层中空玻璃,由于两层空气层在传热过程中吸收热量,导致进入建筑的太阳能减少,建筑失热量远小于得

热量,建筑能耗增加。工况三在工况二基础上,在三层玻璃阳光间内侧空气层填充 SiO_2 气凝胶,由于气凝胶导热系数较低,减少了建筑失热量,因此在采暖期较工况二能耗降低 120 kW·h,节能率达 2.4%。而工况三较工况一节能效果相对较弱,在采暖期建筑能耗 仅降低 6 kW·h。图 6.63 所示为 3 种工况下农宅最冷日逐时能耗对比。由图可知,工况 三建筑能耗最低,工况二建筑能耗最高。农宅能耗随着室外温度及太阳辐射强度变化呈 现相同趋势,即随室外温度降低而升高,随室外温度的升高而不断降低。当太阳辐射强度 增大时,农宅采暖能耗不断降低,13:00 太阳辐射强度较大时,建筑能耗最低,其中工况一 为 1.4 kW·h,工况二为 1.5 kW·h,工况三为 1.4 kW·h。

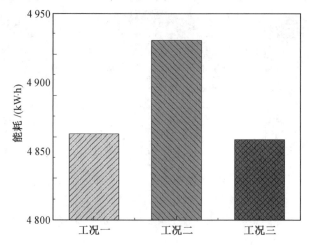

图 6.62 3 种工况下农宅采暖期总能耗对比

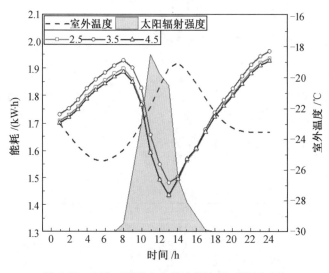

图 6.63 3 种工况下农宅最冷日农逐时能耗对比

由以上研究结果可以得出,在三层中空玻璃内侧空气层填充 SiO_2 气凝胶,形成空气 腔与气凝胶层耦合的玻璃围护结构,可以有效节约建筑采暖能耗,改善室内热环境。

6.4　SiO_2-PCM 农宅经济及环保效益评价

6.4.1　经济效益评价

经济效益是解决当前建筑高能源需求问题至关重要的环节,考虑到含 SiO_2 气凝胶相变材料阳光间的使用寿命及维护费用,对比优化后的 SiO_2-PCM 农宅(工况三)与 SDP 农宅的经济效益,针对建筑全生命周期成本、初始投资、投资回收期等几个方面,采用动态全生命周期成本的方法,对利用 SiO_2-PCM 农宅的经济性进行可行性分析。

1. 动态全生命周期成本

动态全生命周期成本分析涉及对系统或组件整个生命周期的成本分析,其中包括建筑初始投资、建筑每年的供热和制冷负荷、天然气和电力的成本、建筑寿命和贴现率。本研究主要考虑农宅建造初始投资及建筑运行所需的人工和耗能费用。建筑动态全生命周期成本的计算式为

$$C_C = C_I + C_E \cdot PWF \tag{6.23}$$

式中,C_C 为全生命周期成本;C_I 为初始投资(购买材料+安装材料);C_E 为冬季通过空调维持室内温度在 18 ℃的年耗电电费;PWF 为现值系数,指全生命周期内总能耗成本转换为直接成本的系数,可表示为

$$PWF = \frac{1}{i}\left[1 - \left(\frac{1}{1+i}\right)^n\right] \tag{6.24}$$

式中,i 为银行利率,本书取 8.5%;n 为使用寿命,本书取 30 年。

在本书中,初始投资费用 C_I 主要包括初始购买阳光间及 SiO_2 气凝胶和 PCM 的费用支出,以及人工费用、施工安装费用、SiO_2 气凝胶和 PCM 的维护费用。其中维护费用为阳光间在运行期间所产生的损失费用、材料消耗费用等。传统双层中空玻璃阳光间耐久性强,不易产生损坏,而含 SiO_2-PCM 阳光间由于 PCM 在液态状态下可能存在泄露等问题,估算传统双层中空玻璃阳光间每年需要投入 50 元维护费用,而含 SiO_2-PCM 阳光间农宅每年需要投入 100 元维护费用。

C_E 的计算式为

$$C_E = Qc_e \tag{6.25}$$

式中,Q 为年供热能耗;c_e 为功率比。

2. 初始投资

工程应用设计方案的所有初始投资 C_I 包含农村住宅外建造阳光间的费用,以及阳光间内填充 SiO_2 气凝胶和 PCM 构造层的材料费用,即对比农宅附加阳光间前后;以及在阳光间中填充 SiO_2 气凝胶和 PCM 前后的经济效益,从而明确新型建筑材料在附加阳光间中应用时的经济效益。另外本书对初始投资的计算,忽略由于地域经济水平等带来的工艺价格差异。

表 6.12 所示为根据阳光间尺寸、建造材料及市场上报价平均值列出的不同阳光间价

格参考(针对上文工况三农宅模型中阳光间构造形式)。SiO₂气凝胶以某厂家气凝胶报价作为参考值,PCM采用54#工业石蜡,封装PCM所采用的材料为石膏板。

表6.12 不同阳光间价格参考

位置	构造类别	规格/尺寸	参考价格	总价/元
传统双层中空玻璃阳光间	方管宽度和厚度	100 mm×100 mm×6 000 mm(2 mm厚)	180 元/m	5 900
	玻璃结构	6 mm 白玻+9 mm 空气层+6 mm 白玻	150 元/m²	
	彩钢板	5 mm 厚	300 元/m²	
	转角立柱	100 mm×100 mm×6 000 mm(3 mm厚)	150 元/m	
	拉弯(铝材和玻璃)	弯圆和弯钢	450 元/支	
三层玻璃含SiO₂-PCM阳光间	方管宽度和厚度	100 mm×100 mm×6 000 mm(2 mm厚)	180 元/m	7 000
	玻璃结构	6 mm 低铁玻璃+9 mm SiO₂气凝胶+6 mm 低铁玻璃+9 mm 空气层+6 mm 低铁玻璃	280 元/m²	
	彩钢板	5 mm 厚	300 元/m²	
	转角立柱	100 mm×100 mm×6 000 mm(3 mm厚)	150 元/m	
	拉弯(铝材和玻璃)	弯圆和弯钢	450 元/支	
PCM层	石膏板	8 mm 厚	100 元/m²	600
	石蜡	54#工业石蜡	7 200 元/t	
人工费用	封装PCM			800
	安装阳光间			3 500

3. 投资回收期

投资回收期是评价建设项目可行性的重要财务指标之一。投资回收期亦称"投资回收年限",是指某个项目获得的收益达到投入总额所需要的时限。投资回收期等于全生命周期成本与年节约费用的比值,其中全生命周期成本由式(6.23)计算。大庆地区冬季时间较长,供热期达6个月,夏季则以自然通风为主,基本不采用降温设备。根据模拟计算,大庆地区农宅全年采暖能耗是冷却能耗的103倍。因此,本书所探究农宅的运行成本收益主要为保持农宅冬季室内热环境所需采暖费用,与传统双层中空玻璃阳光间相比,三层玻璃SiO₂-PCM农宅节约的费用为

$$S=(Q_{2+air}-Q_{3+SiO_2+PCM})c_e PWF-(C_{1,3+SiO_2+PCM}-C_{1,2+air}) \quad (6.26)$$

式中,Q_{2+air}为传统双层中空玻璃阳光间采暖能耗;Q_{3+SiO_2+PCM}为三层玻璃含SiO₂-PCM阳光间采暖能耗;$C_{1,3+SiO_2+PCM}$为购买三层玻璃含SiO₂-PCM阳光间所需费用;$C_{1,2+air}$为购买传统双层中空玻璃阳光间所需费用。

按照《黑龙江省物价监督管理局关于居民生活用电试行阶梯电价的通知》,当前非峰值期电力成本约为0.6元/kW·h,以此数值计算年节约的电力成本。动态投资回收期的计算公式为

$$\sum_{n=o}^{p} s(1+r)^{-n} - C_{I,3+SiO_2+PCM} = 0 \tag{6.27}$$

如表 6.13 所示,普通双层中空阳光间和三层玻璃含 SiO_2–PCM 阳光间投资回收期分别为 3 年、12 年,即均能够在使用期(30 年)内收回成本。由此可以得出,虽然附加阳光间增大了农宅的建造成本,但附加阳光间后,农宅采暖费用明显降低,在阳光间中添加相变材料及 SiO_2 气凝胶,虽然拉长了建筑回收期,但年节约费用明显增加,同时室内舒适度有明显改善,因此具有较好的经济效益。

表 6.13　SiO_2–PCM 农宅投资回收期

阳光间	初始投资/元	年节约费用/元	使用年限/年	投资回收期/年
普通双层中空阳光间	10 000	2993	30	3
三层玻璃含 SiO_2–PCM 阳光间	12 000	1 008	30	12

6.4.2　环保效益评价

随着社会经济的发展及人民生活水平的提高,近年来能源消耗急剧增加,CO_2 的过量排放开始威胁到自然和人类的健康。现行有效的解决方案是改变能源消费结构、充分利用可再生能源和开发新清洁能源。减少建筑排放及能耗废弃物,减少排放含氮硫化物等毒害气体和 CO_2 等温室气体,是解决当前环境问题的重点。因此本部分考虑节能对减少 CO_2 排放、降低 CO_2 排放税的影响,从而评估新型附加阳光间农宅的环境效益。

1. 碳排放计算

在农宅中附加含 SiO_2 气凝胶相变材料阳光间不仅可提高经济效益,更重要的是在农村地区可减少供热所需的煤炭等化石燃料的消耗,以及减少 CO_2、氮硫化物和粉尘的排放,达到节能环保的目的。当农宅室内设计温度为 18 ℃时,普通农宅附加双层中空玻璃阳光间年节约采暖电力为 201 kW·h,即 723 MJ,若换算成标准煤约为 24.6 kg。农宅附加三层玻璃含 SiO_2 气凝胶相变材料阳光间年节约采暖电力 1 785 kW·h,即 6 426 MJ,若换算成标准煤约为 219.3 kg。若以标准煤计,常规能源 CO_2 排放量的计算式为

$$Q_{CO_2} = \frac{Q_A n}{W_0 \text{Eff}} F_{CO_2} \tag{6.28}$$

式中,Q_{CO_2} 为系统寿命期内 CO_2 排放量,kg;Q_A 为热源提供热量,MJ;n 为系统寿命,30 年;W_0 为标准煤热值,29.308 MJ/kg;Eff 为常规能源利用率,燃煤锅炉为 0.77;F_{CO_2} 为 CO_2 排放因子,kg 碳/kg 标准煤,煤的 CO_2 排放因子为 2.85。

2. 碳排放税计算

出于环保目的,国家针对 CO_2 排放进行征收税费,以此希望削减 CO_2 排放来延缓全球变暖。故此,本小节通过碳排放和碳税两个指标,将减少的 CO_2 减排量以碳排放税计,即

$$F_T = Q_{CO_2} \cdot f \cdot \text{PWF} \tag{6.29}$$

式中,F_T 为碳排放税费,元;f 为碳市场交易价格,取 0.275 元/kg CO_2(2019 年 1 月 7 日至

1月17日国内外碳市场交易行情,北京成交价75.1元/t碳);PWF为现值系数。

3.环保效益评价

计算得出,农宅附加双层中空玻璃阳光间和三层玻璃 SiO_2-PCM 阳光间寿命期内 CO_2 减排量分别可达到2.74 t和24.4 t。寿命期内节约碳排放税分别可达到9 745元和31 605元,在系统寿命期内 CO_2 减排量可观,阳光间填充 PCM 及 SiO_2 的环保效益明显。

节约的发电量或者燃煤量减少了碳排放的同时,也减少了氮硫化物的排放。本书以燃烧煤炭的火力发电为参考,计算节电的减排效益。根据专家统计:以火力发电大气污染物排放系数计,每节约1 kW·h电力,就相应减少了8.03 g二氧化硫(SO_2)、6.9 g氮氧化物(NO_x)及3.35 g粉尘。减少的各项污染物排放量整理为图6.64,在使用期内,使用SDP和三层玻璃 SiO_2-PCM 可分别减少排放 SO_2 48.4 kg和430 kg,NO_x 41.6 kg和369.5 kg,粉尘20.2 kg和179 kg,环保效益显著。

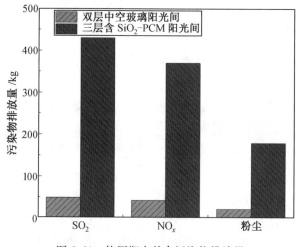

图6.64　使用期内其余污染物排放量

6.5　SiO_2-PCM 附加阳光间适用性总结

基于目前被动式阳光间在我国东北严寒地区住宅中的广泛应用,对被动式阳光间类型及性能进行分析归纳,并根据杏树岗村农宅调研结果,分析现有农宅围护结构现状,应用 EnergyPlus 软件建立典型附加阳光间农宅模型,并通过模拟分析典型农宅室内热环境现状,为后续关于农宅室内热环境及能耗研究提供基础。

本章首先以杏树岗村典型农宅为例,模拟分析附加阳光间典型农宅室内热环境。通过热传输实验探究 PCM 及 SiO_2 气凝胶在阳光间建筑中的适用性。通过 EnergyPlus 软件模拟分析在农宅阳光间内墙中添加 PCM 蓄热层对农宅室内热环境的影响,并探究含 PCM 阳光间农宅窗墙比、阳光间进深、阳光间构造,以及 PCM 相变材料温度、相变材料潜热等对农宅室内热环境及建筑能耗的影响。在此基础上,模拟分析 SiO_2 气凝胶在阳光间玻璃围护结构中的应用,同时探究 SiO_2 气凝胶厚度、导热系数对农宅室内热环境及建筑能耗的影响,最后对 SiO_2-PCM 阳光间结构及玻璃进行优化,并对优化后农宅进行经济及环保效益评价分析,得到如下结论。

(1)在典型农宅外附加阳光间在改善农宅室内热环境和降低建筑能耗方面都起到了积极作用。典型农宅附加阳光间后,室内温差降低了2.6 ℃,室内平均温度提高了1.8 ℃;而且,附加阳光间农宅较典型农宅,采暖期节能率达30.7%。

(2)搭建含 PCM 及 SiO_2 气凝胶附加阳光间木箱热传输实验台,通过实验测量可得,在实验木箱阳光间内添加 PCM 构造层,可以有效改善木箱内环境,减缓木箱内温度波动。在含 PCM 阳光间玻璃中填充 SiO_2 气凝胶,使其保温性能与 PCM 蓄热性能耦合,进一步改善木箱内热环境,延长 PCM 放热过程达 2 000 s。

(3)在阳光间内墙中添加 PCM 构造层,采暖期含 PCM 阳光间平均温度提高了0.4 ℃,且含 PCM 阳光间农宅较普通阳光间农宅建筑能耗节约了27.8%。

(4)建立不同 PCM 阳光间三维模型,对含 PCM 阳光间构造形式及 PCM 的热物性进行优化。结果表明,结合建筑能耗和农宅室内热环境考虑,选取附加阳光间农宅窗墙比为0.35、阳光间进深为0.9 m、阳光间构造形式为模型二的 PCM 阳光间进行后续研究。且从整个采暖期室内平均温度及建筑能耗考虑,PCM 相变温度为22 ℃为宜,PCM 的潜热应尽量接近 200 kJ/kg,在研究范围内 PCM 的最佳厚度为90 mm。

(5)在 PCM 阳光间玻璃围护结构中填充 SiO_2 气凝胶,整个采暖期建筑总能耗较 SDP 农宅、SPCM 农宅分别降低了14%和4%,阳光间日平均温度分别提高了3.6 ℃、1.5 ℃,室内平均温度分别提高了0.5 ℃、0.3 ℃,阳光间内温差分别降低了11.2 ℃、7.9 ℃。在研究范围内,气凝胶厚度为9 mm,导热系数为 0.015 W/(m·K)时,农宅室内温度最高,同时可最大限度降低建筑采暖能耗。

(6)对 SiO_2-PCM 阳光间玻璃及构造进行优化,相较于普通玻璃,采用低铁玻璃采暖期农宅室内平均温度提高0.2 ℃;同时,农宅能耗降低了 127 kW·h,节能率达2.6%;且三层玻璃 SiO_2-PCM 阳光间农宅较两层玻璃 SiO_2-PCM 阳光间农宅室内平均温度提高了0.1 ℃。

在建筑全生命周期内,普通双层中空阳光间和三层玻璃含 SiO_2-PCM 阳光间投资回收期分别为 3 年、12 年,均能在使用期(30 年)内收回成本。且从环保效益上,三层玻璃含 SiO_2-PCM 阳光间农宅在寿命期内 CO_2 减排量为24.4 t,普通双层中空玻璃阳光间 CO_2 减排量为2.74 t,经济及环保效益显著。

第7章 严寒地区轻钢建筑
能耗参数的权重分析

轻钢建筑在抢险救灾中得到广泛应用,但由于其导热系数高、热惰性差,在严寒地区需要消耗大量的能源来改善室内热舒适性。为明确轻钢建筑设计参数之间的相互关系及对能源消耗的影响,本章以寒冷地区典型轻钢建筑为例,综合分析建筑的朝向、长宽比、屋面坡度角、窗墙比(WWR)、围护结构等设计参数对能耗的影响程度,通过 EnergyPlus 仿真和 AHP 分析法确定影响轻钢建筑能耗变化主要因素的权重值,为今后建筑节能的优化设计提供了依据。

7.1 严寒地区轻钢建筑节能研究现状

轻钢建筑因具有质量轻、可在工厂预制现场组装、施工方便、施工周期短的优点而被广泛应用。尤其是在突发火灾、地震和其他灾害情况下轻钢建筑的优势更为明显。由于其围护结构导热系数高、热惰性差的问题,在严寒地区为了满足轻钢建筑内人员的热舒适需求,往往需要消耗更多的能源来改善室内热环境。

近些年,由于建筑行业的快速发展,其对能源的消耗不断增加,而且人们对舒适的需求日益增加,建筑能耗预计将持续增加,建筑业已成为世界上最主要的能源消耗行业之一,在发展中国家和发达国家,约占总能源消耗的40%,尤其是严寒地区建筑采暖产的能耗问题已成为当下研究的热点。影响建筑能耗的主要参数有:维护材料的选择及建筑的方向、形状等相关设计参数。但以往研究更多的是通过优化建筑围护结构(屋顶、墙体、窗)减少能源消耗,例如:通过优化墙体保温层的厚度来减少建筑的能源消耗,增加室内的舒适性;在窗中或墙体中加入相变材料(PCM)改善其热性能以减少建筑能耗。由于建筑物的屋顶是受室外环境影响最大的部分,其热工性能直接影响建筑耗能,因此许多学者通过改变屋顶的形式、在屋顶内加入 PCM 材料、设置绿色屋面及对其参数优化或设置变色屋面等方式对建筑物屋顶的热工性能进行研究,以及探讨屋顶朝向和倾斜度对室内外热环境的影响。

在砖混结构与钢筋混凝土结构的能耗分析领域,学者多是从建筑的设计参数出发,针对窗户的尺寸及类型、建筑的朝向、屋顶的构造等参数对建筑能耗进行多目标优化。Znouda 通过伪随机优化技术、遗传算法(GA)对建筑围护结构的类型、墙体及屋面保温层的选择进行了优化。Su 和 Zhang 以中国上海典型办公楼为研究对象,通过对其全生命周期能耗的评估,确定了在不同朝向、不同窗体材料下典型办公楼 WWR 限值。Thalfeldt 等在爱沙尼亚寒冷的气候条件下,优化了能耗几乎为 0 的建筑的立面参数,包括窗户特性、外墙保温、窗墙比和外部遮阳。S. Kim 利用 BIM 评估窗口大小、位置和方向对建筑能量荷载的影响,结果表明随着 WWR 的增加,总能量负荷增加;当 WWR 为 0.2 时,窗口位置对负荷的影响最大。Joanna 利用遗传算法和 EnergyPlus 软件对窗户的尺寸、建筑方向、外墙、屋顶和底层的保温等设计参数进行了优化。Fabrizio 针对地中海沿岸典型别墅的能源改造问题,通过耦合瞬态能量模拟和遗传算法对建筑物围护结构(热绝缘、涂层、窗户和太阳能遮阳板的反射率)进行优化,为建筑改造提供改造策略。Seungkeun 以工人的任务绩效和建筑的能耗为研究目标,确定办公楼的最窗墙比:东立面为 44.47%,南立面为 50.58%,西立面为 44.37%,北立面为 40.52%。Wang 提出一种基于量子遗传算法优化办公建筑围护结构,如墙体、窗户、玻璃幕墙、窗户数量等,使建筑成本最小化,达到节能要求。

在轻钢建筑的能耗分析领域,Soares 研究了轻钢骨架系统的热性能,并给出了热桥问题的优化策略。Wang 以寒冷高原地区的轻钢结构为例,通过热性能模拟和测量,对建筑形式和外墙参数进行了优化,使建筑单位面积的年热负荷仅为 7.3 kW · h/m²。Jia 利用 EnergyPlus 软件研究了 5 个不同气候区域的轻钢建筑的热性能和能耗,结果表明,在建筑墙内或屋面内加入 PCM 材料可有效地减少轻钢建筑能量的消耗。Jiang 以轻钢结构的屋顶为研究对象,定量分析了平屋顶与不同角度的坡屋顶及带有保温天花板的盖顶三者的能耗情况。结果表明,盖顶节能效果最高,平顶为第二,坡顶最差。

综上所述,学者多是针对传统的砖混结构与混凝土结构建筑的能耗分析,研究的主要方向集中于采用包括传统遗传算法、改进的量子遗传算法、生命周期成本评估和能耗模拟等方法对围护结构材料性能的优化及建筑的设计参数优化。从前文可知相关学者并没有意识到轻钢建筑能耗分析的重要性,关于轻钢建筑的能耗分析研究甚少。直到近几年才有一些,但研究的内容仅限于钢结构热桥问题的优化、维护墙体材料及个别设计参数的优化。因此,无论是对传统的结构形式还是轻钢结构的能耗研究都没有考虑这些设计参数之间的相互关系及对能源消耗的影响,缺乏以性能为导向的整体设计。

由于轻钢建筑的使用越来越广泛,在我国严寒地区轻钢结构采暖能耗大、热舒适度差,且消耗大量的能源。因此开展轻钢建筑节能改造具有重要意义。

7.2　严寒地区轻钢建筑能耗参数权重研究方法

7.2.1　能耗参数权重研究方法

本研究根据严寒地区大庆市肇州县的气候特点,通过 EnergyPlus 仿真和 AHP 分析法确定影响轻钢建筑能耗变化主要因素的权重值。由于轻钢结构保温及隔热性能差,所以本研究考虑了建筑制冷时能源的消耗。

第一步:确定严寒地区建筑的方位角按规律变化时的能耗,计算建筑方位角发生变化时的能耗的变化特征。

第二步:在原始建筑面积、体积及窗墙比不变的情况下,对轻钢建筑长宽比进行研究,分析当长宽比变化时建筑能耗变化特征。

第三步:以原始建筑为分析目标,保证其面积、体积不变的前提下,首先固定建筑北向窗墙比,研究建筑南向窗墙比变化时建筑能耗变化特征。其次固定南向窗墙比,研究建筑北向窗墙比变化时建筑能耗变化特征。

第四步:只改变原始建筑维护结构的传热系数,研究其变化时建筑能耗变化的特征。

第五步:在原始建筑的基础上保持其他参数不变,改变建筑坡屋面的角度,研究坡屋面的角度变化时建筑能耗的变化特征,从而确定合理的轻钢建筑的朝向、长宽比、南向 WWR、北向 WWR、传热系数及角度等设计参数。这些参数的变量、步长、单位和权重见表 7.1。其中,x_i 定义为某一个参数变化时对能耗影响的平均比例值,其计算式为

$$x_i = \frac{\sum\limits_{j=1}^{n} \dfrac{Q_{j+1} - Q_j}{Q_j}}{n} \tag{7.1}$$

式中,Q_j 和 Q_{j+1} 分别为参数 j 和 $j+1$ 时各自的能源消耗,$j=1,2,\cdots$;α_i 为 x_i 的权值,由方程(7.2)计算,求和为 1.0。

$$\alpha_i = \frac{x_i}{\sum\limits_{i=1}^{6} x_i} \tag{7.2}$$

表 7.1　能耗参数的变量、步长、单位和权重

参数	方位	长宽比	WWR		围护结构传热系数		坡屋面角度
			南向	北向	外墙	屋顶	
变量(V_i)	V_1	V_2	V_3	V_4	V_5	V_6	V_7
步长(I_i)	15	0.5	0.5	0.5	0.5	0.5	5
变量范围	90~270	1.0~4.0	0.1~0.3	0.1~0.2	0.5~2.0	0.5~2.0	10~45
单位	(°)	—	—	—	—	—	°
改变率(x_i)	x_1	x_2	x_3	x_4	x_5	x_6	x_7
权重	α_1	α_2	α_3	α_4	α_5	α_6	α_7

7.2.2　典型轻钢建筑模型

选取大庆市肇源县一个典型轻钢建筑,其真实视图如图 7.1(a)所示,建筑平面图如图 7.1(b)所示。建筑平面图为矩形,尺寸为 10.0 m×6.4 m×3.0 m(长×宽×高)。南侧有三扇窗户(1.2 m×1.2 m),一扇门(1.0 m×2.1 m),北侧有两扇窗户(1.2 m×1.2 m),东、西两侧没有门窗。围护结构材料见表 7.2,材料参数见表 7.3。

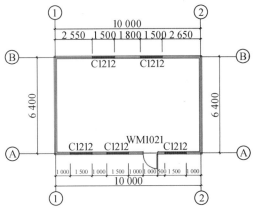

(a) 轻钢建筑的真实视图　　　　　　　　(b) 平面图（单位:mm）

图 7.1　中国东北地区典型的轻钢建筑

表 7.2　轻钢建筑围护结构材料

位置	屋面	墙体	门	窗	地面
构造	彩板	彩板	彩板	玻璃	地板
	玻璃丝绵	玻璃丝绵	EPS		水泥砂浆
	彩板	彩板	彩板		彩板

表 7.3　轻钢建筑围护结构材料参数

材料	厚度 δ/mm	密度 ρ $/(\text{kg} \cdot \text{m}^{-3})$	比热 C $/[\text{J} \cdot (\text{kg} \cdot \text{K})^{-1}]$	导热系数 λ $/[\text{W} \cdot (\text{m} \cdot \text{K})^{-1}]$	蓄热系数 S $/[\text{W} \cdot (\text{m}^2 \cdot \text{K})^{-1}]$
彩板	1.2	7 850	500	58.150	126.070
玻璃丝棉	100	40	1 479	0.043	0.430
EPS	20	20	1 790	0.039	0.347
玻璃	3	2 500	840	0.760	10.700
地板	12	600	2 510	0.170	4.315
水泥砂浆	20	1 800	1 050	0.930	11.306

7.2.3　模拟方法验证

应用 EnergyPlus 软件仿真验算时为保证研究结果的准确性,本研究选择 Ji 于 2015 年发表的论文中的实测室内温度数据与 EnergyPlus 软件中模拟的室内温度相对比,来验证 EnergyPlus 软件仿真结果的可信度。应用 SkechUp＋OpenStudio 建立三维模型后导入 EnergyPlus 软件计算室内温度。实测数据与模拟数据对比如图 7.2 所示,从图中可以看出两条曲线并不完全相同,局部模拟数据与实测数据差异较大,但整体的变化趋势相同。产生差异的原因有:首先,原文中给出的建筑信息并不完善,有些信息未给出;其次,本次模拟采用的是 EnergyPlus 提供的吉林天气文件,与测量时的天气实际情况有所差别;最后,EnergyPlus 软件本身模拟的计算结果只是近似值。但总体来看模拟数据与实际数据差距不大,可用来下一步近似分析。

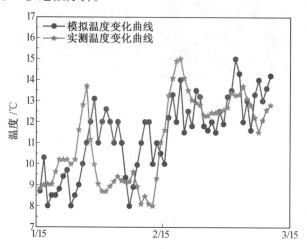

图 7.2　室内温度实测数据与模拟数据对比

7.3　严寒地区轻钢建筑能耗参数权重分析

7.3.1　方位角

肇源县在中国黑龙江省南部、松花江北岸,属于严寒地区,冬季寒冷风大,因此当地冬季建筑最好能充分利用白天日照,而避开冬季的主导风向,从而减少建筑能耗损失。从能耗角度出发为找到建筑最合适的方位角,将轻钢建筑的方位角在 90°～270°变化,变化量为 15°,共 13 种工况,见表 7.4,计算结果如图 7.3 所示。从图中可知最低能耗的方向值约为 180°,对称分布中的最高值为 270°和 90°。通过式(7.1)计算 x_1,当方位角在 90～180°每隔 15°变化时,x_1 等于 $-0.007\,9$;当方位角在 180°～270°每隔 15°变化时,x_1 等于 $0.006\,0$。

表 7.4　其他参数固定情况下方位角变化时 x_{1j} 的值

方位角/(°)	宽度/m	长度/m	南向 WWR	北向 WWR	x_{1j}
90	6.4	10	0.15	0.1	
105	6.4	10	0.15	0.1	$-0.002\,5$
120	6.4	10	0.15	0.1	$-0.006\,1$

续表7.4

方位角/(°)	宽度/m	长度/m	南向 WWR	北向 WWR	x_{1j}
135	6.4	10	0.15	0.1	−0.009 9
150	6.4	10	0.15	0.1	−0.013 2
165	6.4	10	0.15	0.1	−0.011 27
180	6.4	10	0.15	0.1	−0.004 6
平均值 x_1					−0.007 9
180	6.4	10	0.15	0.1	
195	6.4	10	0.15	0.1	0.003 3
210	6.4	10	0.15	0.1	0.009 63
225	6.4	10	0.15	0.1	0.011 3
240	6.4	10	0.15	0.1	0.007 93
255	6.4	10	0.15	0.1	0.003 63
270	6.4	10	0.15	0.1	0.000 43
平均值 x_1					0.006 0

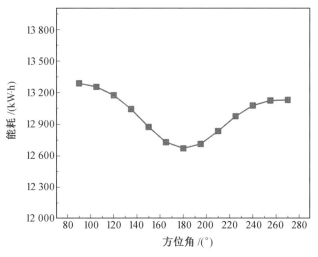

图 7.3　不同方位角的能耗

7.3.2　长宽比

为研究长宽比对轻钢建筑能耗的影响,将原始建筑的高度、面积及窗墙比固定,改变建筑的长宽比,长宽比变化的数值见表7.5,长宽比的变化量为0.5,变化范围为 1~3.5,

应用 EnergyPlus 软件对不同长宽比的轻钢建筑进行能耗模拟,模拟结果如图 7.4 所示。从图中可知,在建筑的高度、面积及窗墙比固定的情况下,随着建筑的长宽比增加,建筑的能耗相应地增加,长宽比越大能源消耗越大。根据式(7.1)计算,x_2 等于 0.019 7。

表 7.5　其他参数固定情况下长宽比变化时 x_{2j} 的值

长宽比	宽度/m	长度/m	南向 WWR	北向 WWR	x_{2j}
1.0	8.0	8.0	0.15	0.1	
1.5	6.5	9.8	0.15	0.1	0.006 8
2.0	5.65	11.33	0.15	0.1	0.019 6
2.5	5.06	12.65	0.15	0.1	0.023 7
3.0	4.62	13.85	0.15	0.1	0.024 7
3.5	4.28	14.95	0.15	0.1	0.023 9
平均值 x_2					0.019 7

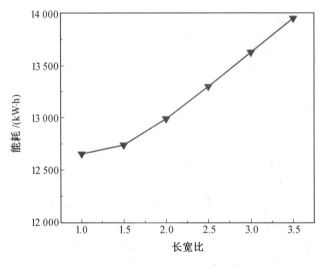

图 7.4　不同长宽比的轻钢建筑能耗

7.3.3　窗墙比

WWR 的大小直接影响着建筑的采光,因此 WWR 设置应满足规范要求。寒冷地区建筑各朝向的 WWR,北向不大于 0.3(严寒地区一般为 0.25);东西向不大于 0.35(严寒地区一般为 0.30);南向不大于 0.50(严寒地区一般为 0.45)。根据以上要求设置 WWR,固定北向 WWR,研究当南向 WWR 变化时对轻钢建筑能耗的影响。南向 WWR 变化范围为0.1 ~ 0.3,变化量为 0.05,每个南向 WWR 对应的北向 WWR 值为 0.1、0.15、0.2,各工况组合见表 7.6。模拟结果如图 7.5 所示。从图中三条曲线可知当南向窗墙比按比例增大时,轻钢建筑的相应的能耗也随着增加,当北向 WWR 为 0.1,南向 WWR 由 0.1 增加到 0.15时建筑能耗变化率最大;当北向 WWR 为 0.2,南向 WWR 在 0.1~0.25 之间时,建筑能耗随着南向 WWR 增加而增加,当南向 WWR 大于 0.25 后,随着南向 WWR 值的增加能耗有减小的趋势。根据式(7.1)计算,x_3 等于 0.038 6。

表 7.6 南北向 WWR 及窗面积

南向 WWR	0.1	0.1	0.1	0.15	0.15	0.15	0.2	0.2	0.2	0.25	0.25	0.25	0.3	0.3	0.3
北向 WWR	0.1	0.15	0.2	0.1	0.15	0.2	0.1	0.15	0.2	0.1	0.15	0.2	0.1	0.15	0.2
南向窗面积/m²	3	3	3	4.5	4.5	4.5	6	6	6	7.5	7.5	7.5	9	9	9
北向窗面积/m²	3	4.5	6	3	4.5	6	3	4.5	6	3	4.5	6	3	4.5	6

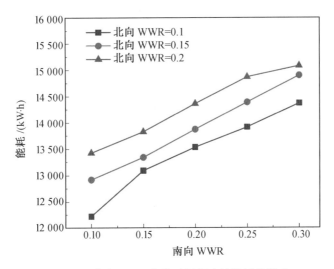

图 7.5 南向 WWR 变化对轻钢建筑能耗的影响

固定南向 WWR,研究当北向 WWR 变化时对轻钢建筑能耗的影响。北向 WWR 变化范围为 0.1~0.2,变化量为 0.05,每个北向 WWR 对应的南向 WWR 值为 0.1、0.15、0.2、0.25、0.3。模拟结果如图 7.6 所示。从图中四条曲线可知当北向 WWR 按比例增大时,轻钢建筑的相应的能耗也增加。当南向 WWR 为 0.1,北向 WWR 由 0.1 增加到 0.15 时,建筑能耗变化率最大;当南向 WWR 为 0.3,北向 WWR 在 0.1~0.15 时,建筑能耗随着南向 WWR 增加而增加;南向 WWR 大于 0.15 后,随着南向 WWR 值的增加能耗有减小的趋势。根据式(7.1)计算,x_4 等于 0.023 8。

综上所述,当窗墙比在一定范围内增加时轻钢结构的建筑能耗相应增加,当北向窗墙比大于0.2后,随着南向窗墙比大于0.25,建筑能耗略有下降。这是因为钢结构导热系数高、热惰性差;为保证室内舒适的热环境冬季需要供热,而夏季由于室内温度较高需要制冷,因此窗墙比提高后相应的能耗也随之增加。

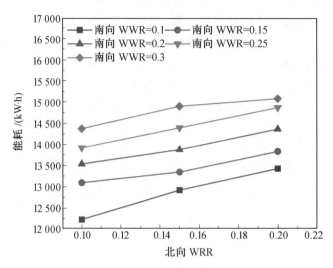

图 7.6 北向窗墙比变化时对轻钢建筑能耗的影响

7.3.4 围护结构

围护结构的构造直接影响建筑的耗能,为研究围护结构的变化对建筑能耗影响的比重,选择维护结构中对能耗影响最大的外维护墙体及屋面为研究对象。将原建筑的维护墙体及屋面的传热系数分别乘以 0.5、1.5、2.0(变化量为 0.5),其他参数不变。能耗结果如图 7.7 所示。从图中可知,当建筑的墙体与屋面传热系数增加时,建筑的能耗呈线性增加,而且减小围墙体的传热系数可有效地减少建筑能耗。按照式(7.1)计算,墙体 x_5 等于 0.131 5;屋面 x_6 等于 0.084 7。

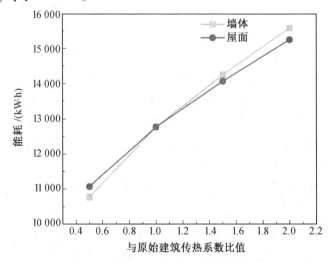

图 7.7 围护结构保温性能对能耗的影响

7.3.5 屋顶坡度角

为便于排水,轻钢建筑多采用双坡屋面,且坡度角 $10° \leqslant \theta < 45°$。为研究轻钢建筑的

坡度角与建筑能耗之间的关系,在保证原始建筑其他参数不变的情况下,将屋面坡度角设为 10°、15°、20°、25°、30°、35°和 40°,详细数据见表 7.7。通过 EnergyPlus 软件对各个工况进行能耗模拟,每个角度对应的能耗如图 7.8 所示,各坡屋面每年建筑总能耗值分别为12 767.69 kW·h、12 998.26 kW·h、13 264.95 kW·h、13 576.09 kW·h、13 951.12 kW·h、14 406.71 kW·h、14 976.20 kW·h。从能耗结果可以得知,轻钢建筑的坡度角与建筑的能耗呈正相关。10°和 40°坡面年总能耗相差较大,为 2 208.51 kW·h。其原因是坡屋面角度增大导致屋面顶部的体积变大,需要能多的能耗来调节室内空气温度。由此可推出平屋面的轻钢结构相比坡屋面更加节能,但是考虑到排水、通风、美观等问题,坡屋面的优势更明显。根据式(7.1)计算,x_7 等于 0.027 0。

表 7.7　其他参数固定下屋面坡度角变化时 x_7 的值

角度/(°)	宽度/m	长度/m	南向 WWR	北向 WWR	x_{7j}
10	6.4	10	0.15	0.1	
15	6.4	10	0.15	0.1	0.018 1
20	6.4	10	0.15	0.1	0.020 51
25	6.4	10	0.15	0.1	0.023 5
30	6.4	10	0.15	0.1	0.027 6
35	6.4	10	0.15	0.1	0.032 7
40	6.4	10	0.15	0.1	0.039 5
平均值 x_7					0.027 0

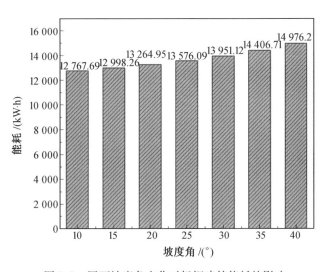

图 7.8　屋面坡度角变化对轻钢建筑能耗的影响

7.3.6　权重值计算

综上所述,本研究将建筑的方位角分为两种情况考虑,分别为 90° ~ 180°和 180° ~

270°,并计算相应的 x_1 有两种取值,$x_2 \sim x_7$ 根据上文均已确定,按照表7.1的模式,将 x_i 分别代入式(7.2)中计算相应的权重值,计算结果见表7.8。表7.8第三列中"/"的左侧为90°～180°的方位角统计结果,"/"的右侧为180°～270°的统计结果。表中权重值为正数表示轻钢建筑的能耗随着参数的数值增大而增大,权重值为负数表示轻钢建筑的能耗随着参数的数值增大而减小。参数的绝对值越大,对能耗的影响越明显。从表7.8中可以看出,轻钢建筑主要设计参数对建筑能耗影响由大到小分别为:围护结构(墙>屋顶)>南向 WWR>屋顶坡度角>北向 WWR>长宽比>方位角,其中围护结构所占的权重最大,大于0.6。说明保温性能良好的围护结构可有效地减少轻钢建筑的能耗。本研究将围护结构细分为墙体与坡屋面,其中墙体所占权重值大于屋面所占权重值,因此改变外墙的保温性能对减少轻钢建筑能耗更有效。方位角所占权重最小,其中建筑的朝向在90°～180°时对建筑节能有利,方向角为180°时建筑能耗最小。以上结果可为建筑节能设计提供参考。

表7.8　六个参数的变量和权重

参数		变化率 x_i	权重值 α_i
方位角		−0.007 9/0.006 0	−0.024 9/0.018 1
长宽比		0.019 7	0.062 1/0.059 5
南向 WWR		0.038 6	0.121 6/0.116 5
北向 WWR		0.023 8	0.075 0/0.071 8
围护结构	墙体	0.131 5	0.414 3/0.396 9
	屋面	0.084 7	0.266 9/0.255 7
坡度角		0.027 0	0.085 1/0.081 5

参 考 文 献

[1] 马令勇,姜静. 工业遗产保护与再利用研究文献综述[J]. 山西建筑.2017,43(13):241-243.

[2] TICCIH. The nizhny tagil charter for the industrial heritage[J]. 建筑创作,2003:21-26.

[3] 王晋. 无锡工业遗产保护初探[D]. 上海:上海社会科学院,2010.

[4] 姜静. 大庆市工业遗产保护与再利用研究[D]. 大庆:东北石油大学,2018.

[5] 马令勇,姜静. 大庆市工业遗产保护再利用研究[J].重庆建筑,2017,16(7):14-16.

[6] 崔卫华,梅秀玲,谢佳慧,等. 国内外工业遗产研究述评[J]. 中国文化遗产,2015(6):4-14.

[7] HUDSON K. Industrial archaeology:an introduction[M]. Chester Springs:Dufor Editions,1963.

[8] 刘伯英. 工业建筑遗产保护发展综述[J]. 建筑学报,2012(1):12-17.

[9] 刘先觉. 近代优秀建筑遗产的价值与保护[M]. 北京:清华大学出版社,2003.

[10] ROGER S. Preservation and perspective in industrial archaeology[J]. History,1972,57(189):82-88.

[11] SANDE T A. Industrial archeology:a new look at the American heritage[M]. New York:S. Greene Press,1978.

[12] MCVARISH D C. American industrial archaeology:a field guide[M]. Walnut Creek:Left Coast Press,2008.

[13] 黑岩俊郎,玉置正美. 工业考古学入门[M]. 东京:东洋经济新报社,1978.

[14] 西村幸夫. 故乡魅力俱乐部[M]. 台北:远流出版事业股份有限公司,1997.

[15] 山崎俊雄,前田清志. 日本的产业遗产——产业考古学研究[M]. 町田:玉川大学出版部,1986.

[16] PALMER M,NEAEERSON P. Industrial archaeology principles and practice[M]. London:Routledge,1998.

[17] CASELLA E C,SYMONDS J. Industrial archaeology. Future directions[M]. New York:Springer,2005.

[18] 孙晓春,刘晓明. 构筑回归自然的精神家园——美国当代风景园林大师理查德·哈格[J]. 中国园林,2004(3):8-12.

[19] 董一平,侯斌超. 美国工业建筑遗产保护与再生的语境转换与模式研究——以"高线"铁路为例[J]. 城市建筑,2013(5):25-30.

[20] HOSPERS G J. Industrial heritage tourism and regional restructuring in the European [J]. European Planning Studies,2002(10):397-404.

[21] LANDORF C. A framework for sustainable heritage management:a study of UK industrial heritage sites[J]. International Journal of Heritage Studies,2009(15):494-510.

[22] YALE P. From tourist attractions to heritage tourism [M]. Huntingdon:ELM Publications,1991.

[23] SHACKEL P A,PALUS M. Remembering an industrial landscape[J]. International Journal of Historical Archaeology,2006,10(1):49-71.

[24] CHO M,SHIN S. Conservation or economization? Industrial heritage conservation in Incheon,Korea[J]. Habitat International,2014(41):69-76.

[25] 刘抚英,邹涛,栗德祥. 德国鲁尔区工业遗产保护与再利用对策考察研究[J]. 世界建筑,2007(7):120-123.

[26] 李平. 工业遗产保护利用模式和方法研究[D]. 西安:长安大学,2008.

[27] 李蕾蕾. 逆工业化与工业遗产旅游开发:德国鲁尔区的实践过程与开发模式[J]. 世界地理研究,2002(3):57-65.

[28] 郑秋生. 德国鲁尔区煤炭基地的成功改造对山西煤炭资源型城市可持续发展的借鉴意义[J]. 生产力研究,2005(4):166-168.

[29] 李翻梅,徐栋. 资源型城市的自我救赎[J]. 中国有色金属,2008(18):34-35.

[30] 汪瑀. 新常态背景下的南京工业遗产再利用方法研究[D]. 南京:东南大学,2015.

[31] 宓汝成. 中国近代铁路史资料(1863—1911)[M]. 北京:新华书局,1963.

[32] 霍雨佳. 遗产廊道视角下京杭大运河天津段旅游发展研究[D]. 秦皇岛:燕山大学,2013.

[33] 郑李兴. 遗产廊道视角下京津冀铁路工业遗产保护研究[D]. 北京:北京工业大学,2019.

[34] 佚名.《无锡建议》首倡工业遗产保护[J]. 领导决策信息,2006(18):18.

[35] 陈全杰. 既有村镇生土结构房屋承重夯土墙体加固试验研究[D]. 西安:长安大学,2011.

[36] 中国城市规划学会. 关于转型时期中国城市工业遗产保护与利用的武汉建议[J]. 城市规划,2010,34(6):64-65.

[37] 佚名. 杭州共识——工业遗产保护与利用[J]. 城市发展研究,2013,20(1):2.

[38] 郭剑锋,李和平,张毅. 与城市整体发展相融合的工业遗产保护方法——以重庆市为例[J]. 新建筑,2016(3):19-24.

[39] 展二鹏. 对城市化快速发展阶段工业遗产问题的认识——机遇、问题与对策:以青岛市旧城区老工业改造为例[J]. 城市规划,2010,34(7):48-52.

[40] 李蕾蕾. 逆工业化与工业遗产旅游开发:德国鲁尔区的实践过程与开发模式[J]. 世界地理研究,2002(3):57-65.

[41] 俞孔坚,方琬丽. 中国工业遗产初探[J]. 建筑学报,2006(8):12-15.

[42] 单霁翔. 关注新型文化遗产——工业遗产的保护[J]. 中国文化遗产,2006(4):10-47,6.

[43] 李爱芳,叶俊丰,孙颖. 国内外工业遗产管理体制的比较研究[J]. 工业建筑,2011,41(S1):25-29,12.

[44] 刘伯英,李匡. 北京工业建筑遗产保护与再利用体系研究[J]. 建筑学报,2010(12):1-6.

[45] 金鑫,陈洋,王西京. 工业遗产保护视野下的旧厂房改造利用模式研究——以西安大华纱厂改造研究为例[J]. 建筑学报,2011(S1):17-22.

[46] 李艾芳,张晓旭,孙颖. 德国杜伊斯堡市两次规划比较研究——对首钢工业改造的启示[J]. 华中建筑,2011,29(4):122-125.

[47] 张松,陈鹏. 上海工业建筑遗产保护与创意园区发展——基于虹口区的调查、分析及其思考[J]. 建筑学报,2010(12):12-16.

[48] 龚道德,张青萍. 美国国家遗产廊道(区域)模式溯源及其启示[J]. 国际城市规划,2014,29(6):81-86.

[49] 范晓君. 浅议沈阳铁西区工业遗产的保护和旅游再利用[J]. 中国地名,2010(11):31-32.

[50] 王肖宇,陈伯超,张艳锋. 沈阳工业建筑遗产保护与利用[J]. 工业建筑,2007(9):51-54.

[51] 哈静,陈伯超. 沈阳市工业建筑遗产保护之我见[J]. 时代建筑,2007(6):22-26.

[52] 高雨辰. 城市文脉保护视野下的公共艺术设计研究[D]. 天津:天津大学,2016.

[53] 唐瑞. 基于城市意象理论在工业遗产保护视角下重塑资源城市形象策略研究——以大庆市为例[D]. 大庆:东北石油大学,2019.

[54] 孙志敏,马令勇,李静薇,等. 大庆石油工业遗产的构成及特质解析[J]. 工业建筑,2016,46(7):81-86.

[55] 中华人民共和国住房和城乡建设部,中华人民共和国国家质量监督检验检疫总局. 建筑地基基础设计规范:GB 50007—2011[S]. 北京:中国建筑工业出版社,2012.

[56] 本刊编辑部. 积极应对气候变化,努力实现新达峰目标与碳中和愿景[J]. 环境保护,2020(20):1-2.

[57] 曾惠芝. 基于系统动力学的乡村低碳金融经济发展效益分析[J]. 黑龙江工业学院学报(综合版),2021,21(10):111-119.

[58] 陆磊磊. 传统夯土民居建造技术调查研究[D]. 西安:西安建筑科技大学,2015.

[59] 吴恩融,穆钧. 源于土地的建筑——毛寺生态实验小学[J]. 广西城镇建设,2013(3):56-61.

[60] 姜伟,郑鑫,张兆强. 干打垒建筑遗产的文化意蕴挖掘及保护利用[J]. 大庆社会科学,2019(5):128-129.

［61］唐晓英,姜伟. 干打垒建筑的文化意蕴挖掘及利用研究［J］. 大庆社会科学,2020
　　　(6):119-122.

［62］陆地. 建筑的生与死——历史性建筑再利用研究［M］. 南京:东南大学出版
　　　社,2004.

［63］中共中央马克思恩格斯列宁斯大林著作编译局. 马克思恩格斯文集(全 10 卷)
　　　［M］. 北京:人民出版社,2009.

［64］习近平. 习近平谈治国理政(第一卷)［M］. 北京:外文出版社,2014.

［65］习近平. 习近平谈治国理政(第二卷)［M］. 北京:外文出版社,2017.

［66］习近平. 习近平谈治国理政(第三卷)［M］. 北京:外文出版社,2020.

［67］刘秀敏. 新时代龙江红色文化传承研究［D］. 哈尔滨:东北林业大学,2022.

［68］国家能源局. 2018 年光伏发电统计信息［OL］. (2019-3-19)［2022-12-23］. http://
　　　www. nea. gov. cn/2019-03/19/c_137907428. htm.

［69］李英姿. 光伏建筑一体化工程设计与应用［M］. 北京:中国电力出版社,2016.

［70］汤洋,秦文军,王璐. 欧洲光伏建筑一体化发展研究［J］. 建筑学报,2019(S2):
　　　10-14.

［71］中国光伏行业协会,中国电子信息产业发展研究院. 中国光伏产业发展路线图
　　　［R］. 北京,2019.

［72］前瞻产业研究院. 中国光伏建筑一体化(BIPV)行业发展前景与投资战略规划分析
　　　报告［R］. 北京,2019.

［73］中华人民共和国住房和城乡建设部,国家市场监督管理总局. 绿色建筑评价标准:
　　　GB/T 50378—2018［S］. 北京:中国建筑工业出版社,2015.

［74］中国建筑金属结构协会,光电建筑应用委员会. 光电建筑发展"十三五"规划［Z］.
　　　北京:2014.

［75］工业和信息化部,住房和城乡建设部,交通运输部,农业农村部,国家能源局,国务院
　　　扶贫办. 智能光伏产业发展行动计划(2018—2020 年)［Z］. 北京:2018.

［76］刘博. 大庆地区阳光间一体化装配式农宅节能设计研究［D］. 大庆:东北石油大
　　　学,2022.

［77］刘加平,董靓,孙世钧. 绿色建筑概论［M］. 北京:中国建筑工业出版社,2010.

［78］魏润柏,徐文华. 热环境［M］. 上海:同济大学出版社,1994.

［79］罗一豪. 西藏高寒地区建筑室内热环境改善技术措施研究［D］. 成都:西南交通大
　　　学,2012.

［80］CHANG Y, LI X D, MASANET E, et al. Unlocking the green opportunity for
　　　prefabricated buildings and construction in China［J］. Resources,Conservation and Re-
　　　cycling,2018(139):259-261.

［81］吴昊,朱崇帅,彭程. 开放建筑理论与装配式建筑设计的研究［J］. 建材与装饰,
　　　2020(21):67-69.

[82] 姜仁晋,庞永师,刘景矿. 基于精益建造理论的装配式建筑质量控制体系研究[J]. 中国建设信息化,2020(8):64-66.

[83] 杜建峰. 基于共生理论的装配式建筑发展现状研究——以泸州地区为例[J]. 科技与创新,2019(15):116-117.

[84] 刘晓伟. 装配式建筑的施工技术探讨[J]. 中国设备工程,2020(21):201-203.

[85] 刘文超,曹万林,张克胜,等. 装配式轻钢框架-复合轻墙结构抗震性能试验研究[J]. 建筑结构学报,2020,41(10):20-29.

[86] 陈劲,程前,翟立祥,等. 交错桁架–钢框架混合体系在某装配式建筑应用中的关键技术研究[J]. 建筑结构学报,2018,39(S2):65-71.

[87] 熊杨,李俊华,孙彬,等. 装配式建筑套筒灌浆料强度及影响因素[J]. 建筑材料学报,2019,22(2):272-277.

[88] 曹静,沈志明,王晓玉,等. 装配式建筑经济性分析及成本控制对策[J]. 工程建设与设计,2020(8):211-213.

[89] HONG J K,SHEN Q G,LI Z,et al. Barriers to promoting prefabricated construction in China:A cost-benefit analysis[J]. Journal of Cleaner Production,2017(172):649-660.

[90] 李辉山,陈昱心. 基于ANP-Fuzzy装配式混凝土预制构件成本影响因素分析[J]. 建筑节能,2020,48(10):132-137.

[91] ZHANG C B,HU M M,LACLAU B,et al. Environmental life cycle costing at the early stage for supporting cost optimization of precast concrete panel for existing building retrofit[J]. Journal of Building Engineering,2020,35(13):102002.

[92] TAN T,CHEN K,XUE F,et al. Barriers to building information modeling(BIM) implementation in China's prefabricated construction:an interpretive structural modeling (ISM)approach[J]. Journal of Cleaner Production,2019(219):949-959.

[93] LIU H X,SYDORA C,ALTAF M S,et al. Towards sustainable construction:BIM-enabled design and planning of roof sheathing installation for prefabricated buildings[J]. Journal of Cleaner Production,2019(235):1189-1201.

[94] GARCIA L,KAMSU-FOGUEM B. BIM-oriented data mining for thermal performance of prefabricated buildings[J]. Ecological Informatics,2019(51):61-72.

[95] HAN D C,YIN H X,QU M,et al. Technical analysis and comparison of formwork-making methods for customized prefabricated buildings:3D printing and conventional methods[J]. Journal of Architectural Engineering,2020,26(2):04020001.

[96] ZIAPOUR B M,RAHIMI M,GENDESHMIN M Y. Thermoeconomic analysis for determining optimal insulation thickness for new composite prefabricated wall block as an external wall member in buildings[J]. Journal of Building Engineering,2020(31):101354.

[97] 刘玉翠. 预制装配式多腔体复合墙体热工性能研究[D]. 合肥:合肥工业大

学,2019.

[98] BAGARIC M,PECUR I B,MILOVANOVIC B. Hygrothermal performance of ventilated prefabricated sandwich wall panel from recycled construction and demolition waste—a case study[J]. Energy and Buildings,2020(206):109573.

[99] BOSCATO G, MORA T D, PERON F, et al. A new concrete-glulam prefabricated composite wall system:thermal behavior, life cycle assessment and structural response [J]. Journal of Building Engineering,2018(19):384-401.

[100] 王素英,沈丹丹,赵晓丹,等. 窗墙比和透射率对室内自然采光系数影响量化分析 [J]. 江西科学,2019,37(3):428-433.

[101] 黄莺. 寒冷地区窗墙比对农宅能耗的影响分析[J]. 能源与节能,2018(11):81-82,96.

[102] 黄婷,彭家惠,刘先锋,等. 重庆地区窗墙比及外窗遮阳对办公建筑能耗的影响 [J]. 节能,2020,39(9):5-7.

[103] 朱孝钦,胡劲,杨玉芬,等. 强化技术在相变储能材料研究中的应用[J]. 材料导报,2008,22(8):87-89.

[104] 冯国会,陈旭东,郭慧宇,等. 夏季工况下相变墙房间空调蓄冷的热性能实验 [C]//全国暖通空调制冷2006年学术年会文集,2006:140-143.

[105] KUZNIK F,VIRGONE J. Experimental assessment of a phase change material for wall building use[J]. Applied Energy,2009(86):2038-2046.

[106] 李百战,庄春龙,邓安仲,等. 相变墙体与夜间通风改善轻质建筑室内热环境[J]. 土木建筑与环境工程,2009,31(3):109-113.

[107] 孙丹. 新型被动式太阳能相变集热蓄热墙系统研究[D]. 大连:大连理工大学,2016.

[108] DUTIL Y,ROUSSE D,LASSUE S,et al. Modeling phase change materials behavior in building applications:comments on material characterization and model validation[J]. Renewable Energy,2014(61):132-135.

[109] KUZNIK F, DAVID D, JOHANNES K, et al. A review on phase change materials integrated in building walls[J]. Renewable and Sustainable Energy Reviews,2011,15 (1):379-391.

[110] KUZNIK F,VIRGONE J,JOHANNES K. In-situ study of thermal comfort enhancement in a renovated building equipped with phase change material wallboard[J]. Renewable Energy,2011,36(5):1458-1462.

[111] 方倩. 太阳能建筑相变储能墙体适宜性分析及优化设计[D]. 西安:西安理工大学,2019.

[112] 贾瑞雪. 太阳能采暖建筑相变储能墙体对室内热环境的影响[D]. 西安:西安理工大学,2020.

［113］ MICHELB,GLOUANNEC P,FUENTES A,et al. Experimental and numerical study of insulation walls containing a composite layer of PU−PCM and dedicated to refrigerated vehicle［J］. Applied Thermal Engineering,2017（116）:382-391.

［114］ BELMONTEJ F, EGUIA P, MOLINA A E, et al. Thermal simulation and system optimization of a chilled ceiling coupled with a floor containing a phase change material（PCM）［J］. Sustainable Cities and Society,2015（14）:154-170.

［115］ BASTIEND, ATHIENITIS A K. Passive thermal energy storage, part 2: design methodology for solaria and greenhouses ［J］. Renewable Energy, 2017 （103）: 537-560.

［116］ GUARINOF, ATHIENITIS A, CELLURA M, et al. PCM thermal storage design in buildings:experimental studies and applications to solaria in cold climates［J］. Applied Energy,2017（185）:95-106.

［117］ VUKADINOVICA,RADOSAVLJEVIC J,DORDEVIC A. Energy performance impact of using phase-change materials in thermal storage walls of detached residential buildings with a sunspace［J］. Solar Energy,2020（206）:228-244.

［118］ LUS,TONG H,PANG B. Study on the coupling heating system of floor radiation and based on energy storage technology［J］. Energy and Buildings,2018（159）:441-453.

［119］ OWRAK M,AMINY M,JAMAL-ABAD M T,et al. Experiments and simulations on the thermal performance of a sunspace attached to a room including heat-storing porous bed and water tanks［J］. Building and Environment,2015（92）:142-151.

［120］ 张志华,王文琴,祖国庆,等. SiO$_2$ 气凝胶材料的制备、性能及其低温保温隔热应用［J］. 航空材料学报,2015,35（1）:87-96.

［121］ HUANG Y, NIU J. Application of super-insulating translucent silica aerogel glazing system on co mmercial building envelope of humid subtropical climates-impact on space cooling load［J］. Energy,2015,83（1）:316-325.

［122］ IHARA T,TAO G,GRYNNING S,et al. Aerogel granulate glazing facades and their application potential from an energy saving perspective［J］. Applied Energy,2015（142）: 179-191.

［123］ 吕亚军,吴会军,王珊,等. 气凝胶建筑玻璃透光隔热性能及影响因素［J］. 土木建筑与环境工程,2018,40（1）:134-140.

［124］ 陈友明,李宇鹏,郑思倩,等. 实际气候条件下气凝胶玻璃光热特性实验研究［J］. 湖南大学学报（自然科学版）,2018,45（5）:157-164.

［125］ 杨瑞桐,李栋,张成俊,等. 严寒地区 SiO$_2$ 气凝胶玻璃窗传热分析［J］. 热科学与技术,2020,19（4）:353-357.

［126］ KAHSAYM T,BITSUAMLAK G T,TARIKU F. Effect of window configurations on its convective heat transfer rate［J］. Building and Environment,2020（182）:107139.

[127] WANG C Y, JI J, UDDIN M M, et al. The study of a double-skin ventilated window integrated with CdTe cells in a rural building[J]. Energy, 2021(215):119043.

[128] GUO W W, KONG L, CHOW T T, et al. Energy performance of photovoltaic (PV) windows under typical climates of China in terms of transmittance and orientation[J]. Energy, 2020(213):118794.

[129] GUTAI M, KHEYBARI A G. Energy consumption of hybrid smart water-filled glass (SWFG)building envelope[J]. Energy and Buildings, 2021(230):110508.

[130] MAZZEO D J, KONTOLEON K. The role of inclination and orientation of different building roof typologies on indoor and outdoor environment thermal comfort in Italy and Greece[J]. Sustainable Cities and Society, 2020(60):102111.

[131] SINGH D, CHAUDHARY R. Impact of roof attached photovoltaic modules on building material performance[J]. Materials Today: Proceedings, 2020(46):445-450.

[132] SHI D C, GAO Y F, GUO R, et al. Life cycle assessment of white roof and sedum-tray garden roof for office buildings in China[J]. Sustainable Cities and Society, 2018(46):101390.

[133] 任婧, 闫春辉, 赵莹莹, 等. 屋顶绿化对建筑围护结构节能的模拟研究[J]. 建筑节能, 2020, 48(4):33-38, 51.

[134] BECKER R, PACIUK M. Effects of heating patterns on overall thermal performance of dwellings[J]. Energy and Buildings. 1993, 20(2):133-142.

[135] HU W, LIU Q, NIE J Z, et al. Analysis on building thermal environment and energy consumption for an apartment in the different heating modes[J]. Procedia Engineering, 2017(205):2545-2552.

[136] LIN B, WANG Z, LIU Y, et al. Investigation of winter indoor thermal environment and heating demand of urban residential buildings in China's hot summer-cold winter climate region[J]. Building Environment, 2016(101):9-18.

[137] HONG T, JIANG Y. Outdoor synthetic temperature for the calculation of space heating load[J]. Energy and Buildings, 1998(28):269-277.

[138] CHEN T Y, CHEN Y M, YIK W H. Rational selection of near-extreme coincident weather data with solar irradiation for risk-based air-conditioning design[J]. Energy and Buildings, 2007(39):1193-1201.

[139] CHEN T, YU Z. A statistical method for selection of sequences of coincident weather parameters for design cooling load calculations[J]. Energy Conversion and Management, 2009, 50(3):813-821.

[140] 吉沃尼. 人·气候·建筑[M]. 陈士驎, 译. 北京:中国建筑工业出版社, 1982.

[141] OROSA J A, OLIVEIRA A C. A field study on building inertia and its effects on indoor thermal environment[J]. Renewable Energy, 2012(37):89-96.

[142] ALDAWI F,DATE A,ALAM F,et al. Energy efficient residential house wall system [J]. Applied Thermal Engineering,2013(58):400-410.

[143] JOHRA H,HEISELBERG P,LE D J. Influence of envelope,structural thermal mass and indoor content on the building heating energy flexibility[J]. Energy and Buildings,2019(183):325-339.

[144] ALBAYYAA H,HAGARE D,SAHA S. Energy conservation in residential buildings by incorporating passive solar and energy efficiency design strategies and higher thermal mass[J]. Energy and Buildings,2019(182):205-213.

[145] 成辉,肖榆川,李欣,等. 拉萨居住建筑空间模式与室内热环境的关系研究[J]. 工业建筑,2020,50(7):113-119.

[146] 胡静,杜明星. 建筑室内环境的数值模拟研究[J]. 山东建筑大学学报,2006(4):342-345,349.

[147] 黄凌江,邓传力,兰兵. 拉萨乡村传统民居与新式民居冬季室内热环境对比分析[J]. 建筑科学,2012,28(12):61-66.

[148] 孙媛媛. 混凝土建筑结构蓄热对室内热环境的影响研究[D]. 大连:大连理工大学,2008.

[149] JIANG F,WANG X,ZHANG Y. A new method to estimate optimal phase change material characteristics in a passive solar room [J]. Energy Conversion and Management,2011(52):2437-2441.

[150] ZHANG Y,CHEN Q,ZHANG Y,et al. Exploring buildings' secrets:the ideal thermophysical properties of a building's wall for energy conservation[J]. International Journal of Heat and Mass Transfer,2013(65):265-273.

[151] 钟亮,卞梦园,黄志甲,等. 不同空调末端冬季室内热环境试验研究[J]. 流体机械,2020,48(11):67-72.

[152] WEI H,YANG D,DU J,et al. Field experiments on the effects of an earth-to-air heat exchanger on the indoor thermal environment in summer and winter for a typical hot-summer and cold-winter region[J]. Renewable Energy,2020(167):530-541.

[153] 刘盛,黄春华. 湘西传统民居热环境分析及节能改造研究[J]. 建筑科学,2016,32(6):27-32,38.

[154] 尹波,李以通,李晓萍. 热带海岛地区多种围护结构隔热构造做法应用性能研究[J]. 建筑技术,2013,44(12):1136-1139.

[155] 周春艳,金虹. 北方村镇住宅围护结构节能构造优选研究[J]. 建筑科学,2011,27(8):12-16.

[156] BUCKLIN O,MENGES A,AMTSBERG F,et al. Mono-material wood wall:novel building envelope using subtractive manufacturing of timber profiles to improve thermal performance and airtightness of solid wood construction[J]. Energy and Buildings,

2022(254):111597.

[157] 邓琴琴,宋波,张圣楠,等. 超低能耗农宅围护结构热工参数研究[J]. 建筑节能
（中英文）,2022,50(1):46-49,73.

[158] 夏麟,卢胤龙. 基于无热桥构造的围护结构热工性能比对研究[J]. 建筑节能,
2019,47(6):13-17.

[159] FEDORIK F,MALASKA M,HANNILA R,et al. Improving the thermal performance of
concrete-sandwich envelopes in relation to the moisture behaviour of building structures
in boreal conditions[J]. Energy and Buildings,2015(107):226-233.

[160] 郭大鹏. 寒冷地区既有居住建筑节能改造围护结构保温层厚度优化研究[D]. 徐
州:中国矿业大学,2019.

[161] 吴春梅,孙昌玲. 运用 LCC 分析建筑围护结构节能的经济性[J]. 建筑节能,2011,
39(2):63-64.

[162] 马丙磊,赵艳霞. 寒冷地区农村节能住宅围护结构整体优化策略研究[J]. 节能,
2019,38(11):91-93.

[163] 丁悦. 呼包鄂地区农村住宅垂直围护结构热工性能比较研究[D]. 呼和浩特:内蒙
古工业大学,2021.

[164] 杜星璇. 夏热冬冷地区绿色建筑围护结构节能体系优化研究[D]. 西安:西安建筑
科技大学,2019.

[165] 陈思羽,马令勇,刘昌宇,等. 寒区农宅围护结构保温改造节能分析[J]. 建筑节能
（中英文）,2021,49(8):123-126,131.

[166] 钟秋阳,唐鸣放,冯驰. 外墙憎水处理对重庆地区生土建筑围护结构及室内湿环境
的影响[J]. 建筑科学,2021,37(4):93-100.

[167] MA Z J,COOPER P,DALY D,et al. Existing building retrofits:methodology and state-
of-the-art[J]. Energy and Buildings,2012(55):889-902.

[168] ASLANI A,HACHEM-VERMETTE C. Energy and environmental assessment of high-
performance building envelope in cold climate [J]. Energy and Buildings, 2022
(260):111924.

[169] SUN C,ZHEN M,SHAO Y,et al. Research on the thermal environment of northeast
China's rural residences[J]. Open House International,2017,42(1):52-57.

[170] FLORIDES G A,TASSOU S A,KALOGIROU S A,et al. Measures used to lower
building energy consumption and their cost effectiveness[J]. Applied Energy,2002,73
(3-4):299-328.

[171] UTAMA A,GHEEWALA S H. Life cycle energy of single landed houses in Indonesia
[J]. Energy and Buildings,2008,40(10):1911-1916.

[172] MOHSEN S M,AKASH B A. Some prospects of energy savings in buildings[J].
Energy Conversion and Management,2001,42(11):1307-1315.

[173] 谢美君. 严寒地区装配式农宅建筑设计研究与实践[D]. 长春:长春工程学院,2020.

[174] 段忠诚,谭文龙. 苏北农村地区装配式建筑可行性研究[J]. 中外建筑,2020(1):152-155.

[175] 郑振华,钟吉湘,谢斌. 装配式建筑体系节能技术发展综述[J]. 建筑节能,2020(4):138-143.

[176] BOSCATO G, MORA T D, PERON F, et al. A new concrete-glulam prefabricated composite wall system:thermal behavior,life cycle assessment and structural response [J]. Journal of Building Engineering,2018(19):384-401.

[177] 段宜栋,张亚东. 基于装配式建筑的网络一体化复合节能墙体的研究[J]. 节能,2020,39(7):20-23.

[178] WASIM M,HAN T M,HUANG H R,et al. An approach for sustainable,cost-effective and optimised material design for the prefabricated non-structural components of residential buildings[J]. Journal of Building Engineering,2020(32):101474.

[179] 李博彦,赵小波. 严寒地区装配式建筑非砌筑外围护系统设计应用[J]. 工程建设与设计,2020(5):3-4,17.

[180] 朱思潼,贺生云. 装配式建筑围护结构节能技术研究[J]. 智能城市,2020,6(1):126-127.

[181] 丛塱. 装配式钢结构住宅新型复合保温板外墙系统构造技术研究[D]. 济南:山东建筑大学,2020.

[182] 於林锋,管文,樊俊江. 装配式建筑预制轻质保温墙体系统设计与性能研究[J]. 混凝土与水泥制品,2020(1):65-68,72.

[183] LI Z Y,CHENG Y M,ZHAO Y Q,et al. Study on energy consumption calculation method of fabricated building wall[J]. IOP Conference Series:Earth and Environmental Science,2018,199(3):032091-7.

[184] YUAN Z M,SUN C S,WANG Y W. Design for manufacture and assembly-oriented parametric design of prefabricated buildings [J]. Automation in Construction,2018 (88):13-22.

[185] HONG J K,SHEN G Q,MAO C,et al. Life-cycle energy analysis of prefabricated building components:an input-output-based hybrid model[J]. Journal of Cleaner Production,2016(112):2198-2207.

[186] WANG H,ZHANG Y Q,GAO W J,et al. Life cycle environmental and cost performance of prefabricated buildings[J]. Sustainability,2020,12(7):2609-19.

[187] 郇滢. 基于遗产活化视角下的大庆市红旗村干打垒群保护探索[J]. 遗产与保护研究,2018,8(28):34-37.

[188] 赵铱焓,陈祖展. 基于空间句法的大庆红旗村干打垒建筑空间形态活化研究[J].

住宅与房地产,2022(15):72-76.

[189] 魏成. 社区营造与古迹保护:20世纪90年代以来台湾地区古迹保护的经验与启示 [J]. 规划师,2010(26):224-228.

[190] 王珺,周亚琦. 香港"活化历史建筑伙伴计划"及其启示[J]. 规划师,2011(4): 73-76.

[191] 张映秋,李静文. 基于遗产活化对丽江古城的剖析[J]. 旅游纵览(下半月),2014 (11):170-171.

[192] 唐靖凤,汪广周,胡马成,等. 原真性保护下的文化遗产公园活化模式构建[J]. 产 业与科技论坛,2014(8):117-119.

[193] 刘岩. DIBO,遗产活化的系统实现方式:以景德镇陶溪川为例[J]. 建筑技艺,2017 (11):16-25.

[194] 麻国庆. 民族村寨的保护与活化[J]. 旅游学刊,2017(2):5-7.

[195] 李文龙. 基于遗产活化的古村落开发方法与原则探讨[J]. 佳木斯大学社会科学 学报,2017(1):156-158.

[196] 王剑英. 新时代传承弘扬大庆精神铁人精神的思考[J]. 企业文明,2022 (12):134.

[197] 史诗,王平. 干打垒——会战大军的摇篮[J]. 龙江党史,1996(Z1):63.

[198] 张昕. 大庆地区农宅利用太阳能改善室内热环境研究[D]. 大庆:东北石油大 学,2022.

[199] 肖建华. 太阳能在建筑中应用技术探究[J]. 科学技术创新,2019(25):107-108.

[200] HILLIAHO K,LAHDENSIVU J,VINHA J. Glazed space thermal simulation with IDA-ICE 4.61 software suitability analysis with case study[J]. Energy and Buildings,2015 (89):132-141.

[201] SALEH P H. Thermal performance of glazed balconies within heavy weight/thermal mass buildings in Beirut, Lebanon's hot climate[J]. Energy and Buildings, 2015 (108):291-303.

[202] MARIA J S,ANTONIO J G,JORGE P,et al. CFD analysis of heat collection in a glazed gallery[J]. Energy and Buildings,2011,43(1):108-116.

[203] HILLIAHO K, AKITALO E M, LAHDENSIVU J. Energy saving potential of glazed space:sensitivity analysis[J]. Energy and Buildings,2015(99):87-97.

[204] MIHALAKAKOU G,FERRANTE A. Energy conservation and potential of a sunspace: sensitivity analysis[J]. Energy Conversion and Management,2000(41):1247-1264.

[205] MIHALAKAKOU G. On the use of sunspace for space heating/cooling in Europe[J]. Renewable Energy,2002(26):415-429.

[206] CHEN W,LIU W. Numerical analysis of heat transfer in a composite wall solar-collector system with a porous absorber[J]. Applied Energy,2004(78):137-149.

[207] MOTTARD J M,FISSORE A. Thermal insulation of an attached sunspace and its exper-imental validation[J]. Solar Energy,2007(81):305-315.

[208] OWRAK M,AMINY M,JAMAL-ABAD M T,et al. Experiments and simulations on the thermal performance of a sunspace attached to a room including heat-storing porous bed and water tanks[J]. Building Environment,2015(92):142-151.

[209] 谢晓娜,宋芳婷,江忆. 建筑环境设计模拟分析软件 DeST 第一讲　建筑模拟技术与 DeST 发展简介[J]. 暖通空调,2004,34(7):48-56.

[210] 赵群,周伟,刘加平. 中国传统民居中的生态建筑经验刍议[J]. 新建筑,2005(4):9-11.

[211] 刘加平,何泉,杨柳,等. 黄土高原新型窑居建筑[J]. 建筑与文化,2007(6):39-41.

[212] 朱轶韵,刘加平. 西北农村建筑冬季室内热环境研究[J]. 土木工程学报,2010,43(S2):400-403.

[213] 江舸. 青藏高原被动太阳能技术对建筑热环境的改善效果及其设计策略研究[D]. 西安:西安建筑科技大学,2020.

[214] 董芦笛,樊亚妮,刘加平. 绿色基础设施的传统智慧:气候适宜性传统聚落环境空间单元模式分析[J]. 中国园林,2013,29(3):27-30.

[215] 张嫩江,王伟栋,宋凯. 蒙东牧区附加阳光间式居住建筑能耗模拟研究[J]. 建筑节能,2019,47(9):130-135.

[216] 党琦,马明. 内蒙古地区附加阳光间阳光间热性能的影响因素分析[J]. 智能建筑与智慧城市,2019(5):71-73.

[217] 刘晓燕,李玉雯,马长明,等. 大庆地区三种类型被动式阳光间的对比分析[J]. 节能技术,2007(4):334-336.

[218] 李栋,张桐赫,马令勇,等. 严寒地区农宅阳光间节能及玻璃优化分析[J]. 热科学与技术,2020,19(6):601-605.

[219] 李清,陈思羽,马令勇,等. 严寒地区农宅附加阳光间能耗及效益评价分析[J]. 热科学与技术,2020,19(3):262-269.

[220] 马令勇,朱永健,李清,等. 严寒地区农宅阳光间与相变百叶应用节能研究[J]. 建筑节能,2019,47(7):66-70.

[221] MA L Y,ZHANG X,LI D,et al. Influence of sunspace on energy consumption of rural residential buildings[J]. Solar Energy,2020(211):336-344.

[222] LI Q,WANG Y Q,MA L Y,et al. Effect of sunspace and PCM louver combination on the energy saving of rural residences:case study in a severe cold region of China[J]. Sustainable Energy Technologies and Assessments,2021(45):101126.

[223] FRABBRI K,PRETELLI M. Heritage buildings and historic microclimate without HVAC technology:Malatestiana Library in Cesena,Italy,UNESCO Memory of the World

[J]. Energy and Buildings,2014(76):15-31.

[224] PEREIRA A R, VAN R O. Wedding cultural heritage and sustainable development: three years after [J]. Journal of Cultural Heritage Management and Sustainable Development,2014,4(1):2-15.

[225] HARRESTRUP M, SVENDSEN S. Full-scale test of an old heritage multi-storey building undergoing energy retrofitting with focus on internal insulation and moisture [J]. Building and Environment,2015(85):123-133.

[226] CARRAPICO I C, RASLAN R, GONZALEZ J N. A systematic review of genetic algorithm-based multi-objective optimisation for building retrofitting strategies towards energy efficiency[J]. Energy and Buildings,2020(210):109690.

[227] QU K, CHEN X, WANG Y, et al. Comprehensive energy, economic and thermal comfort assessments for the passive energy retrofit of historical buildings—a case study of a late nineteenth-century Victorian house renovation in the UK [J]. Energy, 2021 (220):119646.

[228] SUGAR V, TALAMON A, HORKAI A, et al. Energy saving retrofit in a heritage district: the case of the Budapest [J]. Journal of Building Engineering, 2020 (27):100982.

[229] CHO H M, YUN B Y, YANG S, et al. Optimal energy retrofit plan for conservation and sustainable use of historic campus building: case of cultural property building[J]. Applied Energy,2020(275):115313.

[230] MORAN F, BLIGHT T, NATARAJAN S, et al. The use of passive house planning package to reduce energy use and CO_2 emissions in historic dwellings[J]. Energy and Buildings,2014(75):216-227.

[231] JOHANSSON P, HAGENTOFT C E, KALAGASIDIS A S. Retrofitting of a listed brick and wood building using vacuum insulation panels on the exterior of the facade: measurements and simulations [J]. Energy and Buildings,2014(73):92-104.

[232] RADIVOJEVIC A, BLAGOJEVIC M R, RAJCIC A. The issue of thermal performance and protection and modernisation of traditional half-timbered (bondruk) style houses in Serbia[J]. Journal of Architectural Conservation,2014(20):209-225.

[233] IYER-RANIGA U, WONG J P C. Evaluation of whole life cycle assessment for heritage buildings in Australia[J]. Building and Environment,2012(47):138-149.

[234] LITTI G, AUDENAERT A, LAVAGNA M. Life cycle operating energy saving from windows retrofitting in heritage buildings accounting for technical performance decay [J]. Journal of Building Engineering,2018(17):135-153.

[235] TADEU S, RODRIGUES C, TADEU A, et al. Energy retrofit of historic buildings: environmental assessment of cost-optimal solutions[J]. Journal of Building Engineering,

2015(4):167-176.

[236] ASCIONE F, CHECHE N, MASI R F, et al. Design the refurbishment of historic buildings with the cost-optimal methodology: the case study of a XV century Italian building[J]. Energy and Buildings,2015(99):162-176.

[237] REQUENA-RUIZ I. Thermal comfort in twentieth-century architectural heritage: two houses of Le Corbusier and André Wogenscky[J]. Frontiers of Architectural Research, 2016(5):157-170.

[238] FERNANDES J,MATEUS R,GERVASIO H, et al. Passive strategies used in Southern Portugal vernacular rammed earth buildings and their influence in thermal performance [J]. Renewable Energy,2019(4):098.

[239] 中华人民共和国住房和城乡建设部. 严寒和寒冷地区居住建筑节能设计标准:JGJ 26—2018[S]. 北京:中国标准出版社,2019.

[240] 马令勇,王慧,李栋,等. 严寒地区农村住宅围护结构保温改造分析[J]. 热科学与技术,2020,19(5):430-435.

[241] 中华人民共和国住房和城乡建设部. 民用建筑热工设计规范:GB 50176—2016 [S]. 北京:中国标准出版社,2017.

[242] 中华人民共和国住房和城乡建设部,中华人民共和国国家质量监督检验检疫总局. 农村居住建筑节能设计标准:GB/T 50824—2013[S]. 北京:中国建筑工业出版社,2013.

[243] 中国建筑标准设计研究院. 建筑节能门窗:16J607[S]. 北京:中国计划出版社,2016.

[244] 徐伟. 近零能耗建筑技术[M]. 北京:中国建筑工业出版社,2021.

[245] DoE(Department of Energy). EnergyPlus documentation, engineering reference [M]. Washington D. C: the reference to EnergyPlus calculations,2010.

[246] CHENG B Q, LI J W, TAM V W Y, et al. A BIM-LCA approach for estimating the greenhouse gas emissions of large-scale public buildings: a case study [J]. Sustainability,2020,12 (2):685-699.

[247] 燕艳. 浙江省建筑全生命周期能耗和 CO_2 排放评价研究[D]. 杭州:浙江大学,2011.

[248] 王卓然. 寒区住宅外墙保温体系生命周期 CO_2 排放性能研究与优化[D]. 哈尔滨:哈尔滨工业大学,2020.

[249] 刘军,陈晨,齐玮,等. 北方村镇屋面保温材料生命周期分析[J]. 沈阳建筑大学学报(社会科学版),2014,16(3):263-267.

[250] 李享. 建筑全生命周期碳足迹设计分析工具初探[D]. 西安:西安建筑科技大学,2018.

[251] 中华人民共和国住房和城乡建设部. 综合能耗计算通则:GB/T 2589—2020[S].

北京:中国标准出版社,2020.

[252] 李清,朱永健,马令勇,等. 严寒地区农宅附加阳光间采暖能耗及节能分析[J]. 节能技术,2019,37(3):206-212.

[253] AHMADI M H,BAGHBAN A,SADEGHZADEH M,et al. Evaluation of electrical efficiency of photovoltaic thermal solar collector[J]. Engineering Applications of Computational Fluid Mechanics,2020,14(1),545-565.

[254] ALAJMI A,RODRIGUEZ S,SAILOR D. Transforming a passive house a net-zero energy house:a case study in the Pacific Northwest of the U. S. [J]. Energy Conversion and Management, 2018(172):39-49.

[255] ALAYI R,ZISHAN F,SEYEDNOURI S R,et al. Optimal load frequency control of island microgrids via a PID controller in the presence of wind turbine and PV[J]. Sustainability,2021(13):10728.

[256] AMRITHA R,DHANYA S,BALAJI K,et al. Heat transfer simulation across a building insulated with foam concrete wall cladding[J]. Materials Today:Proceedings,2021(42):144PV1446.

[257] ASAEE S R,SHARAFIAN A,HERRERA O E,et al. Housing stock in cold-climate countries:conversion challenges for net zero emission buildings[J]. Applied Energy,2018(217):88-100.

[258] CANSINO J M,ORDONEZ M,PRIETO M. Decomposition and measurement of the rebound effect:the case of energy efficiency improvements in Spain [J]. Applied Energy,2022(306):117961.

[259] CHANDRASEKAR M,SENTHILKUMAR T. Experimental demonstration of enhanced solar energy utilization in flat PV(photovoltaic) modules cooled by heat spreaders in conjunction with cotton wick structures[J]. Energy,2015(90):1401-1410.

[260] CHEN X,YANG H,WANG T. Developing a robust assessment system for the passive design approach in the green building rating scheme of Hong Kong[J]. Journal of Cleaner Production,2017(153):176-194.

[261] CHOLEWA T,BALARAS C A,NIZETIC S,et al. On calculated and actual energy savings from thermal building renovations—long term field evaluation of multifamily buildings[J]. Energy and Buildings, 2020(223):110145.

[262] 中华人民共和国住房和城乡建设部,国家市场监督管理总局. 近零能耗建筑技术标准:GB/T 51350——2019[S]. 北京:中国建筑工业出版社,2019.

[263] DONG Z,ZHAO K,LIU Y Q,et al. Performance investigation of a net-zero energy building in hot su mmer and cold winter zone[J]. Journal of Building Engineering,2021(43):103192.

[264] DU Q,HAN X,LI,Y,et al . The energy rebound effect of residential buildings:

evidence from urban and rural areas in China[J]. energy Policy,2021(153):112235.

[265] ELNOZAHY A,ABDEL R A K,HAMZA H A A,et al. Performance of a PV module integrated with standalone building in hot arid areas as enhanced by surface cooling and cleaning[J]. Energy and Building,2015(88):100-109.

[266] EVIN D, UCAR A. Energy impact and eco-efficiency of the envelope insulation in residential buildings in Turkey[J]. Applied Thermal Engineering, 2019 (154): 573-584.

[267] FENG W, HUANG J E, LV H L, et al. Determination of the economical insulation thickness of building envelopes simultaneously in energy-saving renovation of existing residential buildings [J]. Energy Sources, Part A: Recovery, Utilization, and Environmental Effects,2019(41):665-676.

[268] FENG W, ZHANG Q, JI H, et al. A review of net zero energy buildings in hot and humid climates:experience learned from 34 case study buildings[J]. Renewable and Sustainable Energy Reviews,2019(114):109303.

[269] FERRARA M, LISCIANDRELLO C, MESSINA A, et al. Optimizing the transition between design and operation of ZEBs:lessons learnt from the Solar Decathlon China 2018 SCUTxPoliTo Prototype[J]. Energy and Buildings,2020,213(1):109824.

[270] GHOSH A. Potential of building integrated and attached/applied photovoltaic (BIPV/BAPV)for adaptive less energy-hungry building's skin:a comprehensive review[J]. Journal of Cleaner Production,2020(276):123343.

[271] HADAVINIA H,SINGH H. Modelling and experimental analysis of low concentrating solar panels for use in building integrated and applied photovoltaic (BIPV/BAPV) systems[J]. Renewable Energy,2019(139):815-829.

[272] HOANG A T,NIZETIC S,OLCER A I,et al. Impacts of COVID-19 pandemic on the global energy system and the shift progress to renewable energy: opportunities, challenges,and policy implications[J]. Energy Policy,2021(154):112322.

[273] HOANG A T,PHAM V V,NGUYEN X P. Integrating renewable sources into energy system for smart city as a sagacious strategy towards clean and sustainable process[J]. Journal of Cleaner Production,2021(305):127161.

[274] HOANG A T,FOLEY A M,NIZETIC S,et al. Energy-related approach for reduction of CO_2 emissions:a critical strategy on the port-to-ship pathway[J]. Journal of Cleaner Production,2022(355):131772.

[275] JAFARI A, POSHTIRI A H. Passive solar cooling of single-storey buildings by an adsorption chiller system combined with a solar chimney [J]. Journal of Cleaner Production,2016(141):662-682.

[276] JIANG W,LIU B,ZHANG X,et al. Energy performance of window with PCM frame

[J]. Sustainable Energy Technologies and Assessments,2021(45):101109.

[277] JIN Y,WANG L,XIONG Y,et al. Feasibility studies on net zero energy building for climate considering: a case of "All green house" for Datong,Shanxi,China[J]. Energy and Buildings,2014(85):155-164.

[278] KIM H R,BOAFO F E,KIM J H,et al. Investigating the effect of roof configurations on the performance of BIPV system[J]. Energy Procedia,2015(78):1974-1979.

[279] KIVIOJA H,VINHA J. Hot-box measurements to investigate the internal convection of highly insulated loose-fill insulation roof structures[J]. Energy and Buildings,2020(216):109934.

[280] KONG X F,ZHANG L L,XU W,et al. Performance comparative study of a concentrating photovoltaic/thermal phase change system with different heatsinks[J]. Applied Thermal Engineering,2022(208):118223.

[281] KUMAR D,ALAM M,ZOU P X W,et al. Comparative analysis of building insulation material properties and performance[J]. Renewable and Sustainable Energy Reviews,2020(131):110038.

[282] LI B Y,YOU L Y,ZHENG M,et al. Energy consumption pattern and indoor thermal environment of residential building in rural China[J]. Energy and Built Environment,2020(3):327-336.

[283] LI Q,CHEN S Y,MA L Y,et al. Analysis on energy consumption and benefit evaluation of solar house of rural residences in severe cold areas[J]. Journal of Thermal Science and Technology,2020,3(19):262-269.

[284] 林媛. 不同结构 PV-Trombe 墙系统性能的理论与实验研究[D]. 合肥:中国科学技术大学,2019.

[285] MA H T,ZHOU W Y,LU X Y,et al. Application of low cost active and passive energy saving technologies in an ultra-low energy consumption building[J]. Energy Procedia,2016(88):807-813.

[286] Ma M Y,XIE M,AI Q. Study on photothermal properties of Zn-ZnO/paraffin binary nanofluids as a filler for double glazing unit[J]. International Journal of Heat and Mass Transfer,2022(183):122173.

[287] MAGHRABIE H M,ELSAID K,SAYED E T,et al. Building-integrated photovoltaic/thermal (BIPVT) systems: applications and challenges [J]. Sustainable Energy Technologies and Assessments,2021(45):101151.

[288] MI X M,LIU R,CUI H Z,et al. Energy and economic analysis of building integrated with PCM in different cities of China[J]. Applied Energy,2016(175):324-336.

[289] MIRAVET-SANCHEZ B L,GARCIA-RIVERO A E,YULI-POSADAS R A,et al. Solar photovoltaic technology in isolated rural co mmunities in Latin America and the

Caribbean[J]. Energy Reports,2022(8):1238-1248.

[290] MOSCHETTI R,BRATTEBO H,SPARREVIK M. Exploring the pathway from zero-energy to zero-emission building solutions:a case study of a Norwegian office building [J]. Energy and Buildings,2019(188):84-97.

[291] NGUYEN X P,HOANG A T,ŎICER A I,et al. Record decline in global CO_2 emissions prompted by COVID-19 pandemic and its implications on future climate change policies [J]. Energy Sources, Part A:Recovery, Utilization, and Environmental Effects,2021 (1):1-5.

[292] NI S Y,ZHU N,ZHANG Z Y,et al. The operational performance of net zero energy wooden structure building in the severe cold zone:a case study in Hailar of China[J]. Energy and Buildings,2022(257):111788.

[293] ROBATI M,DALY D,KOKOGIANNAKIS G. A method of uncertainty analysis for wholelife embodied carbon emissions (CO_2-e) of building materials of a net-zero energy building in Australia[J]. Journal of Cleaner Production,2019(225):541-553.

[294] ROSTAMI Z,RAHIMI M,AZIMI N. Using high-frequency ultrasound waves and nanofluid for increasing the efficiency and cooling performance of a PV module[J]. Energy Conversion and Management,2018(160):141-149.

[295] SCHIAVONI S,D'ALESSANDRO F,BIANCHI F,et al. Insulation materials for the building sector:a review and comparative analysis[J]. Renewable and Sustainable Energy Review,2016(62):988-1011.

[296] SHEN L,PU X,SUN Y,et al. A study on thermoelectric technology application in net zero energy buildings[J]. Energy,2016(113):9-24.

[297] SHRIVASTAVA A,SHARMA R,SAXENA M K,et al. Solar energy capacity assessment and performance evaluation of a standalone PV system using PVSYST[J]. Materials Today:Proceedings,2021(7):258.

[298] STEFANOVIC A,BOJIC M,GORDIC D. Achieving net zero energy cost house from old thermally non-insulated house using photovoltaic panels[J]. Energy and Buildings, 2014(76):15-31.

[299] SUN X N,GOU Z H,LAU S S Y. Cost-effectiveness of active and passive design strategies in existing building retrofits in tropical climate:case study of a zero energy building[J]. Journal of Cleaner Production,2018(183):35-45.

[300] TANG B J,ZOU Y,YU B Y,et al. Clean heating transition in the building sector:the case of Northern China[J]. Journal of Cleaner Production,2021(307):127206.

[301] TEGGAR M,AJAROSTAGHI S S M,YILDIZ C,et al. Performance enhancement of latent heat storage systems by using extended surfaces and porous materials:a state-of-the-art review[J]. Journal of Energy Storage,2021(44):103340.

[302] TROFIMOVA P, CHESHMEHZANGI A, DENG W, et al. Post-occupancy evaluation of indoor air quality and thermal performance in a zero carbon building [J]. Sustainability, 2021(13):667.

[303] TOTH S, MULLER M, MILLER D C, et al. Soiling and cleaning: initial observations from 5-year photovoltaic glass coating durability study[J]. Solar Energy Materials and Solar Cells, 2018(185):375-384.

[304] 王东. 分布式光伏发电建筑一体化系统设计与研究[D]. 北京:华北电力大学, 2017.

[305] WANG R, FENG W, WANG L, et al. A comprehensive evaluation of zero energy buildings in cold regions: actual performance and key technologies of cases from China, the US, and the European Union[J]. Energy, 2021(215):118992.

[306] WILBERFORCE T, OLABI A G, SAYED E T, et al. A review on zero energy buildings: pros and cons[J]. Energy and Built Environment, 2021, 4(1):25-38.

[307] WILLIAMS J, MITCHELL R, RAICIC V, et al. Less is more: a review of low energy standards and the urgent need for an international universal zero energy standard[J]. Journal of Building Engineering, 2016(6):65-74.

[308] WU X F, LIU Y S, XU J, et al. Monitoring the performance of the building attached photovoltaic (BAPV) system in Shanghai[J]. Energy and Buildings, 2015(88):174-182.

[309] ZHANG H Y, YANG J M, WU H J, et al. Dynamic thermal performance of ultra-light and thermal-insulative aerogel foamed concrete for building energy efficiency[J]. Solar Energy, 2020(204):569-576.

[310] ZHANG W, ZHANG Y K, LI Z, et al. A rapid evaluation method of existing building applied photovoltaic (BAPV) potential[J]. Energy and Buildings, 2017(135):39-49.

[311] ZOMER C D, COSTA M R, NOBRE A, et al. Performance compromises of building-integrated and building-applied photovoltaics (BIPV and BAPV) in Brazilian airports [J]. Energy and Buildings, 2013(66):607-615.

[312] ZHOU Z, FENG L, ZHANG S, et al. The operational performance of "net zero energy building": a study in China[J]. Applied Energy, 2016(177):716-728.

[313] 胡颢. "双碳"目标的严寒地区农宅被动式节能改造研究[D]. 大庆:东北石油大学, 2022.

[314] 孙浩然. 石家庄市公共建筑碳达峰预测与节能减排潜力分析[D]. 邯郸:河北工程大学, 2021.

[315] KUZNETS S. Economic growth and income inequality [J]. American Economic Review, 1955, 45(1):1-28.

[316] MULLER D B, LVIK A N, MODARESI R, et al. Carbon emissions of infrastructure de-

velopment［J］. Environmental Science & Technology,2013,47(20) :39-46.

［317］ BUCHANAN A H,HONEY B G. Energy and carbon dioxide implications of building construction［J］. Energy and Buildings,1994,20(3) :205-217.

［318］ FUMO N. A review on the basics of building energy estimation［J］. Renewable and Sustainable Energy Reviews,2014(31) :53-60.

［319］ LUND H. Implementation of energy-conservation policies:the case of electric heating conversion in Denmark［J］. Applied Energy,1999,64(1):117-127.

［320］ QIAN D F,LI Y F,NIU F X,et al. Nationwide savings analysis of energy conservation measures in buildings［J］. Energy Conversion and Management,2019(188) :1-18.

［321］ 潘毅群,郁丛,龙惟定,等. 区域建筑负荷与能耗预测研究综述［J］. 建设科技, 2014(22):33-40.

［322］ 张立,谢紫璇,曹丽斌,等. 中国城市碳达峰评估方法初探［J］. 环境工程,2020,38 (11):1-5,43.

［323］ 胡鞍钢. 中国实现 2030 年前碳达峰目标及主要途径［J］. 北京工业大学学报(社 会科学版),2021,21(3):1-15.

［324］ 姚春妮,梁俊强. 我国建筑领域碳达峰实践探索与行动［J］. 建设科技,2021(11): 8-13.

［325］ 余侃华,张中华. 建筑节能减排的国际实践经验与启示［J］. 建筑技术,2012,43 (3):266-269.

［326］ 王崇杰,薛一冰. 节能减排与低碳建筑［J］. 工程力学,2010,27(S2):42-47.

［327］ 桑卫安. 关于建筑节能减排的思考［J］. 中国市场,2010(36):65.

［328］ 高阳. 遗产活化视角下大汶口考古遗址公园核心区景观规划设计研究［D］. 泰安: 山东农业大学,2022.

［329］ MARKARIAN E,FAZELPOUR F. Multi-objective optimization of energy performance of a building considering different configurations and types of PCM［J］. Solar Energy, 2019(191):481-496.

［330］ JABER S,AJIB S. Thermal and economic windows design for different climate zones ［J］. Energy and Buildings,2011(43):3208-3215.

［331］ LIUZ B,LI W J,CHEN Y Z,et al. Review of energy conservation technologies for fresh air supply in zero energy buildings［J］. Applied Thermal Engineering,2019(148): 544-556.

［332］ SCHWARTZ Y,RASLAN R,MUMOVIC D. Implementing multi objective genetic algorithm for life cycle carbon footprint and life cycle cost minimisation:a building re-furbishment case study［J］. Energy,2016(97):58-68.

［333］ WANG B,XIA X,ZHANG J. A multi-objective optimization model for the life-cycle cost analysis and retrofitting planning of buildings［J］. Energy and Buildings,2014(77):

227-235.

[334] ATMACA A, ATMACA N. Comparative life cycle energy and cost analysis of post-disaster temporary housings[J]. Applied Energy,2016(171):429-443.

[335] EVIND, UCAR A. Energy impact and eco-efficiency of the envelope insulation in residential buildings in Turkey[J]. Applied Thermal Engineering, 2019 (154): 573-584.

[336] CURADO A, FREITAS V P D. Influence of thermal insulation of facades on the performance of retrofitted social housing buildings in Southern European countries[J]. Sustainable Cities and Society,2019(48):101534.

[337] LI D, ZHANG C J, LI Q, et al. Thermal performance evaluation of glass window combining silica aerogels and phase change materials for cold climate of China[J]. Applied Thermal Engineering,2020(165):114547.

[338] AL-ABSIZ A, HAFIZAL M I M, ISMAIL M. Experimental study on the thermal performance of PCM-based panels developed for exterior finishes of building walls[J]. Journal of Building Engineering,2022(52):104379.

[339] BEVILACQUA P, BRUNO R, ARCURI N. Green roofs in a Mediterranean climate: energy performances based on in-situ experimental data[J]. Renewable Energy,2020 (152):1414-1430.

[340] JIANG W, LIU B, LI Q, et al. Weight of energy consumption parameters of rural residences in severe cold area[J]. Case Studies in Thermal Engineering, 2021 (26):101131.

[341] JIANG W,ZHANG K,MA L Y,et al. Energy-saving retrofits of prefabricated house roof in severe cold area[J]. Energy,2022(245):124455.

[342] ZHANG S,MA Y X,LI D,et al. Thermal performance of a reversible multiple-glazing roof filled with two PCM[J]. Renewable Energy,2022(182):1080-1093.

[343] YAZDANI H, BANESHI M. Building energy comparison for dynamic cool roofs and green roofs under various climates[J]. Solar Energy,2021(230):764-778.

[344] MA'BDEH S N, ALI H H, RABAB'AH I O. Sustainable assessment of using green roofs in hot-arid areas—residential buildings in Jordan[J]. Journal of Building Engineering,2022(45):103559.

[345] ZENG C,BAI X L,SUN L X,et al. Optimal parameters of green roofs in representative cities of four climate zones in China:a simulation study[J]. Energy and Buildings,2017 (150):118-131.

[346] HU J Y, YU X B. Adaptive thermochromic roof system: assessment of performance under different climates[J]. Energy and Buildings,2019(192):1-14.

[347] MAZZEO D, KONTOLEON K J. The role of inclination and orientation of different

building roof typologies on indoor and outdoor environment thermal comfort in Italy and Greece[J]. Sustainable Cities and Society,2020(60):102111.

[348] ZNOUDA E, GHRAB-MORCOS N, HADJ-ALOUANE A B. Optimization of mediterranean building design using genetic algorithms[J]. Energy and Buildings, 2007(39):148-153.

[349] SU X, ZHANG X. Environmental performance optimization of window-wall ratio for different window type in hot su mmer and cold winter zone in China based on life cycle assessment[J]. Energy and Buildings,2010,42 (2):198-202.

[350] THALFELDT M,PIKAS E,KURNITSKI J,et al. Facade design principles for nearly zero energy buildings in a cold climate [J]. Energy and Buildings, 2013 (67): 309-321.

[351] KIM S,ZADEH P A,STAUB-FRENCH S,et al. Assessment of the impact of window wize,position and orientation on building energy load using BIM [J]. Procedia Engineering,2016(145):1424-1431.

[352] JOANNA F G,KRYSZTOF G. Multi-variable optimization of building thermal design using genetic algorithms[J]. Energies,2017(10):1570-1589.

[353] ASCIONE F,BIANCO N,MAURO G M,et al. Retrofifit of villas on mediterranean coastlines:Pareto optimization with a view to energy-efficiency and cost-effectiveness [J]. Applied Energy,2019(254):113705.

[354] YEOM S, KIM H, HONG T, et al. Determining the optimal window size of office buildings considering the workers' task performance and the building's energy consumption[J]. Building and Environment,2020(177):106872.

[355] WANG Y X, WEI C Y. Design optimization of office building envelope based on quantum genetic algorithm for energy conservation [J]. Building Engineering, 2021 (35):102048.

[356] SOARESN, SANTOS P, GERVASIO H, et al. Energy effifiiciency and thermal performance of lightweight steel-framed (LSF) construction: a review[J]. Renewable and Sustainable Energy Reviews,2017(78):194-209.

[357] WANG J,HAN X,MAO J F,et al. Design and practice of prefabricated zero energy building in cold plateau area[J]. Energy and Buildings,2021(251):111332.

[358] JIA J J,LIU B,MA L Y,et al. Energy saving performance optimization and regional a-daptability of prefabricated buildings with PCM in different climates[J]. Case Studies in Thermal Engineering,2021(26):101164.

[359] JI Y C,WANG Z J,NING H R,et al. Field investigation on indoor thermal environment at a rural passive solar house in severe cold area of China[J]. Procedia Engineering, 2015(121):596-603.

[360] LIU G L, JIANG W, MA L Y, et al. Change rates and weight values of energy consumption parameters for light steel buildings in severe cold region[J]. Energy Sources, Part A: Recovery, Utilization, and Environmental Effects, 2022(44): 8285-8298.

[361] JIANG W, JIN Y, LIU G L, et al. Net-zero energy optimization of solar greenhouses in severe cold climate using passive insulation and photovoltaic[J]. Journal of Cleaner Production, 2023(402):136770.

[362] JIANG W, HU H, TANG X Y, et al. Protective energy-saving retrofits of ra mmed earth heritage buildings using multi-objective optimization[J]. Case Studies in Thermal Engineering, 2022(38):102343.

[363] 刘桂德,郑鑫,姜伟,等. 组合楼板受火的温度场有限元分析[J]. 商品与质量, 2023(4):101-104.

[364] 王建卫. 既有村镇生土结构房屋承重土坯墙体加固试验研究[D]. 西安:长安大学,2011.

名 词 索 引